非线性编辑

——让镜头跳舞的艺术

主编：倪 珺

山东大学出版社
SHANDONG UNIVERSITY PRESS
·济南·

图书在版编目（CIP）数据

非线性编辑 ：让镜头跳舞的艺术 / 倪珺主编. 济南：山东大学出版社，2025.6. --ISBN 978-7-5607-8599-8

I. TP317.53

中国国家版本馆 CIP 数据核字第 2025EW8250 号

责任编辑　左　娜
封面设计　王秋忆

非线性编辑

——让镜头跳舞的艺术

FEI XIANXING BIANJI

RANG JINGTOU TIAOWU DE YISHU

出版发行　山东大学出版社
社　　址　山东省济南市山大南路 20 号
邮政编码　250100
发行热线　（0531）88363008
经　　销　新华书店
印　　刷　济南乾丰云印刷科技有限公司
规　　格　787 毫米×1092 毫米　1/16
　　　　　19.25 印张　420 千字
版　　次　2025 年 6 月第 1 版
印　　次　2025 年 6 月第 1 次印刷
定　　价　59.00 元

Preface

前言

随着影视制作技术的进步，视频剪辑在影视制作中的地位日益凸显。5G时代的到来使得短视频平台上的用户活跃度越来越高，剪辑技术的不断创新将让影视制作的成本进一步降低，“短视频剪辑师”等相关职业方兴未艾。而人工智能、虚拟现实等技术的不断发展将为视频剪辑带来新的机遇和挑战，视频剪辑的前景将更加广阔。

本书本着“为党育才，服务行业”的初心使命，积极推进“岗课赛证＋课程思政”综合育人模式，以塑造剪辑师岗位所需的三观（艺术观、创作观、价值观）、三力（艺术感知力、数字化表现力、沟通协作力）、三情（家国情、社会情、文化情）为培养目标，助力生产五类型专题剪辑成片（宣传片、剧情片、纪录片、广告片、微电影），以数字化手段传播中国故事。关注新兴视频技术，关注人工智能在视频剪辑中的应用，培养学生形成前瞻性的剪辑思维，突破当前的剪辑模式，培养学生影视后期岗位所需的剪辑能力、剪辑思维和剪辑职业素养。

本书共分为6个剪辑能力进阶模块、12个商业剪辑项目和33个典型任务案例。每个商业剪辑项目通过项目描述、思维导图、知识引导、活动组织、任务评价、知识拓展等模块的层级展开，将社会主义核心价值观作为学习内容渗透于教材中，体现剪辑理论、剪辑能力和剪辑思维。本书采用“纸质图书＋富媒体课件”的展示形式，用户可以扫描本书各章节对应的二维码，观看团队精心制作的数字课件。数字课件涵盖了详细的知识拓展、前沿的行业动态解读，与纸质内容紧密配合又有所延伸。用户可以随时随地开启高效学习模式，让知识的获取更加便捷、灵活。

本书由倪珺担任主编，并负责全书的规划和统稿工作；刘迎春、关艳丽担任副主编。参与编写的还有黄越凡、杨明骁和任艾丽。黄越凡负责项目3至项目6的编写，杨明骁负责项目7至项目10的编写，任艾丽负责项目11、项目12的编写。本书还得到了朱爱华、徐逸凡、徐姗姗等专业人士的大力支持，在此，编写组一并表示感谢。由于剪辑技术更迭，加上编者能力有限，本书难免有疏漏之处，敬请广大读者批评指正。

编写组

2025年4月

Contents

目录

项目1 【剪辑初体验】领略剪辑魅力

项目情景描述

随着影视行业的快速发展和短视频行业的突飞猛进，市场上对剪辑包装人才的需求逐渐增加，其就业面广，电视节目制作、游戏动漫制作、影视制作、广告制作、特效制作等都是剪辑的从业方向之一。

影视剪辑的核心在于叙述故事的能力和表达情绪的技巧，一名优秀的剪辑人员可以有效地传递电影的主题、情感和意图，而不是简单随意地把镜头拼接在一起。他们通过对视频的剪辑，从另一个角度重组缺乏结构的信息，创造出新的结构和形式，把控剧情的发展，延长或缩短镜头的长度，将观众带入或唯美、或悲伤、或激动、或惊悚的场景之中，可以说剪辑师是影片的节奏大师。

本项目将带领大家走进影视剪辑行业，感受剪辑的魅力。

任务分配表

表1-1　任务分配

任务序号	任务名称
1	从线性编辑到非线性编辑
2	从剪辑新手到剪辑师

思政园地

剪辑师——剪出价值，守好素养

剪辑师作为影像创作的幕后“魔法师”，其社会价值与职业素养紧密相连，共同构筑起影视行业的重要基石。剪辑师的社会价值依托于职业素养得以充分实现，而职业素养的提升又能进一步放大社会价值。对于学习《非线性编辑——让镜头跳舞的艺术》的学生而言，应在学习过程中注重培养自身职业素养，未来更好地发挥剪辑师的社会价值。

纪录片导演、剪辑师周浩曾凭借《厚街》《高三》等作品，以独特的剪辑视角和扎实的职业素养，展现社会现实，引发观众思考，成为行业内的标杆人物。受他的影响，年轻剪辑师林悦在参与非遗纪录片《匠心守艺》制作时，也以高度的职业素养，在剪辑中传承文化、传递匠心。

在素材收集阶段，《匠心守艺》制作团队深入全国各地，拍摄了众多非遗传承人的故事，素材时长超过 300 小时。面对海量素材，林悦没有急于动手剪辑，而是花费大量时间反复观看每一段素材，与导演、摄像师沟通拍摄背后的故事和想要传达的情感。在筛选关于苏绣传承人梁雪芳的素材时，林悦发现有一段梁雪芳教导孙女刺绣的画面，拍摄时因光线问题导致画面有些许瑕疵。但林悦认为这段画面生动展现了非遗技艺的代际传承，具有独特的价值。她没有因为画面瑕疵就舍弃此素材，而是联系后期技术人员，共同探讨修复方案，经过多次尝试，终于将画面修复到可用状态。她以严谨负责的态度，力求还原任何一个可能展现非遗魅力的瞬间，只为将最真实、最完整的非遗故事呈现给观众。

进入剪辑阶段，林悦始终秉持精益求精的态度。为了让纪录片更好地展现每一项非遗技艺的独特魅力和文化内涵，她查阅了大量与非遗相关的历史资料、学术研究成果，深入了解每项非遗背后的文化底蕴。在剪辑龙泉青瓷制作工艺时，她发现传统的叙事剪辑方式难以突出青瓷烧制过程中“入窑一色，出窑万彩”的神奇，于是，她反复研究不同的剪辑手法，尝试对青瓷烧制过程中的关键环节进行慢动作处理，并搭配富有诗意的旁白和悠扬的古典音乐，通过光影和色彩的细腻呈现，让观众身临其境，感受青瓷烧制的奇妙与匠人的执着。在整个剪辑过程中，林悦对画面的构图、色调、音效的搭配都进行了无数次的调整和优化，常常为了一个几秒钟的镜头，花费数小时反复修改。

最终，《匠心守艺》在央视播出后，引发了强烈的社会反响，许多年轻人通过这部纪录片对非遗产生了浓厚的兴趣，各地非遗展馆的参观人数都大幅增加。林悦用自己的专业和热爱，在剪辑中守护非遗文化，践行了剪辑师的使命与担当。她的经历告诉我们，一名剪辑师不仅要有精湛的技术，更要有传承文化的责任感、精益求精的工匠精神和对作品高度负责的态度，用影像的力量讲好中国故事，传承中华优秀传统文化。

项目思维导图

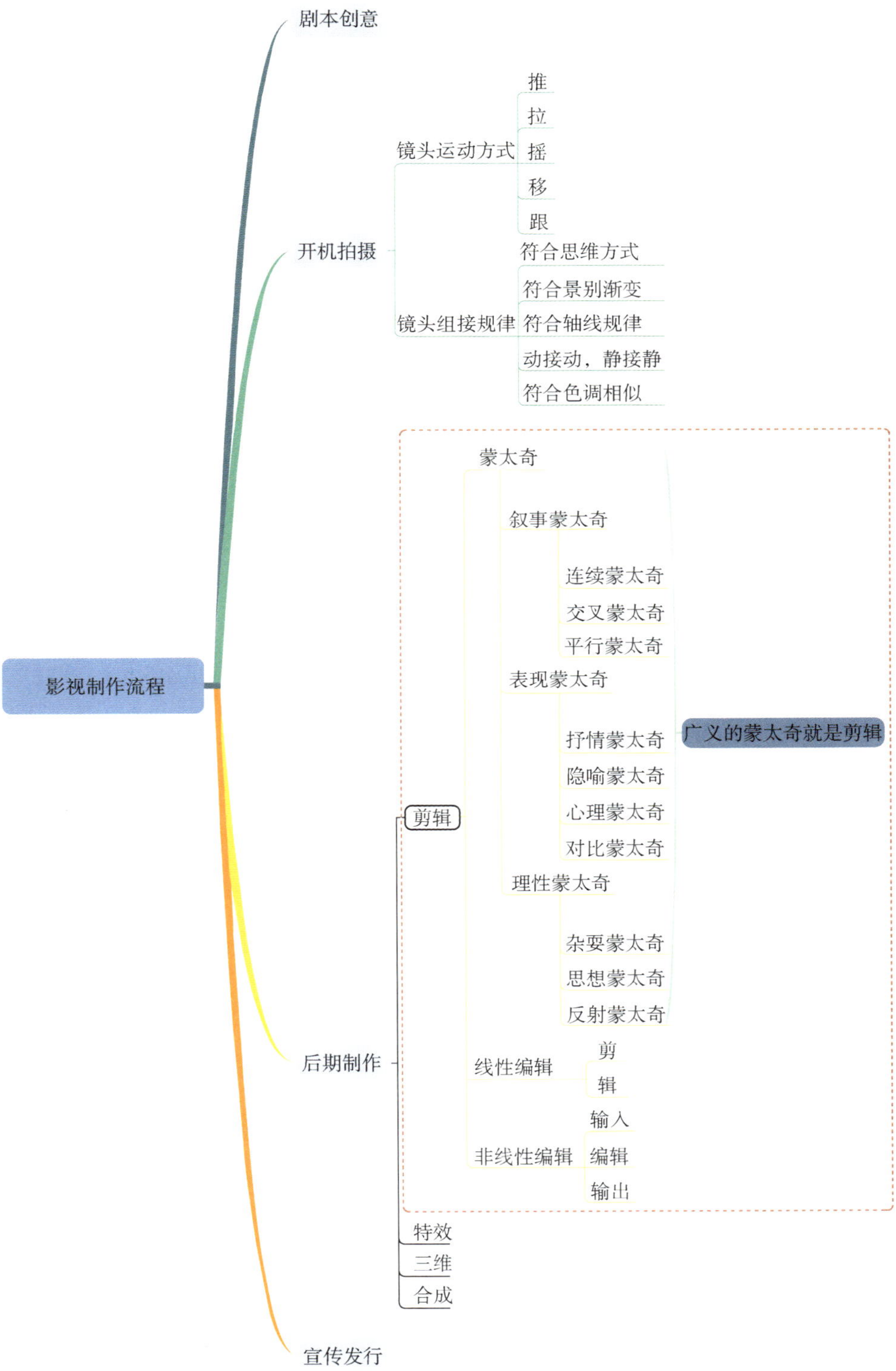
影视制作流程
剧本创意
开机拍摄
镜头运动方式
推
拉
摇
移
跟
镜头组接规律
符合思维方式
符合景别渐变
符合轴线规律
动接动，静接静
符合色调相似
后期制作
剪辑
蒙太奇
叙事蒙太奇
连续蒙太奇
交叉蒙太奇
平行蒙太奇
表现蒙太奇
抒情蒙太奇
隐喻蒙太奇
心理蒙太奇
对比蒙太奇
理性蒙太奇
杂耍蒙太奇
思想蒙太奇
反射蒙太奇
广义的蒙太奇就是剪辑
线性编辑
剪
辑
非线性编辑
输入
编辑
输出
特效
三维
合成
宣传发行

任务 1

从线性编辑到非线性编辑

学习目标

1. 知识目标

(1) 了解非线性编辑的含义。

(2) 了解非线性编辑的发展史。

(3) 了解蒙太奇的定义。

2. 技能目标

(1) 能够分辨不同的蒙太奇类型。

(2) 能够应用不同的蒙太奇手法表达不同的信息。

3. 素养目标

(1) 通过介绍国内外电影的发展史，培养非线性编辑启蒙概念。

(2) 通过应用蒙太奇手法，提高剪辑师的职业素养。

知识引导

请扫描右侧二维码，观看“从线性编辑到非线性编辑知识讲解”的视频，思考并回答下列问题。

从线性编辑到非线性编辑知识讲解

(1) 什么是线性编辑？

____

____

(2) 什么是非线性编辑？

____

____

(3) 蒙太奇的概念是什么？

____

____

(4) 请写出蒙太奇的分类。

____

____

（5）请将下面三个镜头以不同的方式进行组合，并描述组合后的情节及含义。

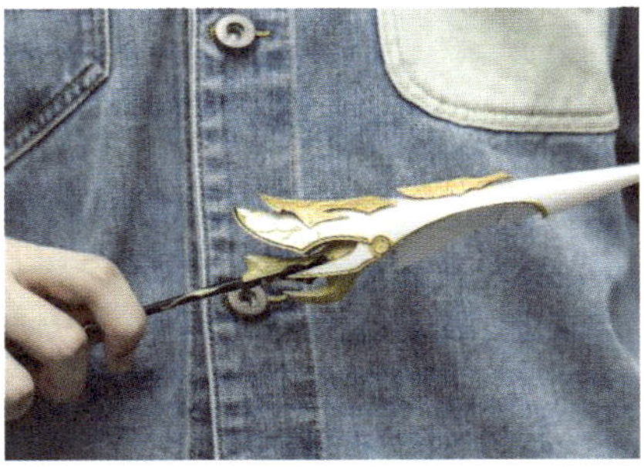

镜头A

镜头B

镜头C

图 1-1　镜头

知识储备

1. 从电影出现到剪辑艺术的发展

（1）电影的诞生与初期发展

1895 年，法国的卢米埃尔兄弟创作了世界上第一部影片——《工厂大门》并首次放映，标志着电影时代的来临。此阶段的电影作品有《工厂大门》《火车进站》和《水浇园丁》等，这些作品主要以单镜头的形式呈现，即用摄影机在固定的机位记录完整的事件，不经剪辑处理。此时的作品体现了电影艺术的原始形态，为后来的电影发展奠定了基础。

图 1-2　电影《工厂大门》镜头

（2）多镜头时代的开启

随着电影技术的进步和创作者对叙事方式的探索，1903 年的电影《一个美国消防员的生活》成为电影发展史上重要的里程碑。这部作品突破了单镜头的限制，开启了多镜头的电影制作时代。通过多个镜头的组合，电影开始更灵活地展现故事情节，这为电影剪辑艺术的发展奠定了基础。

（3）剪辑艺术的形成和发展

1915 年，电影《一个国家的诞生》成为电影剪辑艺术的一个新的转折点。这部作品在镜头编排、叙事节奏以及剪辑手法上进行了创新，为电影剪辑艺术树立了新的标杆。它不仅推动了电影剪辑技术的发展，也为后续电影作品提供了宝贵的借鉴。

随着《战舰波将金号》《公民凯恩》《四百击》等经典影片的陆续问世，剪辑的重要性日益凸显。这些作品通过精湛的剪辑技巧，如剪镜头、接镜头、对镜头顺序的精心安排以及镜头之间的流畅连接，将影像叙事提升到了一个新的高度。剪辑不再仅仅是技术层面的操作，而成为在影视制作中起决定性作用的、具有高度创造性的工作。这一时期的电影作品充分展示了剪辑艺术在把握故事情感、节奏和视觉冲击力方面的重要作用。

2. 剪辑的基本概念

基本剪辑是指对两个不同镜头的连接，或是对同一个镜头的两个部分进行组合。剪辑可以构建故事、表达思想或流露情感。自电影诞生的十八世纪末期至二十世纪的七八十年代，剪辑主要依赖于物理上的磁带的复制、剪切与拼接，这一时期的技术被称为线性剪辑。

(1) 线性编辑

线性编辑是一种传统的视频编辑方式，它主要依托于以磁带为记录载体的线性记录系统。在这种编辑方式中，视频素材按照时间顺序在磁带上排列，编辑人员需要按照这一顺序进行编辑工作。线性编辑的原理是通过电子手段，根据节目内容的要求，将素材连接成新的连续画面。这种连接通常是通过组合编辑，将素材顺序编辑成新的连续画面，然后再以插入编辑的方式对某一段进行同样长度的替换，从而实现视频的剪辑和编辑。在编辑过程中，编辑人员需要仔细操作，确保素材的准确选择和拼接，以达到预期的编辑效果。

线性编辑作为一种传统的视频编辑方式，具有以下优势：

①可以很好地保护原来的素材，能多次使用。

②不损伤磁带，能发挥磁带随意录制、随意抹去的优点，降低制作成本。

③能保持同步与控制信号的连续性，组接平稳，不会出现信号不连续、图像跳闪的现象。

尽管线性编辑在某些方面具有优势，但它也存在一些明显的局限性：

①素材不可能做到随机存取。

②模拟信号经多次复制，信号严重衰减，声画质量降低。

③线性的编辑难以对半成品完成随意地插入或删除等操作。

(2) 非线性编辑

非线性编辑是借助计算机来进行数字化制作，几乎所有工作都在计算机里完成，实现了对音视频素材的非线性访问和处理。具体而言，非线性编辑允许用户在时间线上随意地排列、组合和修改音视频素材，无须按照时间顺序进行线性的编辑操作。这种方式极大地提高了编辑的灵活性和效率。任何非线性编辑的工作流程，都可以简单地看成输入、编辑、输出三个步骤。

作为现代影视制作中的核心技术之一，非线性编辑展现出一系列显著优点：

①可以以非线性的方式处理视频素材，并按照任何顺序进行编辑，这种灵活性大大提高了编辑效率。

②编辑时，可以直接访问和调用存储在计算机硬盘上的任一素材片段，无须像线性编辑那样按顺序搜索磁带。

③所有操作，如剪切、拼接、特效添加等都是在数字领域内进行的，因此不会对原始素材造成质量损失。

④可以轻松地应用软件内置的各种视频特效和合成工具增强视频效果，从而创造出更具吸引力的视觉作品。

⑤由于非线性编辑的非破坏性和可逆性，编辑人员可以方便地修改和更新项目，同时保留原始素材和之前的工作版本。这在进行多次修订或制作不同版本时非常有用。

尽管非线性编辑具有诸多优点，但也存在一些不可忽视的缺点：

①高度依赖高性能的计算机硬件和专业的编辑软件。如果硬件性能不足或软件出现故障，可能会影响编辑工作的顺利进行。

②非线性编辑通常具有更复杂的功能和操作界面，因此需要编辑人员投入更多的时间和精力进行学习和掌握。

③由于所有素材和项目文件都存储在计算机硬盘上，一旦硬盘发生故障或数据被误删，可能会导致不可挽回的损失，编辑人员需养成良好的数据备份和管理习惯。

（3）从剪辑到蒙太奇

在影视艺术的创作中，剪辑不仅是技术性的连接镜头，更是一种艺术性的表达方式。它逐渐演变为蒙太奇手法——一种更为高级和复杂的叙事技巧。蒙太奇（Montage）源自法语，意为“装配、构成”，是在电影制作中通过将不同镜头按照特定的顺序和节奏组合起来，创造出新的意义、情感和节奏的手法。通过剪辑，单个的镜头被赋予了新的语境和含义，而当这些镜头以蒙太奇的方式组合时，它们便共同构建出一个更为丰富、多层次的故事世界。蒙太奇让电影叙事更加灵活多变，从而能够引导观众的情感反应，增强影片的视听冲击力。

蒙太奇主要分为叙事蒙太奇、表现蒙太奇和理性蒙太奇三类。

叙事蒙太奇侧重于按照一定顺序和节奏叙述事件。它包含三种主要形式：连续蒙太奇、交叉蒙太奇和平行蒙太奇。

连续蒙太奇指的是以单一的情节为线索，按照发展顺序和节奏叙述事件的发生过程，它不仅确保了故事的连贯性和逻辑性，还使得观众能够更为清晰地理解事件的来龙去脉。

交叉蒙太奇则是一种更为复杂的叙事技巧，它关注的是在不同地点同时发生的事件。通过精心的剪辑和镜头切换，交叉蒙太奇能够将多个事件线索巧妙地交织在一起，营造出一种紧凑的节奏感或紧张的气氛。这种手法常用于表现高潮迭起的情节，使观众在紧张悬疑的氛围中不断猜测和期待。

平行蒙太奇则是一种并行叙述多条情节线的手法。在平行蒙太奇中，两条或更多的情节线分别进行叙述。这些情节线可能在表面上看似无关，但最终会通过精心的编排和剪辑，统一在一个完整且富有深度的情节结构中。这种手法不仅增加了故事的层次感和复杂性，还使得观众能够在对比和联系中更深入地理解故事的主题及内涵。

表现蒙太奇是影视艺术中一种重要的表现手法，它通过特定的镜头组合来创造独特的艺术效果，传达深层的意义和情感，具体可以分为抒情蒙太奇、隐喻蒙太奇、心理蒙太奇和对比蒙太奇。

抒情蒙太奇一般是在一段叙事场面之后，在保证叙事和描写连贯性的同时，恰当地切入象征情绪情感的镜头，通过画面组合来创造意境，获得充满诗意的效果，表现超越剧情的思想和情感。

隐喻蒙太奇通过镜头组接和类比使事物之间相似性的特征凸显出来，含蓄而形象地表达导演的寓意，激发观众的情感和思维参与。特点是概括力极强，表现手法极度简洁，具有强烈的情绪感染力。

心理蒙太奇是一种深入展示角色内心世界的手法，它通过镜头的组接或声画的有机组合，直接而生动地展示出人物的心理活动和精神状态。这种手法的特点在于其节奏的跳跃性和叙述的不连贯性，声画形象也呈现出片段性和主观性的特点，为观众提供了一种独特的视角来感受角色的内心世界。

对比蒙太奇是一种通过镜头或场面之间的强烈反差来强调特定意义的手法，在内容上或形式上创造出鲜明的对比效果，从而产生相互强调、相互冲突的作用，以表达某种寓意或强化所表现的主题思想，为观众带来深刻的艺术体验。

理性蒙太奇主要通过特定的镜头组合来传达理性的观念与思考。它可进一步细分为杂耍蒙太奇、思想蒙太奇和反射蒙太奇。

杂耍蒙太奇指的是任何可以诱发情绪的元素的组合与戏剧性并列。这种手法在内容上可以随意选择，不受剧情约束，最终能够说明主题即可。与表现蒙太奇相比，它更注重理性，也更加抽象，而且为了表达某种抽象的理性观念，往往生硬地插进某些与剧情完全不相干的镜头。

思想蒙太奇是由维尔托夫（Dziga Vertov）创造的，主要通过重新编排新闻影片中的文献资料来表达特定的思想。它完全是一种抽象的表达形式，专注于展现一系列由理智所激发的思想和情感。通过这种手法，电影艺术家能够以一种全新且富有深度的方式，向观众传达其对于某一特定主题或观念的思考与见解。

反射蒙太奇不像杂耍蒙太奇那样为表达抽象概念随意生硬地插入与剧情内容毫无相关的象征性画面；相反，它通过将所描述的事物与用作比喻的事物置于同一空间，以此来形成对照或揭示剧情中所包含的类似事件。这种手法不仅使得电影的表达更为丰富多元，同时也为观众提供了一种更为深入且富有启发性的观影体验。

活动组织

1. 活动形式

小组活动，每组人员根据实际授课人数而定。

2. 活动要求

每个小组推选出一位小组长，针对教师所展示的视频片段进行头脑风暴，最终整理出可行的组接方式，并梳理对应的故事情节。

3. 活动实施

（1）学生进行头脑风暴，讨论出结果并记录。

（2）每个小组的组长对本组内容进行阐述说明。

（3）进行组间互评及教师点评。

任务评价

表 1-2　任务评价

<table>
<tr><th colspan="3">评分项目</th><th>评分细则</th><th>配分</th><th>自我评价（20%）</th><th>小组互评（30%）</th><th>教师评价（50%）</th></tr>
<tr><td rowspan="4">素养评价（30 分）</td><td rowspan="2">课堂纪律（10 分）</td><td>不迟到，不早退</td><td>违反一次不得分</td><td>5</td><td></td><td></td><td></td></tr>
<tr><td>积极思考，回答问题</td><td>根据上课情况统计得分</td><td>5</td><td></td><td></td><td></td></tr>
<tr><td rowspan="2">职业道德（20 分）</td><td>具备团队协作能力</td><td>根据分组讨论情况得分</td><td>10</td><td></td><td></td><td></td></tr>
<tr><td>具备良好的表达能力</td><td>根据分组汇报情况得分</td><td>10</td><td></td><td></td><td></td></tr>
<tr><td rowspan="3">知识评价（30 分）</td><td colspan="2">了解非线性编辑的含义</td><td rowspan="3">根据理论测试情况得分</td><td rowspan="3">30</td><td></td><td></td><td></td></tr>
<tr><td colspan="2">了解非线性编辑的发展史</td><td></td><td></td><td></td></tr>
<tr><td colspan="2">了解蒙太奇的定义</td><td></td><td></td><td></td></tr>
<tr><td rowspan="2">职业能力评价（40 分）</td><td colspan="2">分辨不同的蒙太奇类型</td><td>根据任务训练情况得分</td><td>20</td><td></td><td></td><td></td></tr>
<tr><td colspan="2">应用不同的蒙太奇类型表达不同信息</td><td>根据任务训练情况得分</td><td>20</td><td></td><td></td><td></td></tr>
<tr><td colspan="5">总分</td><td></td><td></td><td></td></tr>
<tr><td colspan="5">最终得分</td><td colspan="3"></td></tr>
</table>

知识拓展

扫描右侧二维码，阅读“从线性编辑到非线性编辑知识文档”，拓展知识储备。

从线性编辑到非线性编辑知识文档

任务 2 从剪辑新手到剪辑师

学习目标

1. 知识目标

（1）了解影视后期的剪辑流程。

（2）了解镜头运动方式的种类。

（3）了解镜头组接的规律和技巧。

2. 技能目标

（1）能够将镜头的运动方式合理运用于作品。

（2）能够将镜头的组接规律合理运用于作品。

3. 素养目标

（1）通过前期拍摄训练，培养影视剪辑的规范意识。

（2）通过镜头组接训练，培养基本的剪辑素养。

知识引导

请扫描右侧二维码，观看“从剪辑新手到剪辑师知识讲解”视频，思考并回答下列问题。

从剪辑新手到剪辑师知识讲解

（1）影视制作包含________、开机拍摄、________和宣传发行四个步骤。

（2）后期剪辑流程包含沟通需求、熟悉素材、整理素材、确定结构、________、________、________和________。

（3）推镜头指摄影机通过运动逐渐________被摄体。

(4) 拉镜头指摄影机逐渐________被摄体，取景范围由________变________。

(5) 移镜头指________移，摄影机的拍摄方向和运动方向成垂直或成一定角度移动。

(6) 请判断下面的说法是否正确。

①摇镜头与被摄体基本保持距离，只是镜头上下或左右摇转。(　　)

②移镜头围绕被摄体运动，就形成了环拍。(　　)

③跟镜头的摄影机拍摄方向不一定与运动方向一致，它与被摄体的运动保持一定的距离或有其他变化。(　　)

(7) 请简述镜头组接的规律。

____

____

____

____

____

知识储备

在影像发展的百年历程中，镜头运动与镜头组接无疑扮演了举足轻重的角色，它们是推动电影艺术不断前行的重要动力。镜头运动不仅赋予影像以生命，使其能够灵活地捕捉世界的每一个角落，更通过巧妙的运动方式，引导观众深入情境，感受故事的起伏与故事中人物的内心世界。而镜头组接，则是将这些生动的片段巧妙地编织在一起，构建出引人入胜的叙事结构，使电影成为一门能够深刻表达情感、思想的艺术形式。

对于剪辑师而言，深刻理解镜头运动与镜头组接的规律，是掌握电影剪辑艺术的关键。镜头运动为剪辑师提供了丰富的素材和无限的可能性，而镜头组接则是将这些素材转化为有力的叙事手段。我们只有充分理解并熟练掌握这两个概念，才能在剪辑台上挥洒自如，将一个个单独的镜头转化为流畅、连贯、富有感染力的电影作品，为观众带来深刻的观影体验。

1. 镜头的运动方式

多样的镜头运动方式是电影先驱们多年不懈探索努力的结晶。它从最初受限的固定机位拍摄中脱颖而出，实现了摄影机的自由解放，进而能够创造出丰富多变的动态视觉效果。它通过改变摄影机的位置、角度和焦距来创造出动态视觉效果。基本的镜头运动方式包括推镜头、拉镜头、摇镜头、移镜头、跟镜头五种。

(1) 推镜头

推镜头指摄影机通过运动逐渐接近被摄体的拍摄过程。这种手法通过移动摄影机或调整焦距，使取景范围由大变小，逐渐将观众的注意力聚焦到特定的主体或细节上。它常被用于突出重点、引导观众视线，展现人物的内心世界或重要情节的发展。推镜头的速度可影响观众感受，快速推进营造紧张氛围，缓慢推进则带来深沉体验。

(2) 拉镜头

拉镜头指摄影机逐渐远离被摄体的拍摄过程，旨在展示更多的环境背景。它先强调主体，然后揭示主体与周围环境的关系，为观众提供更全面的视角。拉镜头常用于开场，展现整体环境和人物关系，或在剧情关键时刻揭示重要信息。其速度同样影响观众感受，快速拉远能迅速转换关注点，缓慢拉远则让观众更细致地观察场景变化。

(3) 摇镜头

摇镜头指在不移动摄影机的前提下，借助三脚架的活动底座，使摄影机上下或左右摇转。它能在不移动摄影机的情况下，展现更广阔的空间或追踪移动的物体。摇镜头适用于拍摄风景、大型活动或跟随动态物体。其速度和方向应根据拍摄内容和目的进行选择，以创造出所需的视觉效果。

(4) 移镜头

移镜头涉及摄影机在拍摄过程中的横向、纵向或斜向的移动。这种手法能展现连贯的场景变换或多角度展示同一场景，常用于追踪移动物体、展现大型活动的全景或创造特定的视觉效果。移镜头的稳定性和速度控制是关键，平稳地移动能带来流畅的视觉效果。

(5) 跟镜头

跟镜头即跟拍，摄影机拍摄方向与运动方向一致，而且与被摄体的运动方向保持固定的距离或有一定的变化。跟镜头适用于拍摄运动场景、追踪人物行动或展现动态事件的连续过程。其关键在于保持与被摄物体的同步移动，同时要注意保持稳定性和清晰度。

2. 镜头组接的规律

在探讨了镜头的运动方式之后，我们理解了如何通过推、拉、摇、移、跟等手法来创造丰富多样的视觉体验。然而，单个镜头的运用只是电影摄影艺术的一部分。为了讲述一个完整的故事或表达特定的情感和意义，我们需要将这些镜头巧妙地组合在一起。镜头的组接不仅关乎技术的运用，更涉及对艺术的创造。通过将不同运动方式的镜头进行有机组合，我们可以构建出更加引人入胜的叙事结构，让观众在视觉的流转中感受到故事的张力和情感的波动。镜头组接的规律具体体现在以下几个方面：

(1) 镜头的组接要符合观众的思维方式和影视表现规律

镜头的排列顺序和转换方式应当符合生活的逻辑和观众思维的逻辑。只有当镜头的切换顺序与观众的心理预期相符，才能引导观众顺畅地理解故事情节，进而产生共鸣。

(2) 景别的变化要采用循序渐进的方法

当我们在剪辑中用多个画面表现一个人物的时候，通过逐步改变镜头的景别或拍摄角度，可以顺畅地进行场景转换，同时保持观众的视觉兴趣。这种手法有助于增强叙事的连贯性和视觉的层次感。

(3) 镜头组接中的拍摄方向要遵循轴线规律

轴线，也被称为关系线或 180 度线，是在拍摄时设定摄影机位置应遵循的一条虚拟线。它保证了拍摄画面的空间感和方向感一致，防止方向混乱。为了维持空间方向的统一感，摄影机需始终在主体运动轴线的同一侧拍摄，从而确保画面中主体的运动和放置方向一致。若摄像机在拍摄中“跳轴”，就会破坏空间的统一感，造成方向性错误，即“越轴”现象，这样的画面在组接时无法连贯，除非为了特殊的艺术效果。为避免越轴，摄影师需时刻注意摄像机位置，并确保其在轴线同一侧拍摄，同时可通过在越轴的两个镜头之间添加空镜头等编辑技巧来过渡不同侧面的拍摄画面。遵循轴线规律不仅能保证画面的连贯性和统一性，还有助于观众理解故事情节和场景变化，是提升视频质量和观众体验的关键。

(4) 镜头组接要遵循“动接动、静接静”的规律

“动接动”是指在镜头组接时，如果前后两个镜头中的主体都处于运动状态，那么这两个镜头应该直接相连。这种组接方式能够保持视觉的流畅性，使观众感受到连续的动态效果。例如，在表现运动员训练的场景中，可以将跑步、跳跃等不同的运动镜头组接在一起，形成一个连续、动感的序列。

“静接静”是指在组接镜头时，如果前后两个镜头的主体都处于静止状态，那么这两个镜头应该相接。“静接静”组接时，前一个镜头结尾停止的片刻叫“落幅”，后一镜头运动前静止的片刻叫“起幅”。这种方式有助于营造一种平静、稳定的视觉氛围。例如，在展示一幅画作时，可以从一个静止的镜头切换到另一个静止的镜头，以保持整体的静态美感。

遵循“动接动、静接静”的规律进行镜头组接，不仅有助于保持视觉的连贯性和流畅性，还能提升观众的观看体验。合理的镜头组接，可以让观众更加清晰地理解故事情节，感受影片所要传达的情感和氛围。

然而，在实际操作中，也需要注意灵活运用这一原则。有时为了创造特定的视觉效果或表达某种情感，剪辑师可能会故意打破这一规律。

(5) 镜头组接要遵循色调相似性原则

色调相似性原则指的是在选择镜头进行组合时，应注重色调的相近性，以保持整体视觉风格的连贯与和谐。这一原则对于维持影片整体风格的一致性至关重要，无论是明亮的色调还是阴暗的色调，都应在全片中统一，以此营造特定的氛围并传递相应的情感。此外，色调的连贯性能够显著增强观众的观看体验感，帮助他们更好地理解故事情节与角色的心路历程。通过精心挑选色调匹配的镜头，影片的主题和情感得以更加鲜明地凸显。

在实际的镜头组接过程中，前期拍摄需精心规划并设计影片的整体色调，使得前期拍摄和后期制作能够始终保持色调的一致性。

活动组织

1. 活动形式

小组活动（每组人员根据实际授课人数而定）。

2. 活动要求

每个小组推选出一位小组长，针对教师所展示的视频进行头脑风暴，最终整理出如下表格。

表 1-3

序号	时间段	镜头运动方式	镜头组接规律

3. 活动实施

（1）学生进行头脑风暴，讨论并完成表格。

（2）每个小组的组长对本组内容进行阐述说明。

（3）进行组间互评及教师点评。

任务评价

表 1-4　任务评价

评分项目			评分细则	配分	自我评价（20%）	小组互评（30%）	教师评价（50%）
素养评价（30 分）	课堂纪律（10 分）	不迟到，不早退	违反一次不得分	5			
		积极思考，回答问题	根据上课情况统计得分	5			
	职业道德（20 分）	培养影视剪辑规范意识	根据前期拍摄任务得分	10			
		培养基本剪辑素养	根据镜头组接任务得分	10			

续表

评分项目		评分细则	配分	自我评价（20%）	小组互评（30%）	教师评价（50%）
知识评价（30分）	了解影视后期剪辑流程	根据理论测试情况得分	20			
	了解镜头运动方式的种类					
	了解镜头组接的规律和技巧		10			
职业能力评价（40分）	合理运用镜头运动方式	根据任务训练情况得分	20			
	合理运用镜头组接规律	根据任务训练情况得分	20			
总分						
最终得分						

知识拓展

扫描右侧二维码，阅读“从剪辑新手到剪辑师知识文档”，拓展知识储备。

从剪辑新手到剪辑师知识文档

项目总结

1. 重难点梳理

（1）蒙太奇指把一系列的视频片段组合到一起，从而达到特定的表述效果的一种艺术形式，包括叙事蒙太奇、表现蒙太奇和理性蒙太奇。其中，叙事蒙太奇包括连续蒙太奇、交叉蒙太奇和平行蒙太奇；表现蒙太奇包括抒情蒙太奇、隐喻蒙太奇、心理蒙太奇和对比蒙太奇；理性蒙太奇包括杂耍蒙太奇、反射蒙太奇和思想蒙太奇。

（2）推镜头、拉镜头、摇镜头、移镜头、跟镜头是常用的五种运镜方式，除此以外还有升降镜头、甩镜头等。在影视节目制作中，运镜手法不局限于某一种，我们经常能看到对多种镜头运动方式的综合运用。

（3）镜头组接的规律：

①镜头的组接必须符合观众的思维方式和影视表现规律。

②景别的变化要采用循序渐进的方法。

③镜头组接中的拍摄方向遵循轴线规律。

④镜头组接要遵循“动接动、静接静”的规律。

⑤镜头组接要遵循色调相似性原则。

2. 重要名词

线性编辑　非线性编辑　蒙太奇　推镜头　拉镜头　摇镜头　移镜头　跟镜头

项目 2 【剪辑初体验】初识剪辑工具

项目情景描述

随着影视行业的快速发展，后期剪辑的就业前景良好，同时能够实现剪辑的软件也越来越多，其中 Adobe Premiere（以下简称 Premiere），是 Adobe 公司开发的一款视频剪辑和编辑软件，主要用于视频采集、视频剪辑、调色、添加字幕、编辑音频、渲染输出等。其功能强大、简单易学、应用面广，是一款专业稳定的视频剪辑软件，也是剪辑行业的必备软件。

通过对本项目的学习，我们将对 Premiere 软件形成初步认识，了解其剪辑流程，知道其素材管理方法。

任务分配表

表2-1　任务分配

任务序号	任务名称
1	初识Premiere之剪辑流程
2	初识Premiere之素材管理

思政园地

严守规范流程，雕琢剪辑匠心——《山河岁月》背后的故事

在筹备央视纪录片《山河岁月》的剪辑工作时，资深剪辑师陈昊带领团队面临着前所未有的挑战。影片跨越近百年历史，涉及大量真实历史影像、人物采访素材和重新拍摄的片段，总素材时长超过 800 小时，如何规范高效地完成剪辑工作，成为摆在团队面前的一道难题。陈昊深知，严谨规范的职业素养是破解难题的关键，这不仅关乎作品质量，更是对历史的尊重与负责。

在素材管理阶段，陈昊按照严格的规范流程，带领团队对所有素材进行细致分类。他们依据历史时期、人物角色、场景类型等多个维度，将素材整理成清晰的文件夹目录，并为每个素材添加详细的文字标注，包括拍摄时间、地点、内容概要等信息。面对一段珍贵的解放战争时期的战地影像，他组织大家逐帧比对画面中的标志性建筑、人物服装等细节，结合历史资料重新梳理时间线，整整花费两天时间，终于将这段素材准确归类。他强调："这些素材是历史的见证，我们多花些时间和精力做好管理，不仅能提高后续剪辑效率，更是对历史负责，对观众负责。"

进入剪辑流程后，陈昊严格遵循前期策划、粗剪、精剪、审核修改的标准流程。在粗剪环节，他要求团队成员按照剧本结构和故事逻辑，先将主要情节串联起来，避免过早陷入细节而迷失整体方向。当剪辑到中华人民共和国成立庆典的片段时，为了展现当时举国欢庆的热烈氛围，他尝试了十几种不同的剪辑方式，不断调整镜头顺序和节奏，最终通过将群众欢呼的全景镜头与领导人微笑的特写镜头进行巧妙组接，让观众身临其境。

经过数月的努力，《山河岁月》顺利完成。纪录片上映后，凭借严谨的历史逻辑、流畅的叙事节奏和令人震撼的视觉效果，获得了观众和专家的一致好评，还被列为党史教育的推荐影片。陈昊和他的团队用实际行动证明：规范的职业素养，是剪辑工作顺利开展的保障；规范的素材管理，是对历史文化的珍视与传承；严谨的剪辑流程，体现了精益求精、追求卓越的工匠精神。对于学习《非线性编辑——让镜头跳舞的艺术》的同学们来说，在初识剪辑工具阶段，就应树立规范操作的意识，将这种职业素养融入每一次的练习和创作中，为未来成为优秀的剪辑师奠定坚实基础。

项目思维导图

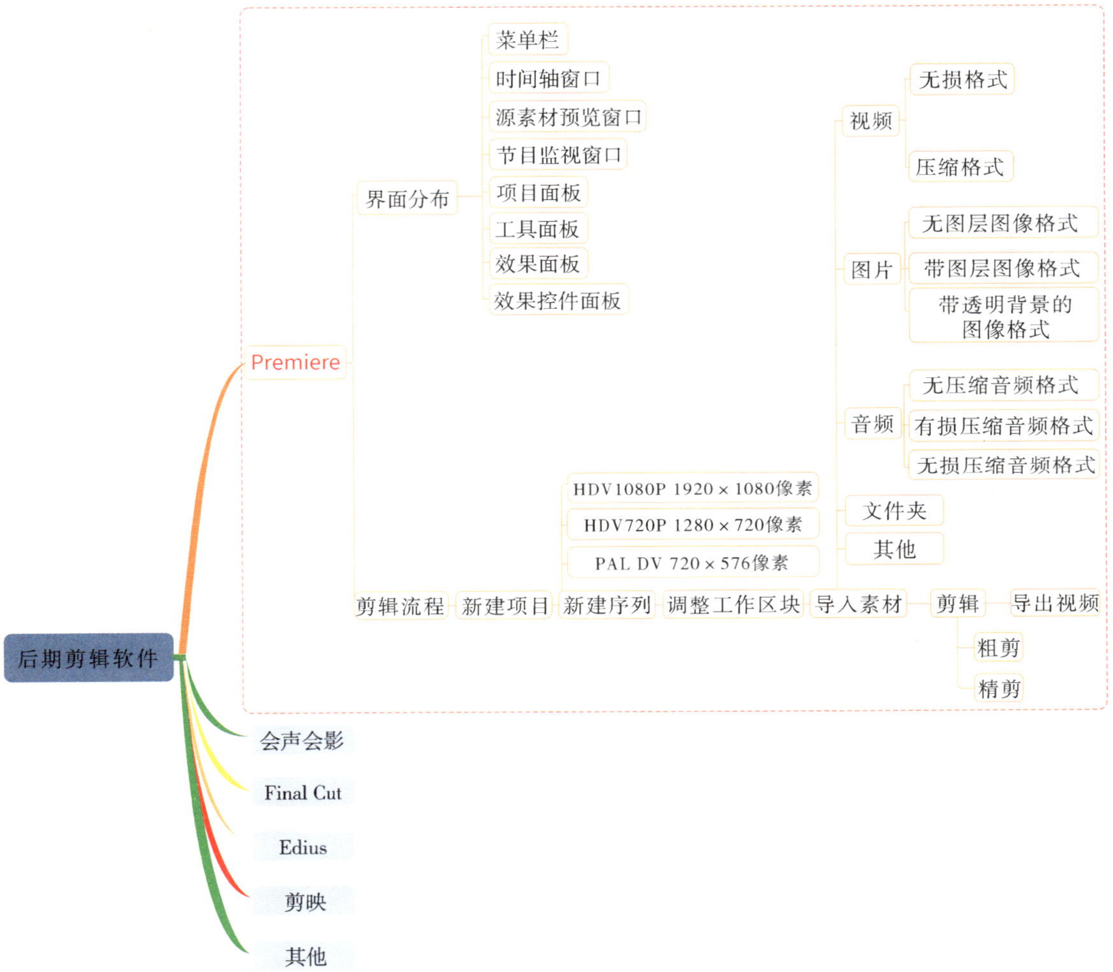
后期剪辑软件
Premiere
界面分布
菜单栏
时间轴窗口
源素材预览窗口
节目监视窗口
项目面板
工具面板
效果面板
效果控件面板
剪辑流程
新建项目
新建序列
HDV1080P 1920×1080像素
HDV720P 1280×720像素
PAL DV 720×576像素
调整工作区块
导入素材
视频
无损格式
压缩格式
图片
无图层图像格式
带图层图像格式
带透明背景的图像格式
音频
无压缩音频格式
有损压缩音频格式
无损压缩音频格式
文件夹
其他
剪辑
粗剪
精剪
导出视频
会声会影
Final Cut
Edius
剪映
其他

任务 1 初识 Premiere 之剪辑流程

学习目标

1. 知识目标

（1）了解 Premiere 软件界面的组成部分及功能。

（2）熟悉剪辑的基本流程。

2. 技能目标

（1）掌握 Premiere 软件界面的基本编辑操作。

（2）编辑和调整 Premiere 软件主要功能窗口。

3. 素养目标

（1）通过学习剪辑的基本流程，培养规范操作意识。

（2）通过小组讨论，培养发现问题和解决问题的素质。

知识引导

请扫描右侧二维码，观看“初识 Premiere 的剪辑流程知识讲解”视频，思考并回答下列问题。

初识Premiere的剪辑流程知识讲解

（1）点击开始界面的________，可以新建一个自由编辑的项目。

（2）Premiere 中，可在________选择不同功能的界面布局方案。

（3）项目面板主要是用于________及________的管理。

（4）时间线窗口可分为________和________。

（5）________可显示声音分贝大小。

（6）请判断下面的说法是否正确。

①在新建项目窗口中，一般修改名称及位置，其他选项保持默认状态。（　　）

②Premiere 中的菜单栏可以说是整个软件的功能导图。（　　）

③效果面板包含了预设、音频效果和过渡、视频效果和过渡选项。（　　）

④在效果控件面板中，只能对添加的效果进行参数调节。（　　）

⑤Premiere 软件不提供现场录音功能。（　　）

（7）请根据自己的理解，描述 Premiere 剪辑的基本剪辑流程。

____

____

知识储备

在进入正式剪辑之前，我们首先需要了解 Premiere 的界面布局及各个功能模块。Premiere 的界面为我们提供了从素材导入、剪辑组接、特效添加到音频处理等一系列创作工具。

1. Premiere 的各界面功能介绍

(1) 开始界面

开始界面的左侧包含“新建项目”和“打开项目”两个选项，“新建项目”可以新建一个自由编辑的项目，“打开项目”可以打开保存过的任意项目。这两个选项为用户提供了灵活的项目管理方式。

“新建项目”具有创建一个全新的编辑项目的功能。点击这个选项后，可以开始一个空白的项目，根据自己的需求自由添加素材、效果和转场等。而“打开项目”则用于打开之前已经保存过的项目。如果之前已经创建并保存了一个项目，现在想要继续编辑或查看，就可以通过这个选项快速打开。

再次使用时，在界面右侧会多出“最近使用项”内容，显示之前打开或编辑过的项目历史记录。这是一个非常实用的功能，因为它允许快速访问最近使用过的项目，无须在文件浏览器中寻找。只需单击相应的项目，就可以立即打开并继续之前的编辑工作。

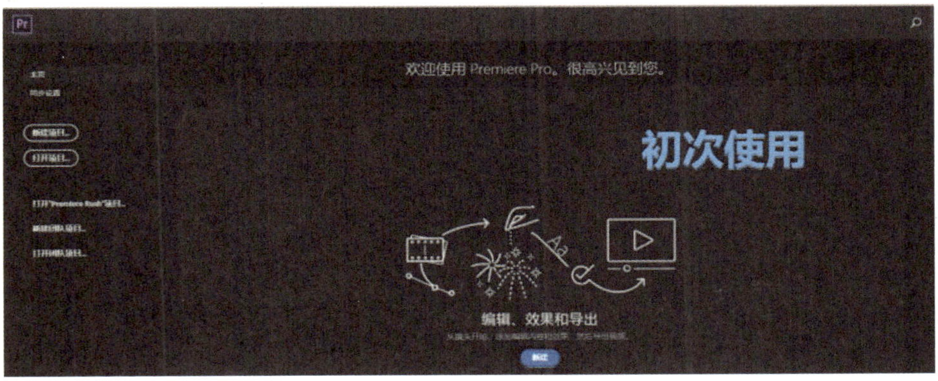

图 2-1 初次使用的开始界面

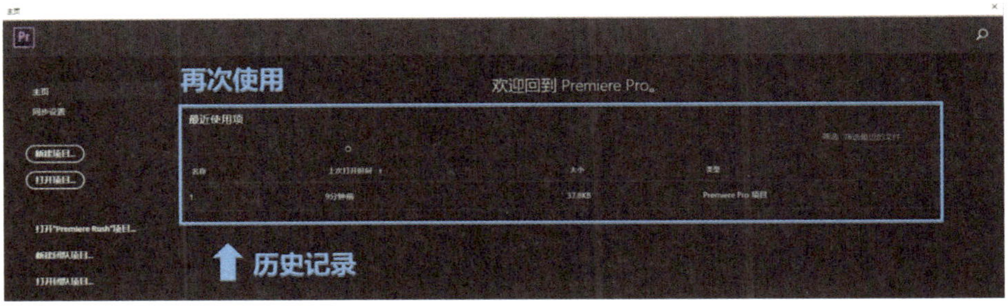

图 2-2 再次使用的开始界面

（2）“新建项目”面板

点击“开始界面”的“新建项目”，弹出“新建项目”窗口，这个窗口为用户提供了创建新项目的详细设置选项。

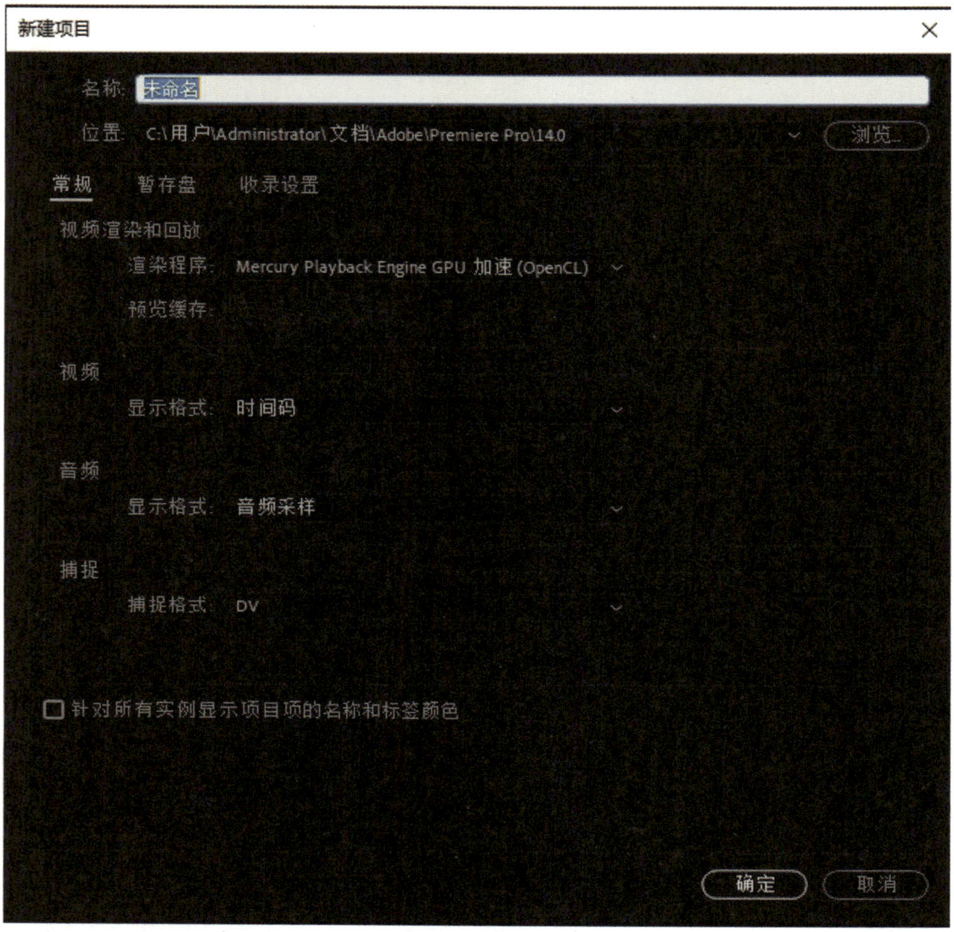

图 2-3　新建项目窗口

在“新建项目”窗口中，有如下几个关键的输入字段和选项。首先，是“名称”字段，可以在这里输入新项目的名称。为项目起一个清晰、具有描述性的名字是个好习惯，这样在日后查找或管理项目时会更加方便。

接下来是“位置”字段，这里需要指定新项目文件的保存路径。选择合适的保存位置有助于保持工作空间的整洁，并确保项目文件的安全。

除了名称和位置之外，“新建项目”窗口通常还包括其他一些选项，如视频渲染和播放设置、音频硬件设置等。

完成所有必要的设置后，点击窗口下方的“确定”按钮，Premiere 将根据配置创建一个新的项目，并自动打开剪辑主界面。这样就可以进入正式剪辑工作状态了。

（3）主界面

Premiere 的主界面是用户进行视频编辑工作的主要区域，其设计直观且功能强大，主要包含以下几个组成部分：

菜单栏：它是按照程序功能分组排列的按钮集合，菜单栏可以说是整个软件的功能导图，为软件中大多数功能提供了菜单入口，Premiere 软件中的绝大多数功能在对应的菜单栏中都可以找到。

功能窗口切换区域：它是软件为剪辑、调色、音频、字幕等不同功能定义的界面布局方案。点击对应的功能，软件会自动切换到使用该功能时的界面布局。

源素材预览窗口：源窗口主要是为项目面板中的视频、音频、图片等素材提供实时预览，双击项目面板中的素材即可在源窗口中进行播放预览。

节目监视窗口：节目监视窗口是用户监视时间线上剪辑画面的主要区域。在这里，用户可以实时播放时间线上的内容，以检查剪辑效果和画面流畅性。节目窗口还提供了多种播放控制选项，如播放/暂停、逐帧播放等。

项目面板：项目面板主要是用于项目及素材的管理，所有导入到软件中的视频、音频、图片等素材，以及用户新建的序列、字幕等元素，都会被存放在项目面板中。可以通过拖放、复制、粘贴等操作对项目面板中的素材进行灵活的管理和组织。

工具面板：它包括视频剪辑的常用工具，无论是切割、拼接、删除还是其他复杂的剪辑操作，都可以在工具面板中找到合适的工具来完成。

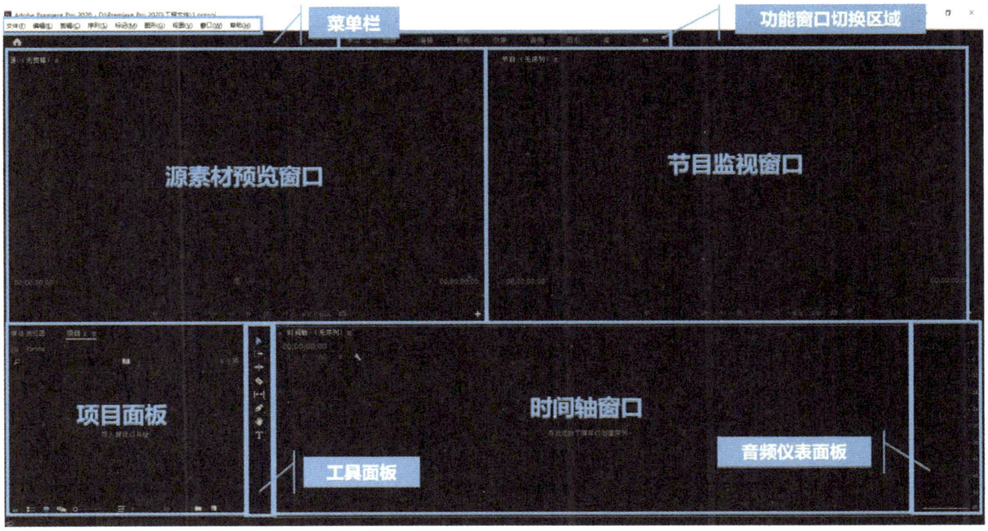

图 2-4 主界面

时间轴窗口：时间轴窗口可以简单理解为剪辑工作台，用户对素材的剪辑工作全部都是在时间线面板中操作完成的。在这个窗口中，可以按照时间顺序对素材进行排列和组合，以创造出所需的视频效果。时间轴窗口被划分为视频轨道和音频轨道两部分，便于对不同类型的素材进行独立且精确的控制。

音频仪表面板：主要用于显示当前播放音频的声音分贝大小。这个面板为用户提供了直观的音频电平监视功能，有助于用户在剪辑过程中确保音频质量的稳定和一致。

(4)“编辑”界面布局

在进行视频基本剪辑工作时，Premiere 的“编辑”界面布局通常是首选，如图 2-5 所示，这种布局为剪辑师提供了一个直观且高效的工作环境，有助于快速完成剪辑任务。当然，根据实际需求和项目特点，也可以灵活选择“效果”“颜色”“音频”等其他界面布局。

“编辑”界面布局的核心特点是其清晰的视图和工具排列，使得剪辑过程中的各个步骤都能得心应手。在此布局下，用户可以轻松访问和管理项目面板中的素材，通过时间轴精确控制素材的排列和剪辑点，同时在节目监视窗口中实时预览剪辑效果。

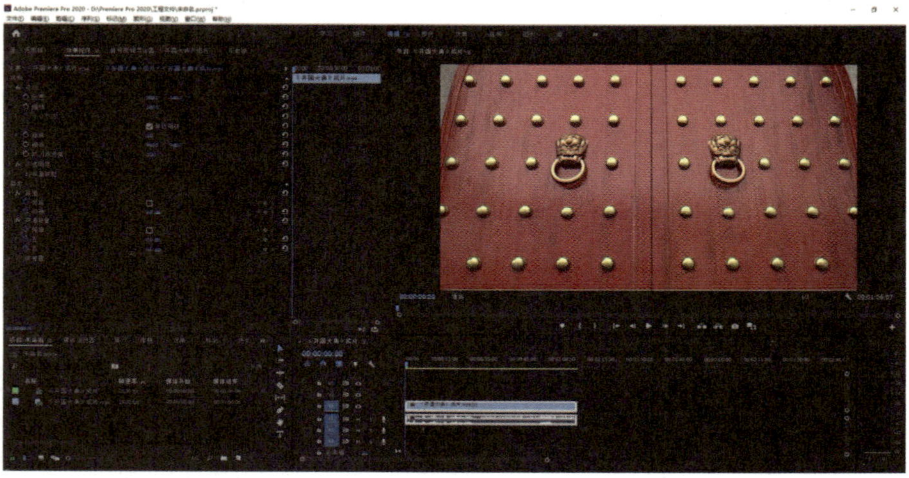

图 2-5 “编辑”界面布局

(5) 效果面板

在 Premiere 中，“效果面板”是一个功能强大的工具库，它汇集了众多预设效果、音频效果、过渡效果和视频效果。当需要对视频或音频进行特殊处理时，如添加模糊效果、转场动画等，剪辑师通常会在“效果面板”中寻找并应用相应的效果控件。

(6) 效果控件面板

“效果控件面板”为用户提供了一个集中管理和调整素材效果的界面。用户利用这个面板，不仅能够对素材的原始效果进行细致的调整，还可以对后续添加的各种效果进行精确的参数调节。

(7) 音频剪辑混合器面板

音频剪辑混合器面板是 Premiere 中专门用于音频处理的关键面板之一。它用于对音频素材进行声道和音量的精细调节。通过这个面板，用户可以确保音频在最终输出时具有高质量和专业的听觉效果，也可以直接通过该面板进行录音操作，将现场声音或旁白等实时录入项目中，极大地提升了音频编辑的灵活性和效率。

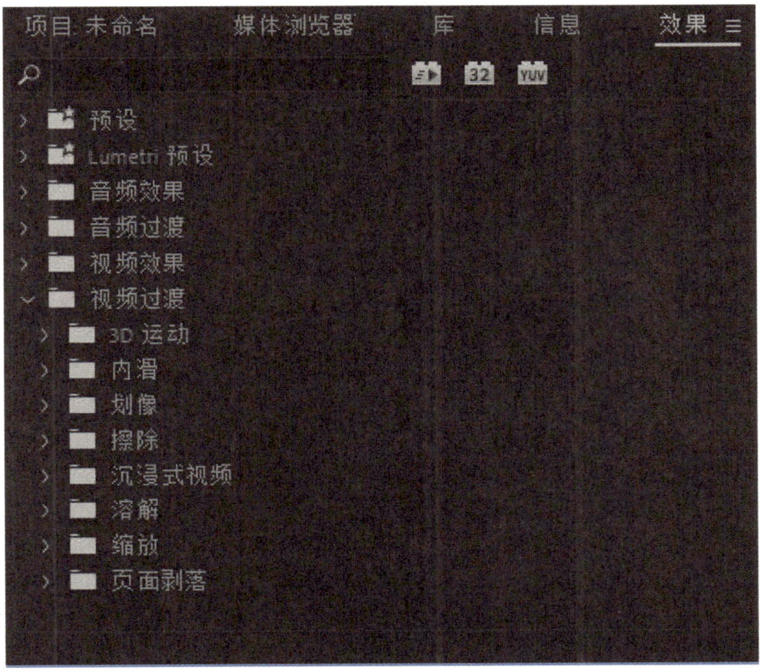

图 2-6　效果面板

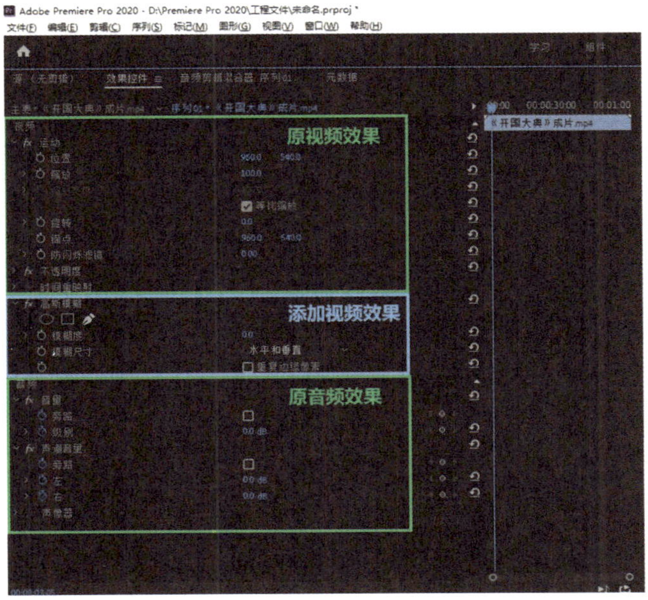

图 2-7　效果控件面板

图 2-8　音频剪辑混合器面板

2. 剪辑流程

在详细了解了 Premiere 的各个界面及其功能之后，我们接下来将探讨使用这款软件进行视频剪辑的一般工作流程。掌握这些步骤，不仅能够帮助我们快速上手，还能让我们更加高效地完成任务。从素材的导入与组织，到剪辑与效果的添加，再到最终的导出与分享，每一个环节都不可或缺。

（1）新建项目

启动 Premiere 软件后，首先需要新建一个项目。在“新建项目”窗口中，用户可以设定项目的名称，这是为了便于后续管理和识别。同时，选择合适的文件存放位置也是非常重要的，它决定了项目文件及后续生成的视频文件的存储路径。设置完成后，点击“确定”即可进入项目编辑界面。

（2）调整工作区块

进入编辑界面后，根据个人习惯和项目需求，可以调整工作区块。Premiere 提供了两种调整方法：

方法 1：直接在功能窗口切换区域进行工作区选择。

方法 2：自行调整工作区。按住鼠标左键拖动面板时，放置区的颜色会比其他区域相对亮一些，如图 2-9 所示：

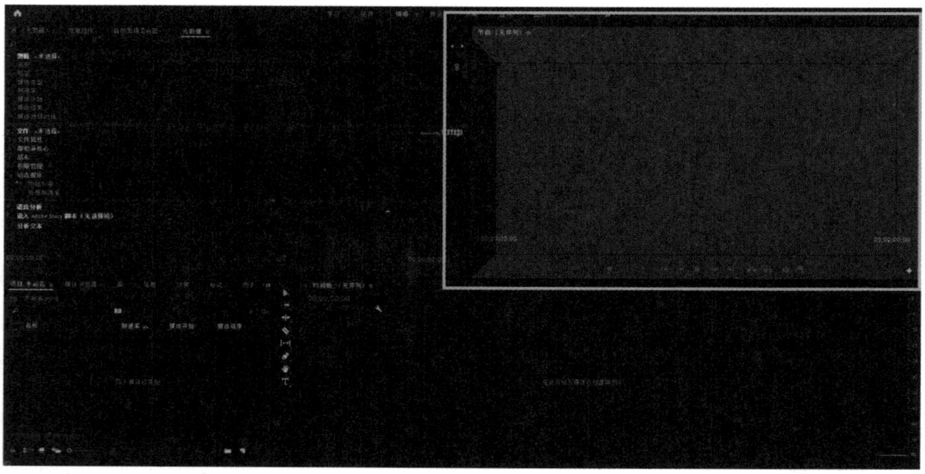

图 2-9　放置区颜色较亮

在拖动面板的同时按住 Ctrl 键，可使面板自由浮动；或点击鼠标右键，在对话框中选择“浮动面板”。

在自行调整工作区时，可以将调整好的工作区进行保存，也可恢复到调整前的界面，选择“窗口→工作区→另存为新工作区”即可进行保存，再次使用时可直接打开；选择“窗口→工作区→重置为保存的布局”即可恢复到调整前的界面，如图 2-10 所示：

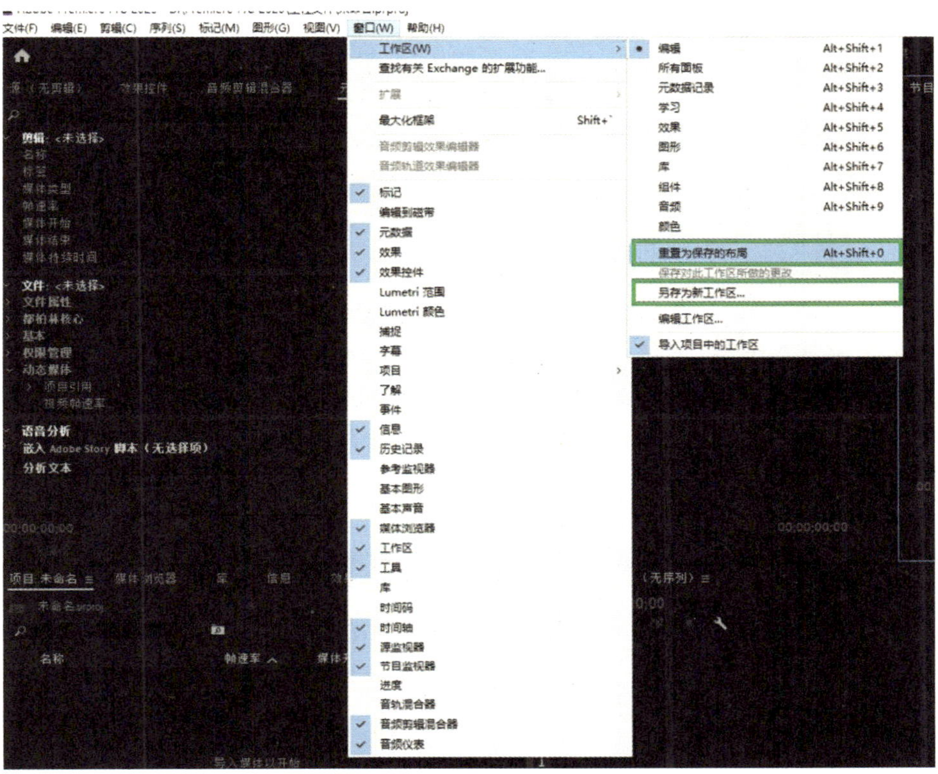

图 2-10 将工作区进行保存或还原

(3) 导入素材

在调整好工作区后，下一步是导入需要剪辑的素材。用户可以在项目面板中双击鼠标左键，弹出文件选择对话框，从中选择对应的视频、音频或图像素材进行导入，导入的素材会显示在项目面板中，以供调用。

(4) 新建序列

导入素材后，需要新建一个序列来承载这些素材。新建序列的方法有两种：

方法 1：选择项目面板中的“新建项→序列”，在弹出的窗口中进行参数设置，以适应不同的输出需求。除非需要制作 VR 视频，一般情况下只需要修改“设置”中的参数，如下所示：

编辑模式：自定义；

时基：25.00 帧/秒（电影一般采用 24 帧/秒）；

帧大小：1920 像素×1080 像素（可根据实际情况设置）；

像素长宽比：方形像素（1.0）；

场：无场（逐行扫描）；

其他参数默认即可。

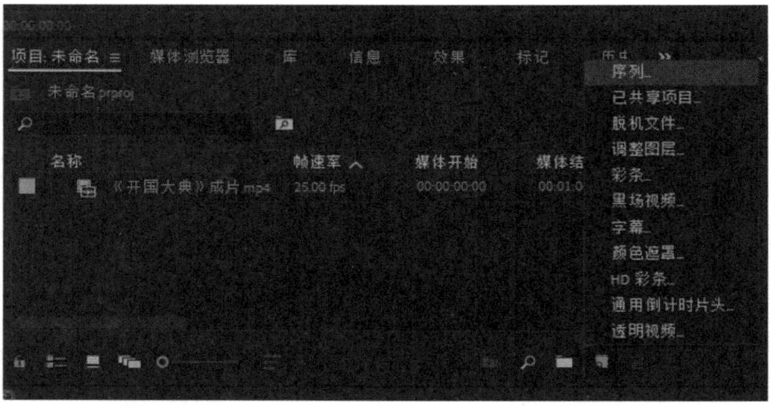

图 2-11　方法 1 新建序列

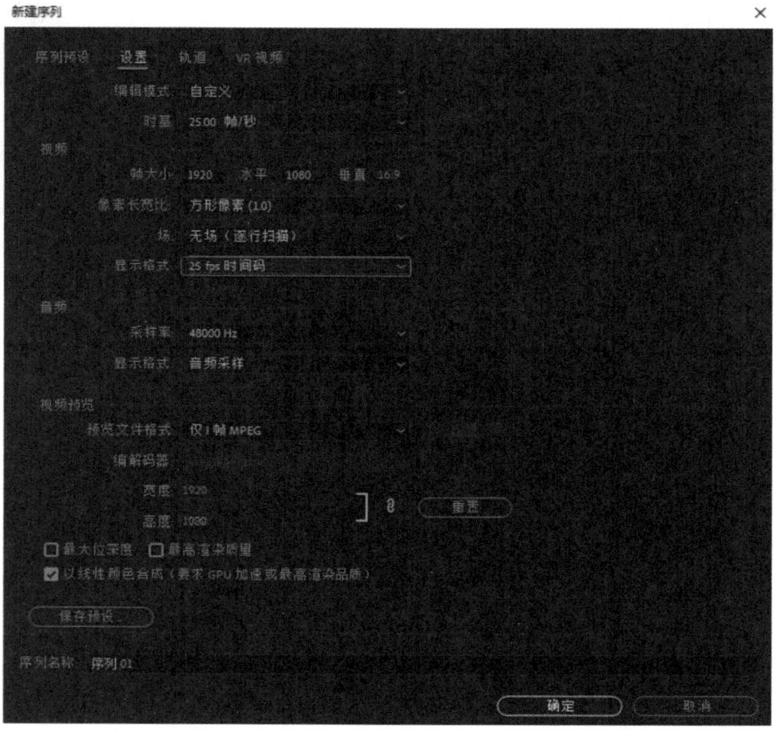

图 2-12　方法 1 参数设置

图 2-13　序列

方法 2：我们也可以直接将视频素材拖动到时间轴面板上。Premiere 会自动根据该视频素材的属性生成一个与之相适应的序列。这种方法省去了手动设置序列参数的步骤，非常适合需要快速开始剪辑的工作。

序列新建完成后，在项目面板中出现序列标志，同时时间轴面板也会显示这个新建的序列。如果用户不小心删除了时间轴面板中的序列，可以通过鼠标双击项目面板中的序列标志来重新进入，并编辑该序列。

（5）剪辑

在序列创建好之后，用户可以将导入的素材拖动到时间轴上进行剪辑操作，如切割、拼接、删除、添加转场效果等。Premiere 有着丰富的剪辑工具和快捷键，能够帮助用户高效地完成剪辑工作。

（6）导出视频

剪辑完成后，最后一步是导出视频。用户可以通过菜单栏，选择“文件→导出→媒体”来打开导出设置窗口。在这里，我们需要对导出的格式进行设置，一般推荐使用 H.264 编码的 MP4 格式，因为它具有良好的兼容性和压缩效率。点击“输出名称”旁边的文件名，用户可以修改视频的保存位置和文件名。设置好之后，点击“导出”按钮即可导出视频。

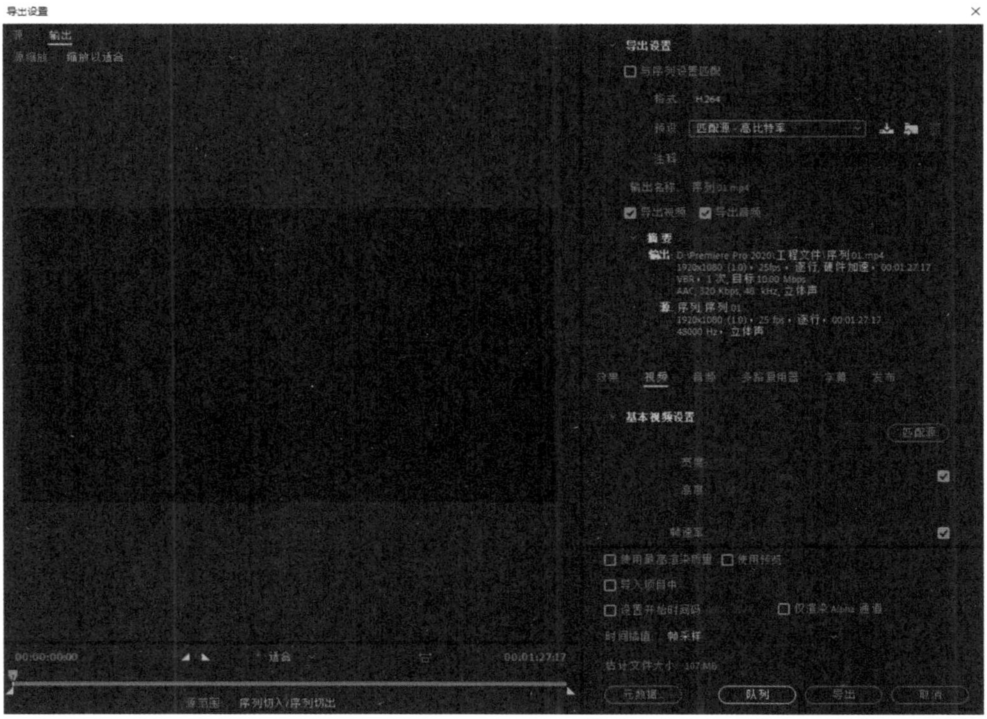

图 2-14　导出设置

活动组织

1. 活动形式

个人活动——老师提供视频片段，学生进行简单的剪辑操作（活动开展时，仍需进行分组，在评价环节，需进行组内互评）。

2. 活动要求

将视频片段进行组接，导出一段分辨率为 1920 像素×1080 像素、格式为 MP4 的视频。

3. 活动实施

（1）学生进行视频剪辑。

（2）进行组内互评及教师点评。

视频剪辑的具体步骤可参考右侧视频。

视频剪辑操作

任务评价

表 2-2　任务评价

评分项目			评分细则	配分	自我评价（20%）	小组互评（30%）	教师评价（50%）
素养评价（30 分）	课堂纪律（10 分）	不迟到，不早退	违反一次不得分	5			
		积极思考，回答问题	根据上课情况统计得分	5			
	职业道德（20 分）	具备规范操作意识	根据分组汇报情况得分	10			
		具备发现问题和解决问题的素质	根据分组讨论情况得分	10			
知识评价（30 分）	了解软件界面的组成部分		根据理论测试情况得分	30			
	了解软件主要界面的功能						
	熟悉剪辑的基本流程						
职业能力评价（40 分）	掌握软件界面的基本编辑		根据任务训练情况得分	20			
	编辑和调整软件的主要功能窗口		根据任务训练情况得分	20			
总分							
最终得分							

知识拓展

扫描右侧二维码，阅读“初识 Premiere 的剪辑流程知识文档”，拓展知识储备。

初识Premiere的
剪辑流程知识文档

任务 2 初识 Premiere 之素材管理

学习目标

1. 知识目标

(1) 了解 Premiere 的视频管理流程。

(2) 了解 Premiere 界面下媒体素材的管理方法。

(3) 说出 Premiere 中导入的媒体类型。

2. 技能目标

(1) 能够正确地利用项目面板管理素材。

(2) 能够正确地利用时间线面板组织节目素材。

(3) 能够准确运用导出界面压缩媒体素材。

3. 素养目标

(1) 通过小组讨论，培养团结互助的团队精神。

(2) 以工匠精神为主线，养成踏实肯干、精益求精的职业习惯。

(3) 以“中国梦”的内容为引领，激发爱国主义情感。

知识引导

请扫描右侧二维码，观看“初识 Premiere 的素材管理知识讲解”视频，思考并回答下列问题。

(1) 无压缩音频格式保存了原始的________。

(2) 无损压缩的音频格式不会破坏任何原始的________，其格式的转变是________。

初识Premiere的
素材管理知识讲解

（3）JPEG 图片格式属于________压缩。

（4）PSD 是常见的________的图像格式。

（5）在导入 PSD 图片格式时，“合并所有图层”是指将所有图层合并为________。

（6）请判断下面的说法是否正确。

①视频可以看作是位图的集合。(　　)

②视频的压缩是否有损，是由视频格式决定的。(　　)

③原始的音频波型在存储之后没有任何后续处理。(　　)

④有损压缩音频格式的压缩是不可逆的。(　　)

⑤PNG 和 GIF 格式的图片均支持透明背景以及动图效果。(　　)

⑥PSD 可以保存图片的完整信息，图层、通道、文字都可以被保存。(　　)

⑦在 Premiere 中不支持文件夹的导入形式。(　　)

（7）请简述视频压缩后的优势。

____

____

（8）在 Premiere 中怎样导入图像序列？

____

____

知识储备

在视频剪辑中，熟练掌握常见的素材种类和格式是每一个剪辑师的必备技能，也是后续能够处理各种素材的技术基础。剪辑师需要能够迅速识别素材类型、了解格式特点，并熟练运用剪辑软件进行处理，这直接关系到剪辑工作的流畅度、作品质量的优劣以及跨平台兼容性的实现度。

1. 常见的素材种类和相关格式

在进行视频编辑时，最常用的三种素材是视频、音频和图片。视频素材是构成影片主体的核心元素，通过剪辑和拼接不同的视频片段，能够构建出完整的故事情节和视觉效果。音频素材则为影片增添了声音层次和情感色彩，无论是背景音乐、音效还是旁白，都能深化观众对影片的理解和感受。而图片素材在视频编辑中也扮演着重要角色，它们可以用于创建片头片尾、过渡效果或者作为视频中的插图，从而丰富影片的视觉呈现和信息传递。这三种素材相辅相成，成为视频编辑中不可或缺的元素。

（1）视频素材

视频本质上可以看作一系列位图的连续集合，而位图由于其丰富的图像信息，往往占用较大的存储空间。未经压缩的原始视频文件，其体积可能达到数百甚至上千亿字节

(GB)，这显然超出了常规存储和传输的承受能力。因此，视频压缩技术的运用尤为重要。通过有效地压缩，视频容量得以大大减小，从而节省了宝贵的存储空间，并显著提升视频传输的效率。这种压缩处理不仅使视频更加便于使用，还拓展了其应用场景。需要注意的是，视频压缩是否会造成质量损失，并非由视频格式本身决定，而是取决于所采用的压缩算法和技术手段。比较常见的视频格式有以下几种：

【MOV】是一种用于苹果 QuickTime 播放器的 MPEG—4 数字视频容器格式，除了支持视频数据外，MOV 格式还可以包含音频和文本图像等多种数据，支持多种编解码器。MOV 格式在苹果设备上较为通用。

【MP4】是一种基于 QuickTime MOV 的视频容器格式，但与 MOV 不同，它增加了对其他 MPEG 特性的支持。MP4 支持视频、音频和图片、字幕等，还能提供更高质量的无损视频，同时保持非常小的文件大小，使其更易于流式传输，因此成为目前应用最广泛、适用性最强的视频格式。

【AVI】文件格式将视频和音频数据保存在一个支持同步音频和视频播放的容器中。AVI 视频质量很高，非常适合存储，这就是为什么视频创作者一致认为它是一种可靠的视频格式。AVI 是尼康和奥林巴斯等相机品牌的首选文件格式。此外，它还兼容 Windows Media Player、Google Drive 和其他跨平台视频播放器。

【WMV】是具有各自编码格式的视频编解码器的集合，由 Microsoft 在其 Windows Media 框架上引入。最初，它的设计目的是与在线流媒体应用程序上的 RM 格式。它存储压缩视频，甚至用于在蓝光/DVD 上传送内容。但是，由于 WMV 的视频质量较差，随着时间的推移逐渐不再受使用者青睐。WMV 视频文件可与 Microsoft 媒体播放器和其他跨平台媒体播放器（如 VLC）兼容。

【WebM】用于在线流媒体内容的开源、免版税的多媒体格式。它包含 VP8 或 VP9 编解码器的压缩视频流以及 Oupus 或 Vorbis 编解码器的压缩音频流。如今，由于轻量级和实时传输特性，它已成为在线视频流最广泛使用的文件格式之一。

【FLV】主要用于流式传输音频、视频和文本数据，如 YouTube、Metacafe 等网站上的字幕。它支持 H. 264 视频编解码器和 AAC 声音。然而，由于性能较弱，FLV 视频格式被 F4V 格式接替。

【MKV】是一种容器和文件格式，用于保存多个音频、视频、图片和文本数据，如字幕曲目。它类似于其他常见容器，如 MP4 和 AVI，但 MKV 在规范中是开放的。对于视频内容，MKV 使用“. MKV”文件扩展名，音频使用“. MKA”，字幕使用“. MKS”。这种格式非常通用，因为它可以将视频、音频和字幕存储在一个文件的单独轨道中，虽然它们都以不同的编解码器进行编码，但是在存储短视频、电影、电视节目和添加字幕上发挥着重要的作用。

(2) 音频素材

音频素材不仅是视频内容的补充，更是增强观众观看体验的关键因素。精心选择和编辑音频素材，可以为影片营造出恰当的氛围，引导观众更好地投入情感。无论是动感的背景音乐推动剧情发展，还是细腻的音效增强场景真实感，音频素材都在潜移默化中影响着观众对影片的整体感受。

音频格式决定了音频文件的存储方式、音质以及兼容性。不同的音频格式有着不同的特点和应用场景，从无损音质的 FLAC、ALAC，到高度压缩的 MP3、AAC，再到专为语音设计的格式，如 AMR，每一种格式都承载着特定的技术特性和使用需求。在选择音频格式时，我们需要考虑文件大小、音质要求、播放设备的兼容性以及使用场景等多个因素。了解各种音频格式的特点，有助于用户在满足不同的音频处理需求时做出更明智的选择。接下来，我们将详细探讨几种常见的音频格式及其特点。

【无压缩音频格式】无压缩格式保存了原始的音频波型。所谓原始的音频波型，即指声音被捕捉之后，转化为数字信号存储后的结果。原始的音频波形在存储之后没有任何后续处理。从结果来看，这样的音频文件会造成大量的空间占用，对于一个 24 位 (24 bit) 96 kHz 的音频来说，每分钟大约需要 34 MB 的空间存储。常见的无压缩音频格式有 PCM、WAV 和 AIFF。

【有损压缩音频格式】有损压缩指的是在无压缩的基础上，在存储之前对音频应用一次压缩，这种压缩是不可逆的，对原音频是有损耗的。但它可以解决无压缩音频格式占用太多空间的问题。换句话说，有损压缩音频，就是用更低的音频质量格式换取更小的空间占用。常见的有损压缩音频格式有 MP3、AAC、OGG 和 WMA (有损版)。

【无损压缩音频格式】无损压缩格式不会破坏任何原始的音频数据，这种格式的转变是可逆的。虽然其所占空间比有损压缩格式的音频要大 2 到 5 倍，但它仍然会小于无压缩格式。常见的无损压缩音频格式有 FLAC、ALAC 和 WMA (无损版)。

(3) 图像素材

在视频编辑过程中，图片素材也发挥着独特且重要的作用。它们不仅可以作为视频的静态背景或场景插图，为影片增添视觉层次感和艺术感，还能够作为关键的信息载体，通过插入图表、文字或照片等元素，直观地传递信息和细节。

图像格式是数字图像处理与存储的基础，它们不仅决定了图像的呈现质量，还影响着图像的兼容性、可编辑性以及文件大小。从简单的 JPEG、PNG，到专业的 RAW、TIFF，再到用于网页的 GIF，每一种图像格式都拥有其独特的技术特性和最佳应用场景。

【RAW】RAW 在英文中的意思就是“未经加工”。RAW 是未经处理、未经压缩的格式，可以把 RAW 概念化为“原始图像编码数据”或更形象地称为“数字底片”，它可以任意地调整色温和白平衡，不会有图像质量的损失。

【JPEG】JPEG 也是应用最广泛的图片格式之一，它采用一种特殊的有损压缩算法，将不易被人眼察觉的图像颜色删除。JPEG 具有压缩比例好、色彩还原较好的特点，因为 JPEG 格式的文件尺寸较小，下载速度快，所以是互联网上最广泛使用的格式。

【GIF】GIF 最大的特点是既可以是一张静止的图片，也可以是动画，并且支持透明背景图像。GIF 也是一种压缩的图片格式，分为动态 GIF 和静态 GIF 两种。GIF 动态图片占用的存储空间小，加载速度快，因此非常流行。

【PSD】PSD 是常见的带图层的图像格式，是 Photoshop 的专用图像格式。

【PNG】PNG 的压缩比高于 GIF，支持图像透明，PNG 格式的图片也支持有损耗压缩。

【BMP】BMP 是一种图像文件格式，与常见图像格式不同的是，BMP 属于典型的位图格式。

【TIFF】TIFF 格式，也叫作 TIF 格式，可以支持不同颜色模式、路径、透明度以及通道，是打印文档中最常用的格式。它的特点是图像格式复杂、存储信息多。TIFF 格式常用于印刷。

【PCX】PCX 是最早支持彩色图像的一种文件格式，现在最高可以支持 256 种颜色。

【TGA】TGA 的结构比较简单，属于一种图形、图像数据的通用格式，主要用于排版、打印等输出工作。

【EPS】EPS 主要用于矢量图像和光栅图像的存储。EPS 格式采用 PostScript 语言进行描述，并且可以保存其他一些类型信息，例如多色调曲线、Alpha 通道、分色、剪辑路径、挂网信息和色调曲线等，因此 EPS 格式常用于印刷或打印输出。

补充描述：PSD 格式作为 Adobe Photoshop 的专用文件格式，虽然文件体积较大且占用存储空间，但它能够完整地保存图像的所有信息，包括图层、通道和文字等，这为专业图像设计师提供了极大的便利，使他们能够随时回到之前的工作状态进行进一步的精细调整。然而，这种格式的专业性要求较高，需要专业的图形处理软件才能打开和编辑，这在一定程度上限制了其使用的广泛性。因此，在选择使用 PSD 格式时，需要权衡其信息保存的完整性与文件大小、软件依赖等方面。

PNG 和 GIF 是两种常见的支持透明背景的图像格式。GIF 格式的特点在于它不仅可以呈现静止的图像，还能制作简单的动画效果，这一特性使得 GIF 在社交媒体和网页广告中颇受欢迎。此外，GIF 文件占用的存储空间相对较小，便于网络传输和分享。然而，PNG 格式在某些方面表现出更优越的性能。PNG 的压缩比高于 GIF，这意味着在相同图像质量下，PNG 文件通常比 GIF 更小，进一步提升了网络加载速度。更为重要的是，PNG 格式能够保留图层信息，这一点对于需要在不同设计或编辑阶段保持灵活性的创作者来说至关重要。

2. 素材的导入方法

在 Premiere 中导入素材是一个基础且重要的步骤，这些素材可以分为两大类：一般素材的常规导入和特殊素材的导入。

(1) 一般素材的常规导入

一般素材的导入，操作相对简单直接。用户只需在项目面板中双击，或者通过菜单栏选择“文件→导入”，即可轻松将素材加入项目中。导入后，可以利用面板上的各类工具进行素材的整理、分类和管理，以便后续编辑时使用，如图 2-15 所示：

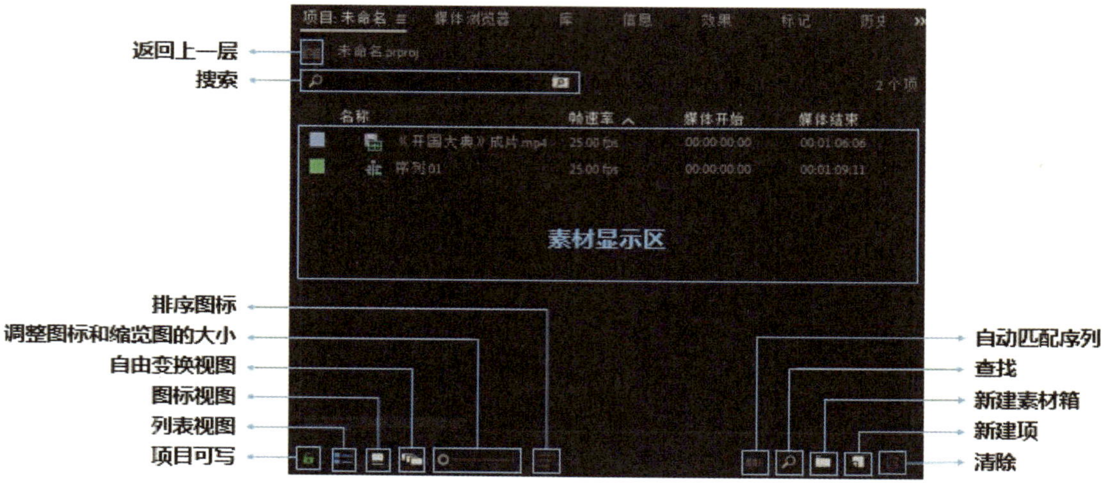

图 2-15 素材整理工具

若想查看已导入素材的详细信息，可在项目面板中选中该素材，然后点击鼠标右键选择“属性”，系统会展示该素材的各项属性，如格式、分辨率、时长等。

(2) 特殊素材的导入

除了一般素材外，Premiere 还支持导入一些特殊类型的素材，如图像序列、PSD 图片和素材文件夹等，这些特殊素材在导入时需要做一些特殊的设定。

①图像序列的导入

图像序列是一系列按时间顺序排列的静态图像，通过连续播放能够模拟出动态视频的效果，为创作者提供了极大的灵活性和创意空间。图像序列不仅拥有高分辨率和细腻的图像质量，还能够轻松实现复杂动画、特效预览及逐帧调整等。图像序列的格式通常有 TIFF、TGA、PNG 等，能够被多种视频编辑和图像处理软件广泛支持，有较强的兼容性，使其成为跨平台工作的理想选择。

在 Premiere 中导入序列帧时，双击项目窗口或点击导入按钮打开文件浏览器，导航至包含连续命名序列帧的文件夹，选中首帧图像，并确保在文件选择对话框中勾选“图像序列”选项，根据需要调整导入设置后，点击“打开”或“导入”按钮后，Premiere 将把这些连续命名的图像作为一个视频素材导入项目面板中。需注意的是，图像序列的名字必须是连续的，否则 Premiere 可能无法正确识别整个序列，从而导致导入失败，或者只导入不连续点之前的部分序列帧。即使 Premiere 能够导入部分不连续的序列帧，但在最终的视频播放中，由于图像序列的缺失，可能会出现视频播放不连续或跳帧的现象。这将严重影响视频的质量和观感。

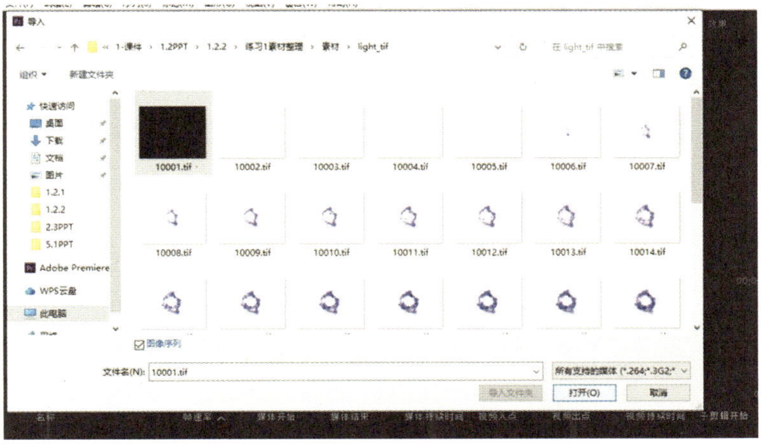

图 2-16　图像序列的导入

②PSD 图片的导入

PSD 图片格式是 Adobe Photoshop 的源文件格式，不仅支持多层图像编辑，还融入了透明度调整、丰富的调整图层以及各式各样的滤镜效果，为后续创作提供了可能。尽管 Premiere 与 Photoshop 同属 Adobe 家族，但 PSD 格式的导入并非总是无缝衔接的，在导入过程中可能会遇到图层信息丢失、透明度无法识别等问题。因此在导入 PSD 图片时，需要充分考虑需要保留的属性元素，做合适的选择，以满足后续的编辑需求。

具体操作时，双击项目窗口，选择对应素材导入后，会弹出如图 2-17 所示的选择框，根据需要选择合适选项并确定。

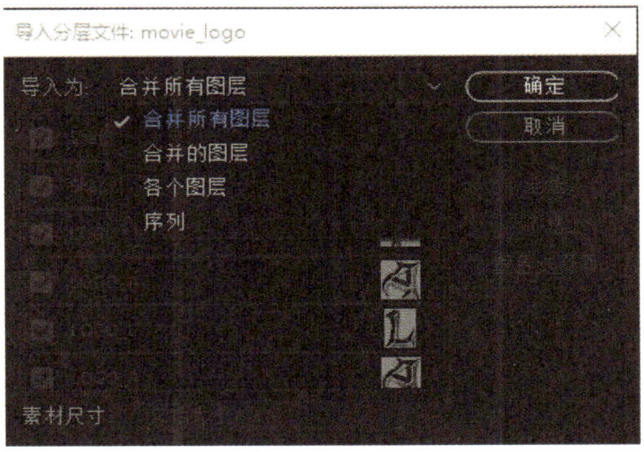

图 2-17　PSD 图片的导入

【合并所有图层】所有图层合并为一张图片。

【合并的图层】勾选想要导入的素材合并为一张图片。

【各个图层】勾选想要导入的素材，每个素材以单独的图片呈现。

【序列】勾选想要导入的素材，每个素材以单独的图片呈现，多了一个序列。

③素材文件夹的导入

在视频编辑的过程中，素材整理与导入往往都是非常重要的，面对海量的图片、音频和视频文件，逐一手动导入不仅耗时费力，还容易出错。我们可以通过导入文件夹一次性导入多个素材文件，无论是同一场景下的连拍照片，还是分段录制的视频素材，都能一键归入项目之中，可以极大地提升工作效率。素材按照这种方式导入 Premiere 后，这些素材也是以文件夹的形式存在的。

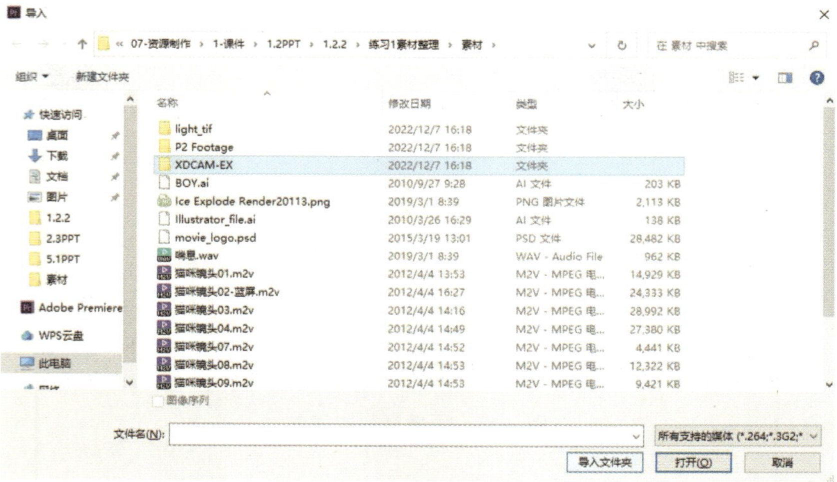

图 2-18　素材文件夹的导入

3. 素材编辑工具

在 Premiere 中的素材编辑工具能够帮助我们精确、高效地处理视频素材。其中最常用的工具包括选择工具、剃刀工具、钢笔工具以及文字工具等，如图 2-19 所示。每一种工具都有其独特的功能和用途，使得视频编辑过程更加灵活多变。

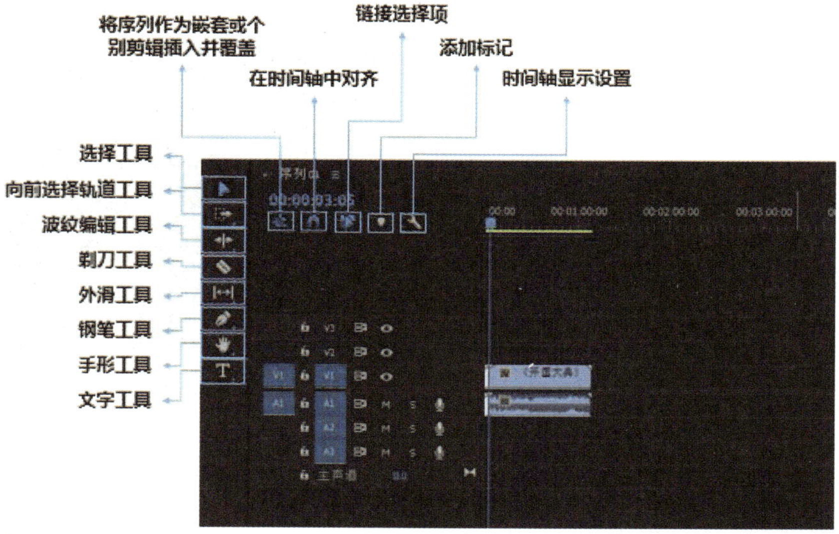

图 2-19　素材编辑工具

素材编辑工具的详细功能及用法会在“项目 3”中进行讲解，在该任务中，只对“选择工具”进行讲解。

使用“选择工具”，在节目监视窗口双击素材，可使素材变为可编辑模式，如图 2-20 所示。在这种模式下，可以对素材进行移动、缩放等基本操作，从而调整素材在视频中的位置和大小。

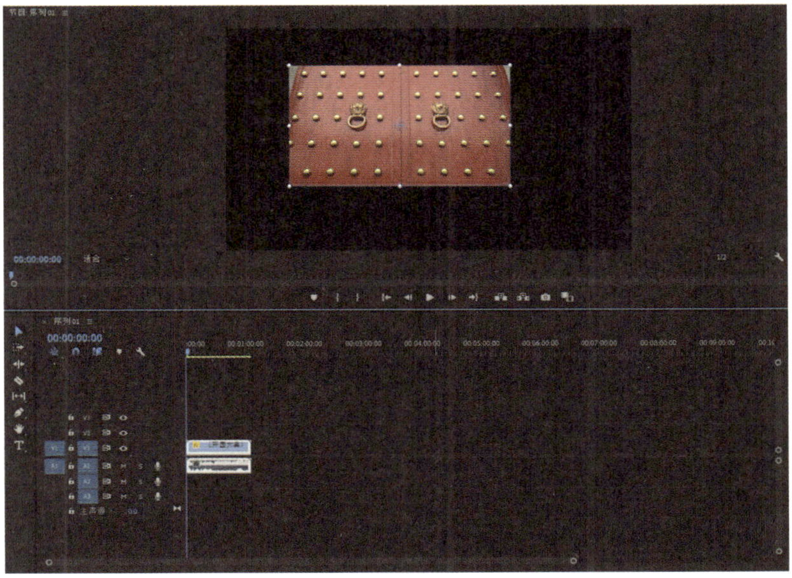

图 2-20　选择工具的使用

活动组织

1. 活动形式

个人活动。根据活动具体要求完成素材整理及视频剪辑。

2. 活动要求

（1）老师提供各种格式的素材，学生在 Premiere 中进行素材整理，将整理好的素材截图提交。

（2）利用“项目 2”任务 1 中活动的剪辑视频，将视频中的音乐替换，并在视频右下角添加图片。

3. 活动实施

（1）学生进行素材整理及视频剪辑。

（2）进行组内互评及教师点评。

具体操作步骤可参考以下视频。

素材整理

视频编辑

任务评价

表 2-3 任务评价

评分项目			评分细则	配分	自我评价（20%）	小组互评（30%）	教师评价（50%）
素养评价（30分）	课堂纪律（10分）	不迟到，不早退	违反一次不得分	5			
		积极思考，回答问题	根据上课情况统计得分	5			
	职业道德（20分）	具备团结互助的团队精神	根据分组讨论情况得分	10			
		踏实肯干、精益求精的职业精神	根据课后讨论情况得分	10			
知识评价（30分）	了解视频管理流程		根据理论测试情况得分	30			
	了解媒体素材管理方法						
	了解导入、导出媒体类型						
职业能力评价（40分）	利用项目面板管理素材		根据任务训练情况得分	20			
	利用时间线面板组织节目素材		根据任务训练情况得分	20			
总分							
最终得分							

知识拓展

扫描右侧二维码，阅读“初识 Premiere 的素材管理知识文档”，拓展知识储备。

初识Premiere的素材管理知识文档

项目总结

1. 重难点梳理

(1) 利用 Premiere 进行剪辑时，其具体流程包含新建项目、调整工作区块、导入素材、新建序列、剪辑和视频导出。

(2) PSD 是常见的带图层的图像格式，是 Photoshop 的专用图像格式，它可以保存图片的完整信息，图层、通道、文字都可以被保存，但需要专业的图形处理软件才能打开，同时它的体积庞大，十分占用存储空间。

(3) PNG 和 GIF 是两种常见的支持透明背景的图像格式。其中 GIF 不仅可以是一张静止的图片，也可以是动画，占用的存储空间小，但是 PNG 的压缩比高于 GIF 的，PNG 也可以保留图层信息。

(4) 导入图像序列时，其名字必须是连续的，需先选中第一张，再将下面的图像序列勾上，最后点击“打开”即可。

(5) 将文件夹导入 Premiere 中后，仍以文件夹的形式存在。

2. 重要名词

视频　无压缩音频　有损压缩音频　无损压缩音频　带图层的图像格式　带透明背景的图像格式

项目3 【短视频剪辑】概念宣传片视频剪辑

项目情景描述

习近平总书记强调："推动我国制造业转型升级，建设制造强国，必须加强技术研发，提高国产化替代率，把科技的命脉掌握在自己手中，国家才能真正强大起来。"

回望中国高铁的发展，它成为我国自主创新的一个成功范例。复兴号采用正向设计，在采用的254项重要标准中，中国标准占到84%，整体设计和关键技术全部自主研发，具有完全自主知识产权。

从"追赶"到"领跑"，中国高铁实现了完美超越，展现了中国速度。本项目以此为背景，提供剪辑素材，利用剪辑技术，展现中国高铁的飞速发展。

任务分配表

表3-1　任务学时分配

任务序号	任务名称
1	素材编辑工具
2	视频变速效果
3	时间重映射

思政园地

跑出世界速度的中国高铁

1978 年，中国的铁路营业里程只有 5.2 万公里，虽然比新中国成立之初翻了一番，但高速铁路里程还是零。

2019 年 5 月，设计时速 600 公里的高速磁浮试验样车在青岛下线，刷新了人们对“中国速度”的认知。

高铁，正用它的高速、便捷为国人打开一扇门；

高铁，成为中国呈现在国际舞台的一张崭新名片！

跑出世界速度的
中国高铁

奔跑而来的“高铁时代”

设计速度每小时 250 公里以上、列车初期运营速度每小时 200 公里以上的客运专线铁路，叫高铁。

2008 年 8 月 1 日，中国第一条高速铁路——京津城际铁路正式投入运营，中国正式迈入了“高铁时代”。10 年间，京沪、哈大、兰新、沪昆等重点线路建成通车，从高寒的东北到热带的海南环岛，从湿润的东南沿海到干旱的西北内陆，高铁网络拉近了城市间的距离。

京津铁路 2008 年正式投入运营，从北京到天津，全长 120 公里，是中国第一条时速 350 公里的高铁。

京沪铁路 2011 年正式投入运营，从北京到上海，全长 1318 公里，是最繁忙的高铁线路。

沪昆铁路 2016 年正式投入运营，从上海到昆明，全长 2252 公里，是横贯东西的大动脉。

西成铁路 2017 年正式投入运营，从西安到成都，全长 643 公里，是新“蜀道”第一条穿越秦岭的高铁。

京广铁路 2012 年正式投入运营，从北京到广州，全长 2298 公里，是贯穿南北的大动脉。

哈大铁路 2012 年正式投入运营，从哈尔滨到大连，全长 921 公里，是全球首条穿越高寒冻土区的高铁。

兰新铁路 2014 年正式投入运营，从兰州到乌鲁木齐，全长 1776 公里，是全球一次性建成通车里程最长的高铁。

海南环岛铁路 2015 年正式投入运营，全长 653 公里，是全球第一条热带环岛高铁。

中国高铁“黑科技”

2017 年 6 月 26 日，标志着中国高铁进入全面自主化、标准化、系列化的“复兴号”中国标准动车组正式开跑。

充满科技感的动车组

看过时速 350 公里/小时的高铁上将硬币竖立而不倒的视频吗？能实现这样的奇迹，得益于高铁的黑科技之一的——转向架。它相当于高铁的“腿脚”，在火车身体和车轮之间搭起一座和平友谊的桥梁，保证了高铁平稳运行。

动车组不仅要跑得快，还要停得住。制动系统能在列车行驶过程中接收制动指令，施加制动，使列车减速，并最终控制列车安全停稳。

受电弓（能量接收器）安装在车顶上，一列 8 辆编组的动车组，一般配备两个受电弓。通过受电弓与接触网持续接触，接收来自接触网的高压电。

动车组的车头采用流线型设计，这是工程师们经过无数次“风洞试验”后得出的结果。这样可以减少空气阻力，降低能耗，让列车跑得更快。

牵引系统可以将接触网上取下的 25 千伏交流电转换成可控可调的交流电，驱动电机旋转，进而带动车轴、车轮旋转。

世界先进的轨道技术

动车组运行的无砟（zhǎ）轨道是当今世界先进的轨道技术。它用混凝土、沥青混合料取代了传统的散粒碎石道床。避免了飞溅道砟，使动车运行更平顺、稳定。

“黄医生”——动车组安全守护神

如果你在高铁站看到这种黄颜色的高速列车，它可不是普通的旅客列车，而是一列高铁综合检测车，它有一个好听的名字——“黄医生”。“黄医生”上有各种专业的传感器和检测设备，铁路工程师们就在高速奔驰的“黄医生”上检测各种数据，保证高铁线路的安全运行。

高铁改变生活

古语有云：“读万卷书不如行万里路。”如今在中国，乘坐高铁成为人们“行万里路”的方式之一。

高铁，让原来相隔遥远的两地变得不再遥不可及，让曾经辛苦的旅途变得美好舒适。

一条条高铁不仅串起了国家的重大战略区域，为城市之间的协同发展提供便利，为国家经济提供强劲的推动力；也串起了城市与乡村，打开了脱贫致富的新道路，让乡村的孩子有机会看到城市的鲜亮，让城里孩子能够体验到绿水青山就是金山银山；当然，一条条高铁也串起了无数的思乡之情，不断提速而缩短的时空距离，让外出的游子更便捷地回到家乡。

这一列列承载着国人骄傲与自豪的中国高铁，正疾驰如箭，奔驰在广袤无垠的祖国大地上。

项目思维导图

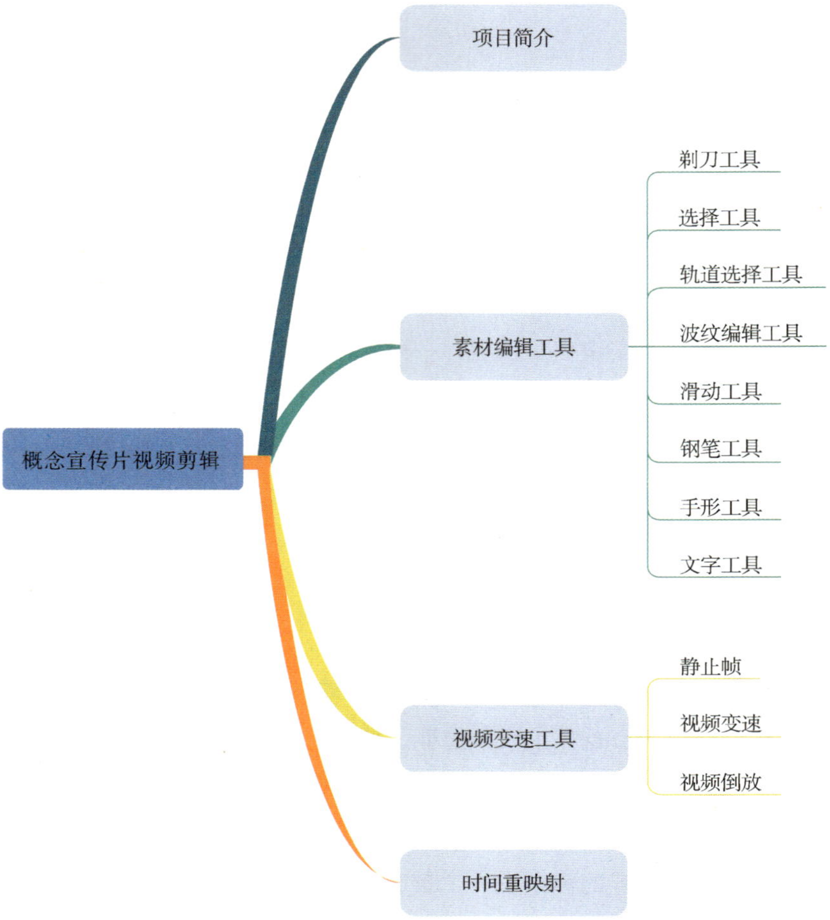
项目简介
剃刀工具
选择工具
轨道选择工具
波纹编辑工具
素材编辑工具
滑动工具
钢笔工具
概念宣传片视频剪辑
手形工具
文字工具
静止帧
视频变速
视频变速工具
视频倒放
时间重映射

任务 1 素材编辑工具

学习目标

1. 知识目标

了解并掌握 Premiere 剪辑工具的使用方法及使用技巧。

2. 技能目标

能够熟练使用剪辑工具进行剪辑、特效添加、音频处理和导出等操作。

3. 素养目标

培养独立完成简单剪辑任务的能力。

知识引导

请扫描右侧二维码，观看“素材编辑工具知识讲解”视频，思考并回答下列问题。

素材编辑工具知识讲解

(1) 时下流行的时代概念有哪些？

(2) 常用的素材编辑工具有哪些？请概括说出基本的功能。

(3) 视频分段的方法有________和________。

知识储备

概念宣传片是一种独特的视频形式，它以精练而富有创意的方式，向观众传达深层的、抽象的概念信息。这类宣传片通常时长较短，但每一秒都充满了深刻的寓意和丰富的内涵。概念宣传片通过视觉和听觉的双重刺激，能够在观众潜意识里留下深刻印象，从而达到传递特定概念、提升公众认知的目的。概念宣传片是当前市场上常见的一种视频形式，也是剪辑师必须掌握的一个成片类型。

1. 概念宣传片的主题类型

当今，概念宣传片所涉及的主题广泛而多样，它紧跟社会发展的步伐。以下是一些时下流行的概念宣传片的创作主题：

(1) 时政类概念：如“人类命运共同体”，这一理念强调了国家间的相互依存和共同发展，是当今世界政治格局中的重要议题。

(2) 战略类概念：如“东数西算”，此类概念体现了国家层面的发展战略和国际合作愿景，对于推动全球经济增长和区域合作具有重要意义。

(3) 经济类概念：如“共同富裕”和“经济双循环”，反映了国内经济政策的方向和目标，旨在促进社会的公平与繁荣。

(4) 民生类概念：如“动态清零”“房住不炒”，这些概念直接关系到人民群众的日常生活和切身利益，因此备受关注。

(5) 环保类概念：如“碳达峰”“碳中和”，体现了全球应对气候变化的紧迫性和责任感，是可持续发展理念的重要组成部分。

(6) 科技类概念：包括“5G”“AI”“元宇宙”“量子计算”等，这些代表了科技发展的最前沿，预示着未来社会的巨大变革。

2. 利用 Premiere 中的素材编辑工具完成基础剪辑

在概念宣传片的剪辑过程中，Premiere 的素材编辑工具发挥着至关重要的作用。这些工具不仅功能强大，而且灵活多样，能够满足我们在视频编辑过程中的各种需求。从选择工具到剃刀工具，从钢笔工具到文字工具，每一个工具都有其独特的功能和用途，为我们提供了广阔的创作空间。通过熟练掌握这些工具的使用方法，我们能够更加高效、精准地编辑素材，从而打造出精彩纷呈的概念宣传片。

(1) 剃刀工具，其快捷键为 C，该工具可以把一个视频分成很多段。操作时，在视频文件上单击一下鼠标左键即可。

配合 Shift 键（在剃刀工具下长按 Shift 键，鼠标显示两个剃刀工具图标）：剪辑时间点上所有轨道的素材。

配合 Alt 键（在剃刀工具下长按 Alt 键，注意前面鼠标虚线的变化）：忽略链接而单独裁剪视频或音频，在需要替换部分视频或音频时可以免去断开链接的步骤。

除了运用剃刀工具进行视频分段，还可以运用出入点设置的方法进行视频分段。

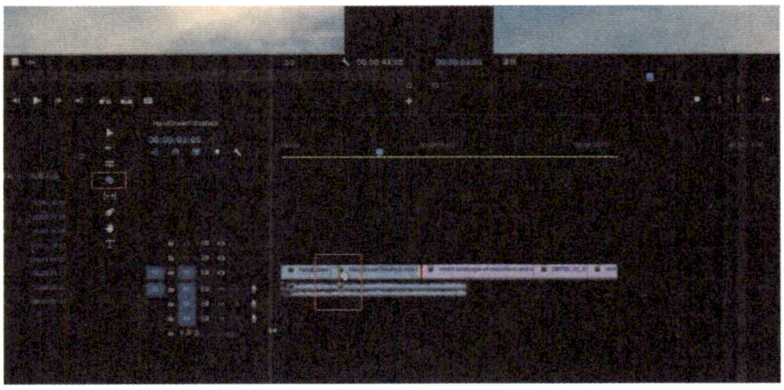

图 3-1　剃刀工具运用

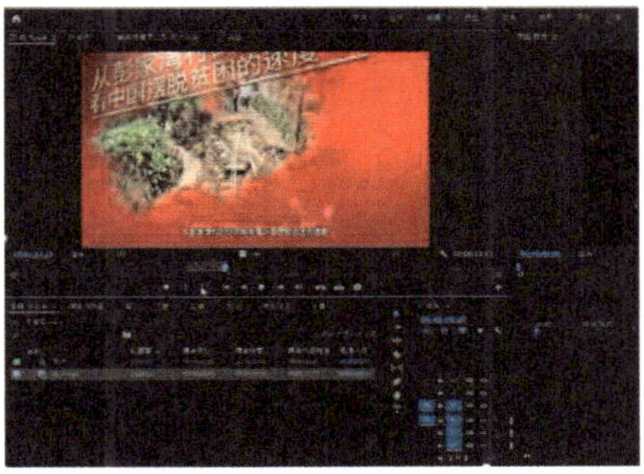

图 3-2　视频分段方法（出入点设置）

（2）选择工具，其快捷键为 V，该工具可以对文件进行选择、将选中的文件拖拽至其他轨道、对选中的文件进行右击菜单管理等。

配合 Ctrl 键：可以在已经剪辑好的片段中强行插入素材，按住 Ctrl 键，使用移动工具拖拽素材至切入点，松开 Ctrl 键后，素材就能插入了。

配合 Shift 键：选择多目标，相对于框选，这个可以不连续选择或取消。

配合 Alt 键：忽略编组或链接而移动素材，对于已经编组或链接的素材，如果要进行细微的调整，可以在不取消编组或链接的情况下移动素材。

（3）轨道选择工具，其快捷键为 A，单击是向前选择工具，作用为从选择的对象开始往右的素材都会被选中。

鼠标长按会出现向后选择轨道工具，快捷键为 Shift＋A，作用为从选择的对象开始向左的素材都会被选中。

配合 Shift 键：选择目标右（左）侧所有轨道的素材。

图 3-3　轨道选择工具运用

（4）波纹编辑工具，其快捷键为 B，作用为在已编辑好的时间线上改变某个素材的长度，前方或者后方的文件在编辑后会自动吸附。

长按选择滚动编辑工具，其快捷键为 N，可在不影响轨道总长度的情况下，调整两个相邻时间段视频的长度。值得注意的是，使用该工具时视频必须已经修改过长度，有足够剩余的时间长度来进行调整。

长按选择比率拉伸工具，其快捷键为 R，这个工具就是把原有的视频拉长，视频播放就变成了慢动作，把视频长度变短，效果就跟快进一样。

在波纹编辑工具选择状态下，按住 Ctrl 键可以快速切换为滚动编辑工具，松开 Ctrl 键则快速还原为波纹编辑工具。

（5）滑动工具，其快捷键为 Y，外滑工具可以在不改素材时长的同时，寻找这段素材的起始画面和出点画面。使用方法是选择外滑工具，放到需要编辑的素材上拖动，然后在节目预览窗口就可以看到这段素材的入点画面和出点画面，拖到合适的位置后松开鼠标即可。

配合 Ctrl 键：可以在已经剪辑好的片段中强行插入素材，按住 Ctrl 键使用移动工具拖拽素材至切入点，松开 Ctrl 键后，素材就能插入了。

长按可选择内滑工具，其快捷键为 U，内滑工具是在不改变选中素材时长的同时，改变相邻素材的时长，即入点和出点，使用方法和外滑工具一样，放到素材上拖动。

（6）钢笔工具，其快捷键为 P，钢笔工具主要是用于在素材上新建和调节透明度、位置、缩放等信息的关键字。

（7）手形工具，其快捷键为 H，按住鼠标左键不放，可以对时间轴上的文件进行一个拖拽预览（一般不常用）。

长按可使用缩放工具，其快捷键为 Z，单击鼠标左键，可以对时间线进行放大。

缩放工具配合 Alt 键使用，在缩放工具下长按 Alt 键，可以缩小时间线。

键盘上的“+”“—”也可以用来放大或缩小时间线。

（8）文字工具，其快捷键为 T，单击为水平文字工具，长按可选择垂直文字工具。常用于为视频添加字幕，或其他需要补充文字内容的版式。

实操演练

素材清单：中国高铁视频素材 1 套、参考样片 1 个。

实操要求：参考样片，利用素材编辑工具，完成视频的基本剪辑。

关键操作步骤如表 3-2 所示：

表 3-2　操作步骤

序号	操作步骤	参考画面
1	调整参考样片到合适大小与位置，方便后续剪辑操作	
2	在素材“源”面板中，运用“设置出入点”的方法，对第一段素材进行截取（可采用别的方法，只要视频截取成功即可）	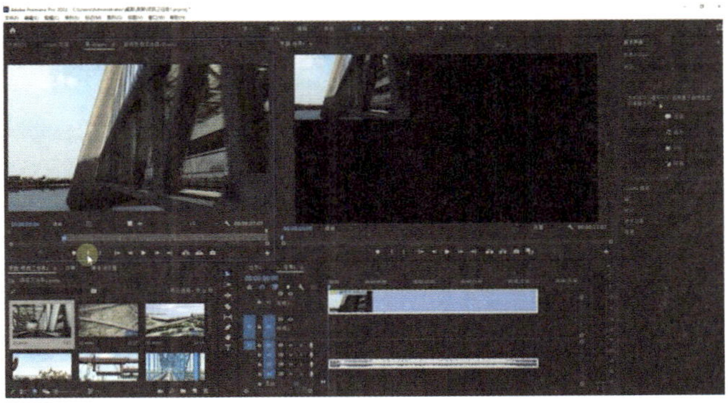
3	运用同样的方法，调整剩下的素材，并按照样片中的顺序，将对应素材放置在时间轴中	

扫描右侧二维码，可观看完整实操视频。

素材编辑工具实操

任务评价

表 3-3　任务评价

评分项目			评分细则	配分	自我评价（20%）	小组互评（30%）	教师评价（50%）
素养评价（20分）	课堂纪律（10分）	不迟到，不早退	违反一次不得分	5			
		积极思考，回答问题	根据上课情况统计得分	5			
	职业道德（20分）	具备审美意识	根据课堂表现情况	10			
		完成任务的能力	根据作业完成情况	10			

续表

评分项目		评分细则	配分	自我评价（20%）	小组互评（30%）	教师评价（50%）
知识评价（30分）	了解剪辑工具的使用方法及使用技巧	根据理论测试情况	30			
职业能力评价（40分）	使用剪辑工具进行剪辑、特效添加、音频处理和导出等操作	根据任务训练情况	40			
总分						
最终得分						

知识拓展

扫描右侧二维码，阅读“素材编辑工具知识文档”，拓展知识储备。

素材编辑工具知识文档

任务 2 视频变速效果

学习目标

1. 知识目标

了解帧定格、剪辑速度/持续时间、时间差值的应用。

2. 技能目标

能够利用“帧定格”“速度/持续时间”和“时间插值”工具，完成视频的帧定格效果处理、变速及视频的倒放。

3. 素养目标

培养视频剪辑的节奏。

知识引导

请扫描右侧二维码，观看“视频变速效果”视频，思考并回答下列问题。

视频变速效果知识讲解

(1) 在 Premiere 中，常用的视频变速效果有________、________和________。

(2) 在 Premiere 的帧定格选项中点击________，视频即可定格在指示帧所在的位置。

(3) 在“剪辑速度/持续时间”窗口中，勾选倒放速度，则剪辑将转变为________。

(4) 帧采样的渲染速度比帧混合________（快/慢）。

(5) 请判断下列描述的对错。

①“帧定格选项”主要用来将某一帧静止。(　　)

②在视频上添加帧定格后，当前帧就被前后切割开来，前面的视频可以正常播放，后面的视频就变成了冻结帧。(　　)

③“插入帧定格分段”用于将视频中某个画面进行定格。(　　)

④“剪辑速度/持续时间”中速度超过 100%，即为快进效果，剪辑长度变短，持续时间变长。(　　)

⑤“剪辑速度/持续时间”中链接功能决定了视频的速度与持续时间是否同时变化。(　　)

⑥帧采样：混合上下两帧合并生成一个新的帧来填补空缺。(　　)

⑦光流法生成的视频更平滑、流畅。(　　)

知识储备

在利用 Premiere 进行视频剪辑的过程中，利用“帧定格”“速度/持续时间”和“时间插值”等设定，可以实现一系列令人惊叹的视觉效果。这些设定不仅功能强大，而且操作灵活，能够帮助我们轻松完成视频的帧定格效果处理、变速以及倒放，从而极大地丰富了视频的表现力和视觉冲击力。

1. 帧定格

“帧定格”是指从动态视频中选取并固定某一特定帧，将其作为静态图像进行展示。这一功能通常在需要突出某个瞬间、制作封面图或是进行视频与图片混合编辑时大显身手。通过帧定格，编辑器能够精准捕捉到视频流中的任意一帧，并将其转化为独立的图像素材，便于后续进一步编辑处理，如调整色彩、添加滤镜或与其他图像进行合成，从而丰富视频的视觉效果，增强故事的叙述力。在具体操作的过程中，需要注意以下几点：

（1）帧定格选项

“帧定格选项”主要用来将某一帧静止，右击需要静止的轨道视频，在弹出菜单中选择“帧定格选项”，如图 3-4 所示。

在弹出的“帧定格选项”对话框中选择“播放指示器”如图 3-5 所示，单击“确定”按钮，视频即可定格在指示帧所在的位置。

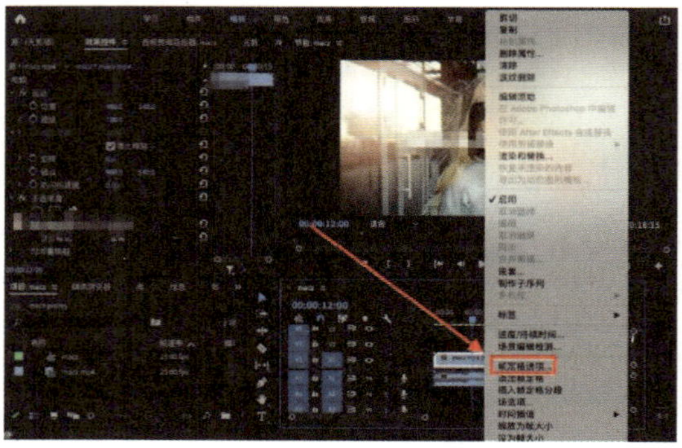

图 3-4　选择“帧定格选项”

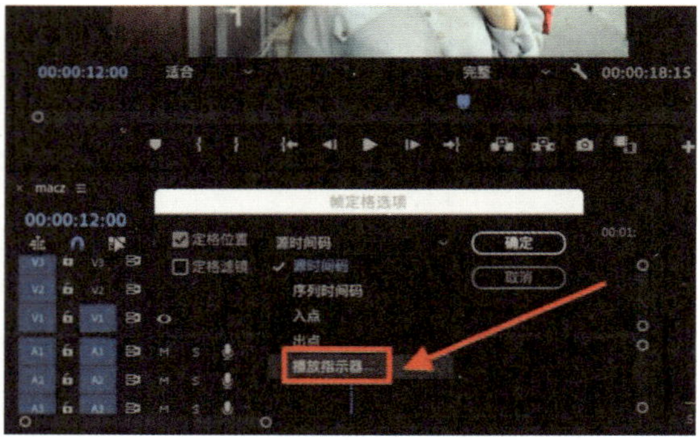

图 3-5　选择“播放指示器”

（2）添加帧定格

“添加帧定格”用来对播放中的素材突然定格。首先将时间线拖动到需要定格的画面帧上，然后鼠标右击需要静止的轨道，在弹出菜单中选择“添加帧定格”，这样当前帧就被前后切割，前面的视频可以正常播放，后面的视频就变成了冻结帧，如图 3-6—图 3-8 所示。

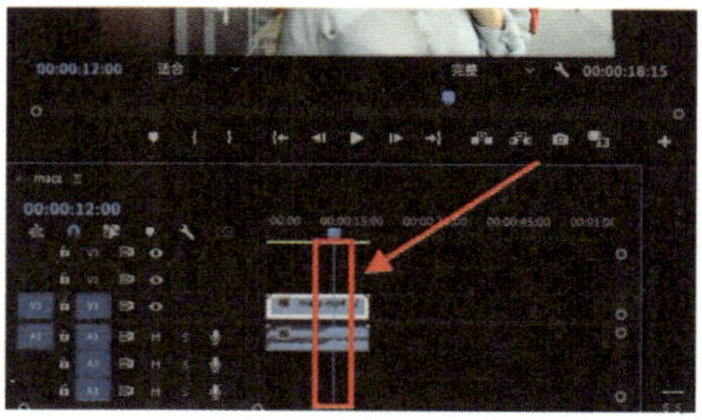

图 3-6　拖动时间线

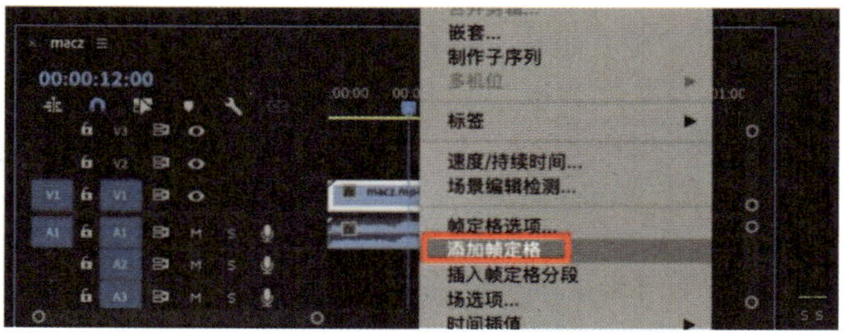

图 3-7　选择“添加帧定格”

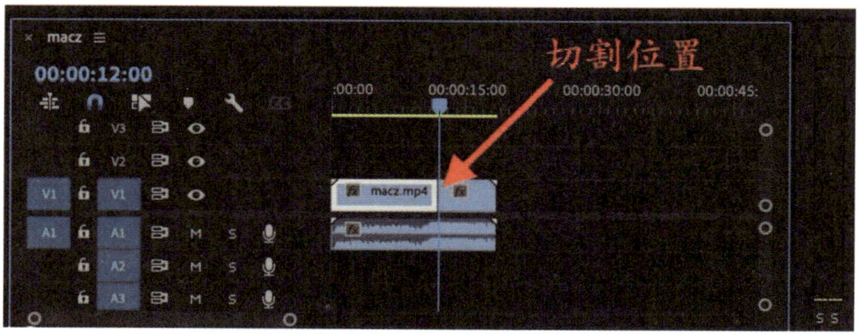

图 3-8　切割位置效果

（3）插入帧定格分段

“插入帧定格分段”用于将视频中某个画面进行定格。右击需要静止的轨道视频，在弹出菜单中选择“插入帧定格分段”，V1 轨道视频在指针的位置插入了一个 2 秒钟的定格素材，同时 V1 轨道和 A1 轨道都往后平移了 2 秒钟，如图 3-9、图 3-10 所示。

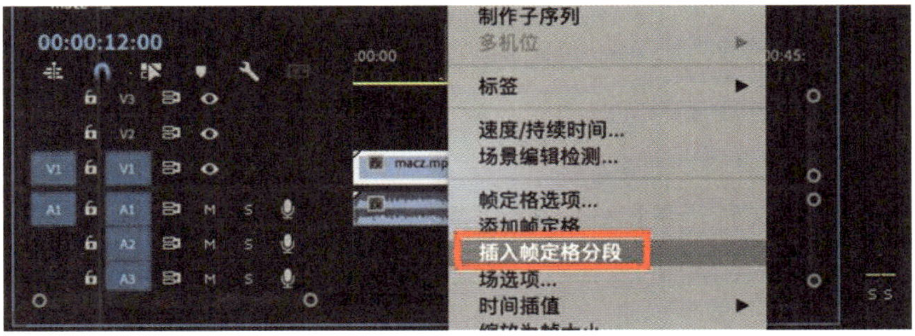

图 3-9　选择“插入帧定格分段”

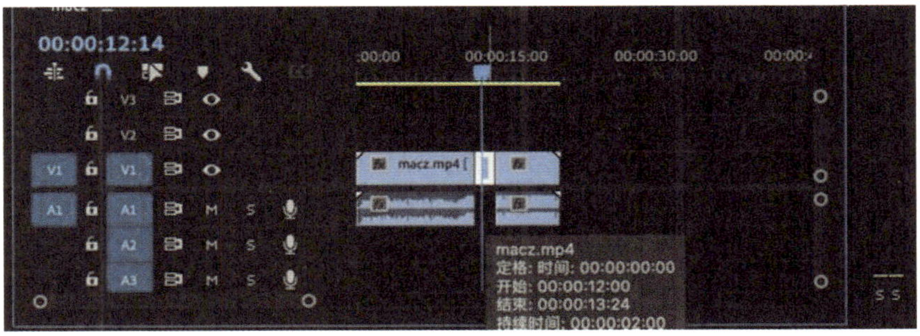

图 3-10　插入帧定格后效果

2. 剪辑速度/持续时间

在 Premiere 中，“剪辑速度/持续时间”让我们可以对视频片段播放速度进行灵活调整，这样不仅可以轻松实现视频的快放、慢放效果，还能精确控制每个剪辑的持续时间，从而匹配项目的节奏需求。通过精准掌控时间流，让故事叙述更加引人入胜，视觉体验更加丰富多元。

具体操作时，选中对应视频，点击鼠标右键，在弹出窗口中选择“剪辑速度/持续时间”，即可开启编辑窗口，其各功能选项的含义如下。

（1）速度/持续时间

该功能选项的值为 100%，速度超过 100%，即为快进效果，剪辑长度变短，持续时间变少；速度低于 100%，即为慢动作效果，剪辑长度变长，持续时间变多。数值的改变建议为整数倍，如果需要一个确定时长的剪辑，则修改“持续时间”更方便些。慢速播放中多出来的帧，是由时间插值算法计算出来的，越慢越有卡顿感。

(2) 链接

“速度”与“持续时间”二者默认是链接的。即当改变一个数值时，另一个数值也相应变化。在这种情况下，所有的补帧或抽帧操作都是在剪辑的入点和出点之间进行。如果取消链接，改变速度时，保持持续时间不变，将会引起序列上剪辑出点画面的变化，因为 Premiere 将利用出点后面的（源剪辑）帧来实现速度的变化。或者，改变持续时间，保持速度不变，同理会利用剪辑出点后面的（源剪辑）帧来实现持续时间的变化，本质上就是在剪辑的尾部进行修剪。

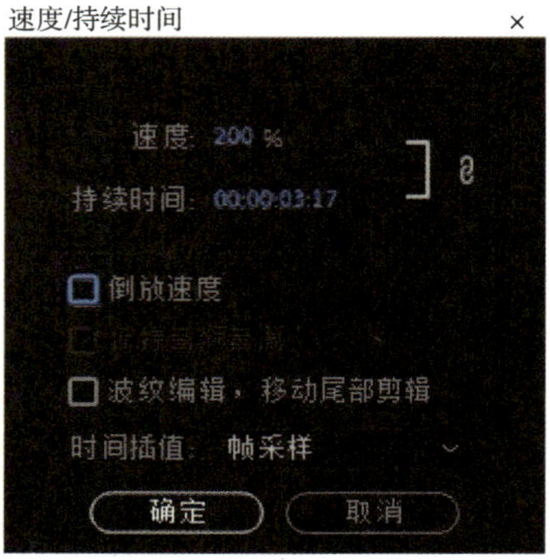

图 3-11 “速度/持续时间”对话框

(3) 倒放速度

勾选后，剪辑将转变为倒放效果。

(4) 保持音频音调

勾选后，可以使得由于速度的改变导致的声音失真相对少一些。

(5) 波纹编辑，移动尾部剪辑

勾选后，可以自动波纹删除由于速度变快而在轨道上出现的间隔。

3. 时间插值

在视频编辑过程中，当我们对视频播放速度进行调整，尤其是进行慢放处理时，常常会遇到缺帧的问题。这是因为原本在短时间内播放的帧数被拉伸到更长的时间段内，导致帧与帧之间的间隔变长，从而出现画面不流畅或卡顿的现象。为了解决这个问题，并确保慢放后的视频依然保持流畅，我们在前期拍摄时往往会选择使用更高的帧速率，如 60 帧或 120 帧，以便在后期制作时有足够的帧数可供调整。在 Premiere 中，“时间插值”功能便能够帮助我们解决因变速而导致的缺帧问题。通过不同的时间插值效果，如帧采样、光流法和帧混合等，我们可以根据项目的具体需求和效果预期来选择合适的补帧方式。

在素材帧速率确定的情况下，Premiere 中的时间插值效果可以解决补帧问题，每种效果的对比如表 3-4 所示：

表 3-4 效果对比

	空缺帧的生成方式	渲染速度	产生效果
帧采样	在调整视频的播放速度之后，多出来的帧或空缺的帧按现有前后帧来生成，也就是复制前后帧	渲染起来比较快	可能会让视频看起来不流畅
光流法	软件根据上下帧来推断像素移动的轨迹，自动生成新的空缺帧，有点类似于运动模糊计算方法	比较消耗资源，渲染的时间会很长	让生成的视频更平滑、流畅

续表

	空缺帧的生成方式	渲染速度	产生效果
帧混合	混合上下两帧合并生成一个新的帧来填补空缺	渲染速度比帧采样慢一点，比光流法快一点	属于帧采样和光流法两种方法的折中

根据上表的效果对比，可以知道：

如果单纯是缺失帧或者变速效果不明显，我们可以选择帧采样，影响不是很大；如果对效果要求高、视频时间较短、炫酷画面较多，我们可以选择光流法以得到最大限度的效果；如果视频较长，画面较多，则倾向于选择帧混合效果，其画面流畅，渲染速度还快。在使用时间插值补帧时，要根据项目选择，一般情况下推荐使用帧混合效果。

实操演练

素材清单：中国高铁视频素材 1 套、完成任务 1 所需要的基本剪辑的工程文件 1 个，参考样片 1 个。

实操要求：参考样片的效果，利用“帧定格”“速度/持续时间”和“时间插值”工具，完成视频的帧定格效果处理、变速及倒放。

关键操作步骤如表 3-5 所示：

表 3-5　操作步骤

序号	操作步骤	参考画面
1	将对应素材拖入时间线，并根据窗口规格，调整视频的大小和位置	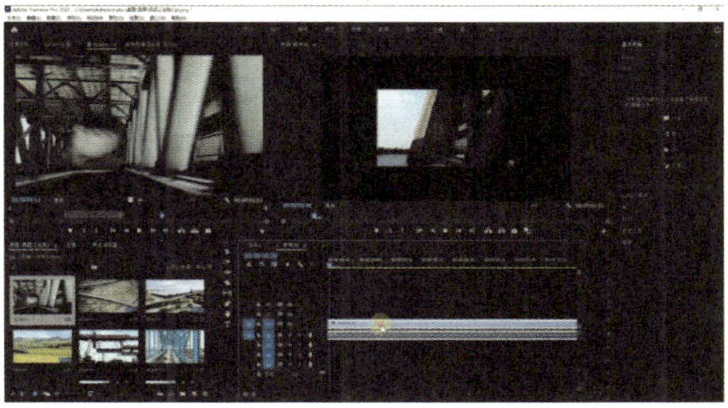
2	选中需要倒放的视频片段，右击并选择“速度/持续时间”选项，在弹出的编辑框中勾选“倒放速度”和“保持音频音调”，点击确定，完成操作	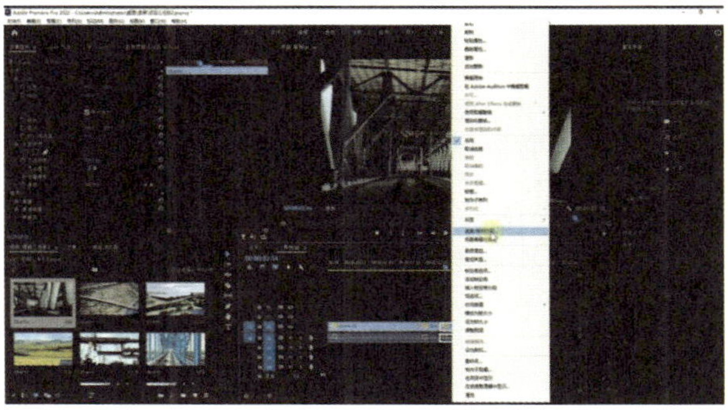 “速度/持续时间”选择

续表

序号	操作步骤	参考画面
2	选中需要倒放的视频片段，右击并选择“速度/持续时间”选项，在弹出的编辑框中勾选“倒放速度”和“保持音频音调”，点击确定，完成操作	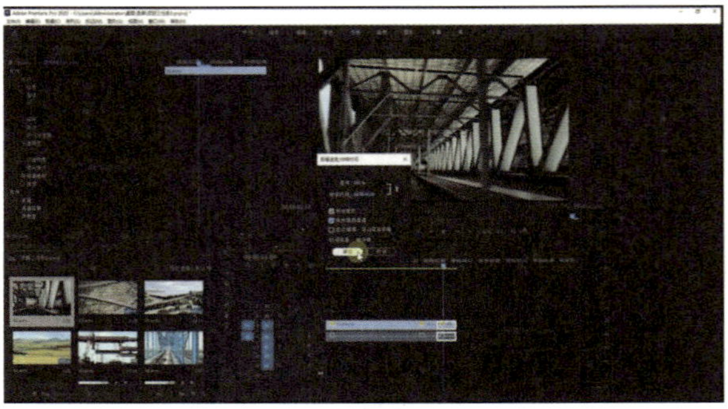 勾选功能项
3	选中需要变速的视频片段，右击并选择“速度/持续时间”选项，在弹出的编辑框中修改速度百分比，点击确定，完成操作	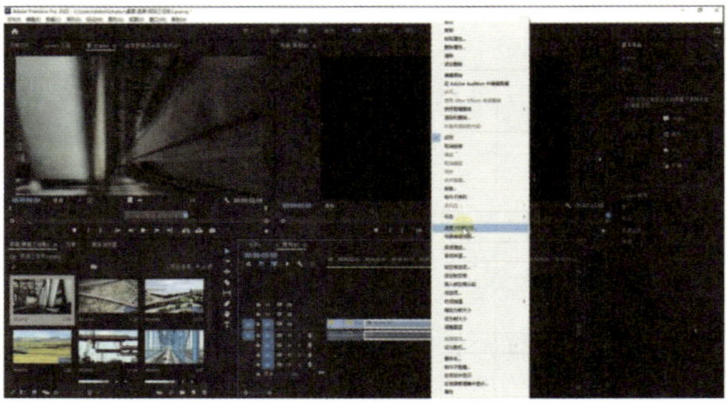 “速度/持续时间”选择 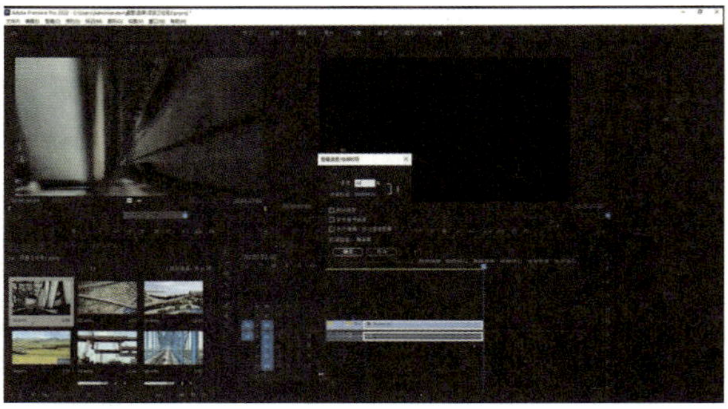 修改速度
4	选中需要进行帧定格设置的视频片段，右击并选择“帧定格选项”菜单，在弹出的编辑框中修改参数，点击确定，完成操作	 选择“帧定格选项”

续表

序号	操作步骤	参考画面
4	选中需要进行帧定格设置的视频片段，右击并选择“帧定格选项”菜单，在弹出的编辑框中修改参数，点击确定，完成操作	 参数设置

扫描右侧二维码，可观看完整实操录屏。

视频变速效果实操录屏

任务评价

表 3-6　任务评价

评分项目			评分细则	配分	自我评价（20%）	小组互评（30%）	教师评价（50%）
素养评价（30 分）	课堂纪律（10 分）	不迟到，不早退	违反一次不得分	5			
		积极思考，回答问题	根据上课情况统计得分	5			
	职业道德（20 分）	剪辑节奏的把握	根据课堂回答问题情况	20			
知识评价（30 分）	了解帧定格、剪辑速度/持续时间、时间差值的应用		根据理论测试情况	30			
职业能力评价（40 分）	能够利用“帧定格”“速度/持续时间”和“时间插值”工具，完成视频的帧定格效果处理、变速及倒放		根据任务训练情况	40			
总分							
最终得分							

知识拓展

扫描右侧二维码，阅读“视频变速效果知识文档”，拓展知识储备。

视频变速效果知识文档

任务3 时间重映射

学习目标

1. 知识目标

了解“时间重映射”的开启及使用方法。

2. 技能目标

能够利用“时间重映射”工具，完成视频的倒放、变速及帧定格效果处理。

3. 素养目标

培养学生的视频剪辑能力。

知识引导

请扫描右侧二维码，观看“时间重映射”视频，思考并回答下列问题。

时间重映射知识讲解

(1) 在开启时间重映射时，鼠标右键单击时间轴素材，依次选择________、________、________。

(2) 为实现局部视频变速，需要先为对应片段添加出入点的________。

(3) 在效果控件面板下的时间重映射属性中，可以调整视频的________、________及________。

(4) 请判断下列描述的对错。

①时间重映射一般只用于调整局部播放速度，让整段素材播放效果更加有节奏。(　　)

②为了使视频的变速效果更加平滑，可以使用关键帧上的滑块功能，将时间控制线由

垂线修改为斜线。(　　)

③在时间重映射的状态上，也可以设置静止帧，但是其灵活度比帧定格要差。(　　)

④时间重映射一般不能实现视频的倒放效果。(　　)

知识储备

Premiere 中的时间重映射（Time Remapping）功能，为视频编辑提供了更为精细和灵活的速度控制方式。通过这一功能，我们可以将视频剪辑中的不同时间段映射为各异的回放速度，轻松实现快放、慢放，甚至定格等多样化效果。相较于传统的“比率拉伸工具”或“速度/持续时间”调整方式，时间重映射的最大亮点在于其能够在剪辑内部进行分段设置，且支持渐变过渡的控制。这种分段式的速度调整不仅使视频效果更为丰富多变，还能在关键时刻突出重点，提升观众的观看体验。同时，时间重映射在操作上也更为简单直观，我们只需通过简单的拖拽和调整，即可完成复杂的速度变化设置，大大提高了视频编辑的效率，扩大了创意发挥的空间。

1. 开启时间重映射的方式

用鼠标右键单击时间轴素材，依次选“显示剪辑关键帧→时间重映射→速度”。拉宽视频轨道的宽度，如果发现轨道中央出现一条黑白叠加的速度控制线，则表示时间重映射功能已经打开，如图 3-12 所示。

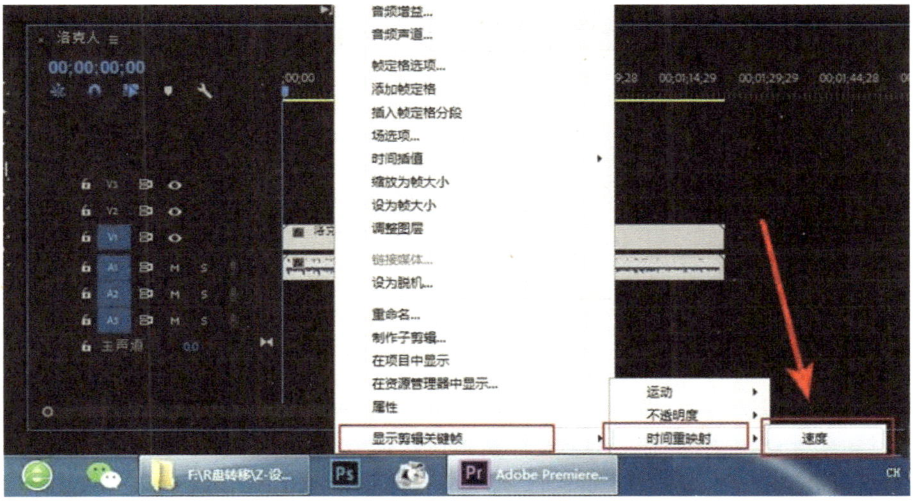

图 3-12　开启时间重映射

2. 素材整体变速

开启时间重映射功能后，如果直接使用“选择工具”上下拖动双络线，可以直接快放或慢放整段素材，在拖动时可以调整时间重映射的百分比，使用效果类似于“速度/持续时间”功能。但一般时间重映射只用于调整局部的播放速度，让整段素材播放效果更加有节奏。

3. 素材局部变速

为实现局部视频变速，需要先为对应片段添加出入点的关键帧。添加方式如下：

先把时间线拖动到加速的起始点，点击白色的小圆点添加关键帧，再把时间线拖动到加速的结束点，点击小圆点添加关键帧。此时，拖动两个关键帧中间的双络线，就可以对局部视频进行变速。向上拖动双络线，关键帧距离缩短，速度变快；向下拖动双络线，关键帧距离拉长，速度变慢，如图 3-13—图 3-15 所示。

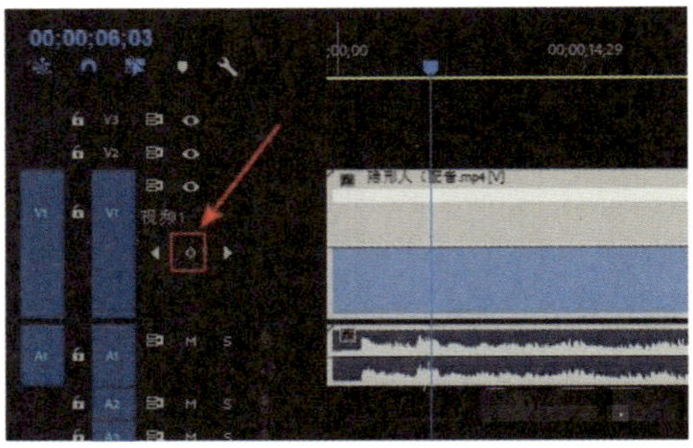

图 3-13　添加关键帧

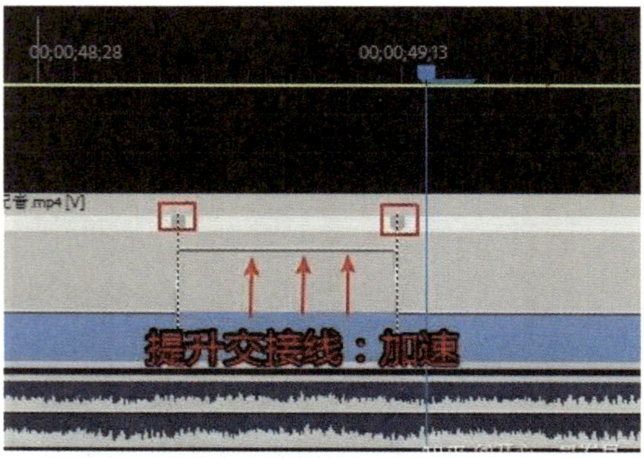

图 3-14　向上拖动

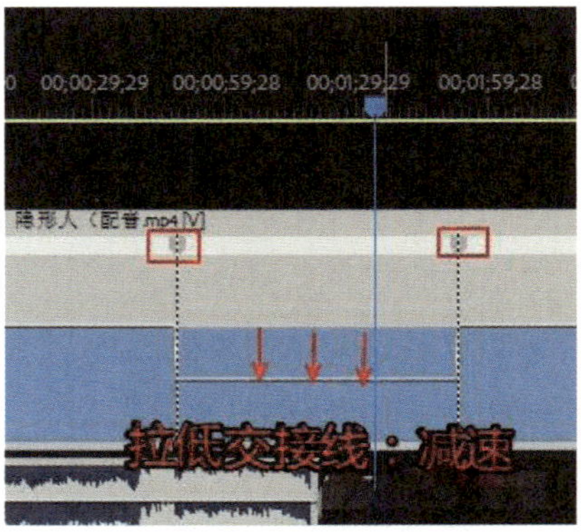

图 3-15　向下拖动

4. 素材局部平滑变速

通过添加关键帧并上下拖动双络线的方法可以很快实现素材的局部变速，但观看起来会发现变速的出入变化比较突兀，此时，可以使用关键帧上的滑块功能，将时间控制线由垂线修改为斜线。这一步骤的操作方式为，变速入点关键帧的右侧滑块向右拖动，变速出点左侧滑块向左拖动，如图 3-16—图 3-20 所示。

小功能提示：选中倒梯形图标，时间控制斜线中间会出现滑竿，调整滑竿可以调整平滑斜线的倾斜度进而调整运动的平滑度。目前软件默认为最佳平滑效果，一般无须修改。

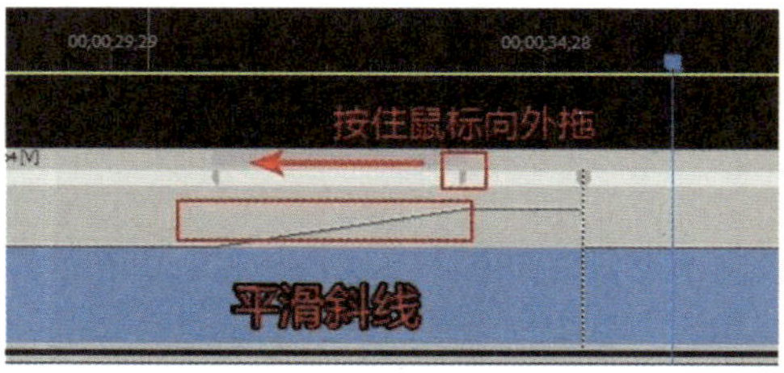

图 3-16　调节提示 1

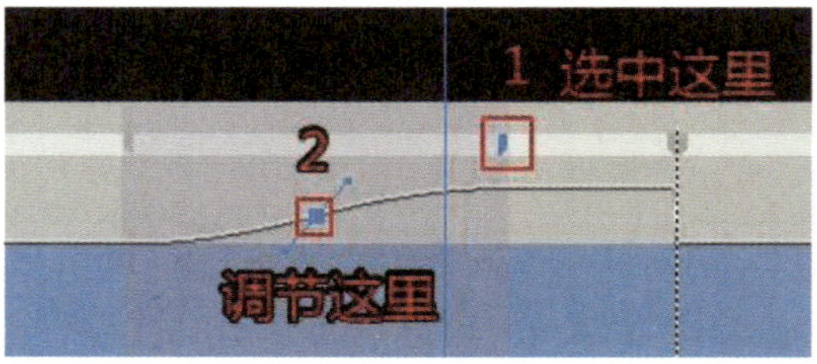

图 3-17　调节提示 2

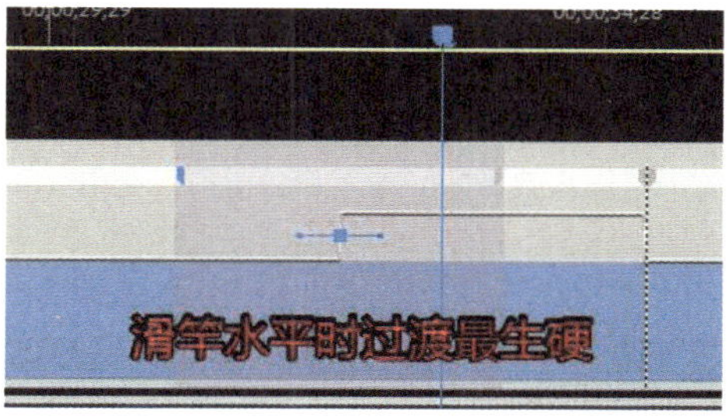

图 3-18　调节提示 3

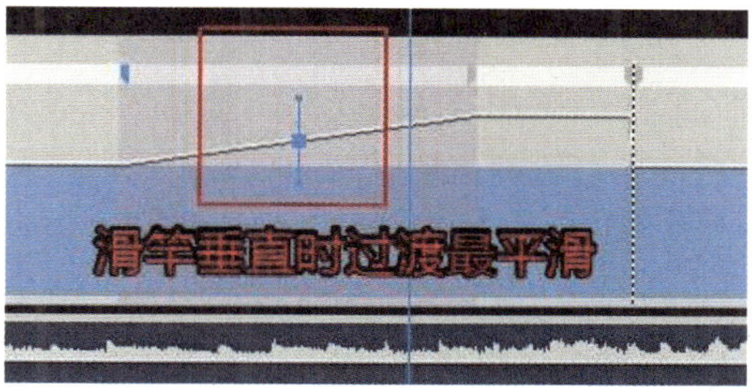

图 3-19　调节提示 4

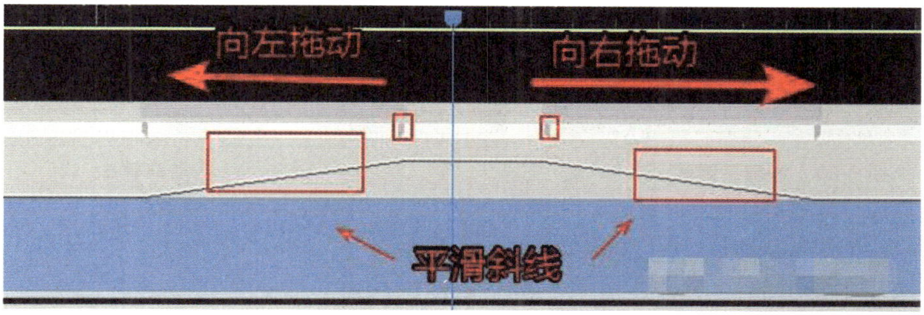

图 3-20　调节提示 5

5. 静止帧

在时间重映射的状态上，还可以比较灵活地设置静止帧，尤其是在设置静止帧的时间上，要比帧定格灵活许多。其基本用法如下：

首先，把时间线移动到需要静止的那一帧并添加关键帧；然后按住 Ctrl＋Alt 键不松手，使用“选择工具”选中刚才添加的关键帧向右拖动，感觉时间合适后松开鼠标左键和 Ctrl＋Alt 键。这样，对应的帧画面就可以静止对应的时间了，如图 3-21、图 3-22 所示。

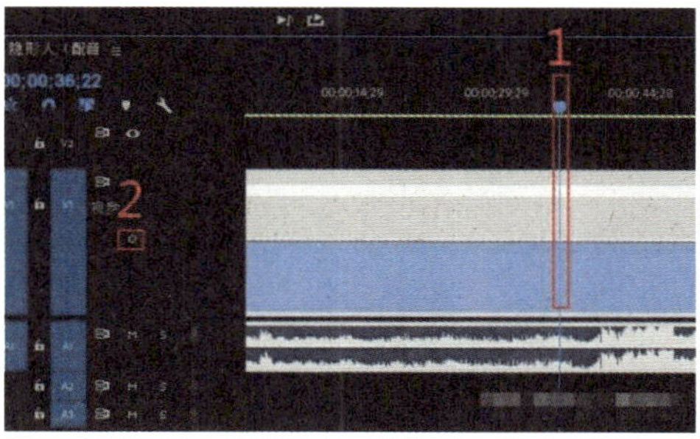

图 3-21　添加关键帧

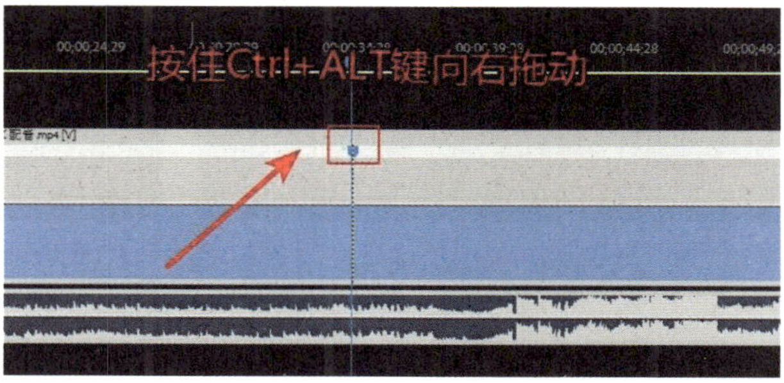

图 3-22　调整时间长度

6. 视频倒放

在时间重映射的状态上，还可以灵活实现视频的倒放。尤其是在实现部分片段的倒放上，要比“速度/持续时间”功能更为灵活。使用方式如下：

首先，把时间线移动到需要倒放画面开始的时间帧上，并添加关键帧；然后按住 Ctrl 键不松手，使用“选择工具”选中刚才添加的关键帧并向右拖动，直到需要倒放画面结束的时间上就松开鼠标左键和 Ctrl 键。这样，对应的视频倒放画面就设置好了，如图 3-23、图 3-24 所示。

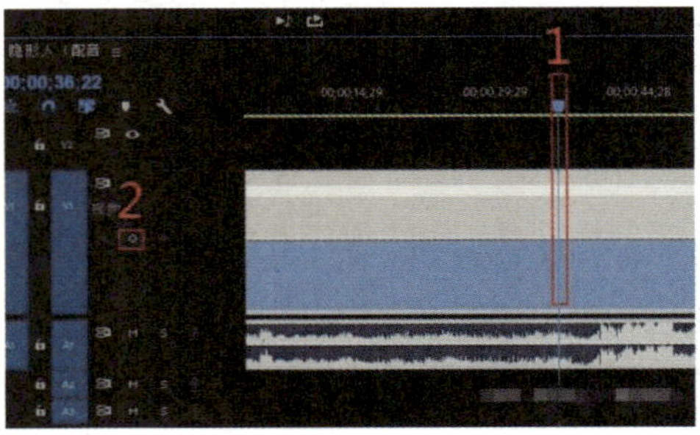

图 3-23　添加关键帧

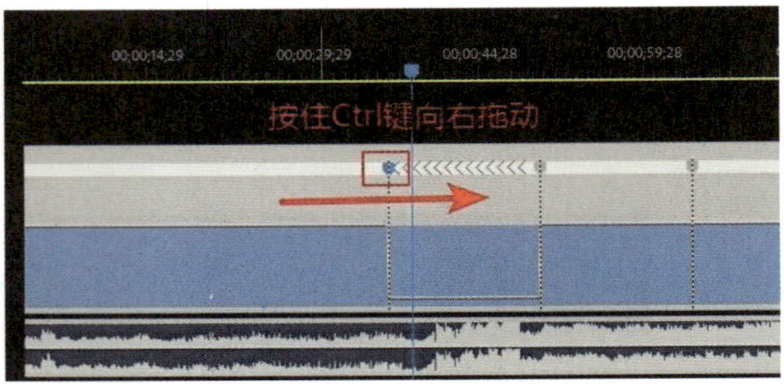

图 3-24　拖动关键帧

7. 时间重映射的其他使用方式：效果控制面板

在效果控件面板的时间重映射属性中，也可以调整视频的速度变化、静止及倒放，这和在时间轴的操作一样，如图 3-25、图 3-26 所示。

（1）点击速度后面的小圆点，添加“开始”和“结束”的关键帧。

（2）在效果控件后面的时间线上，提升或拉低线条就可以改变速度。

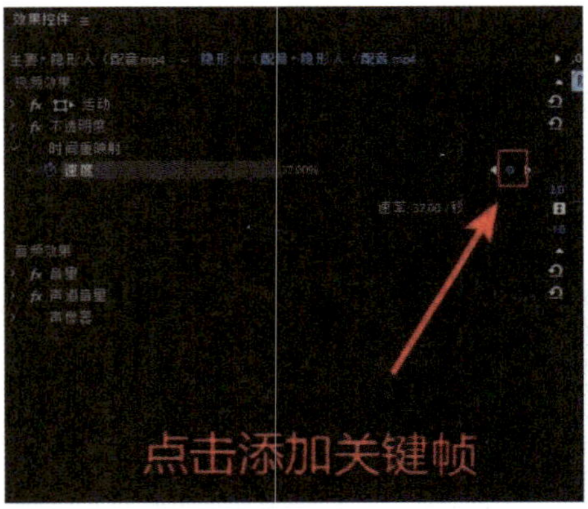

图 3-25　添加关键帧

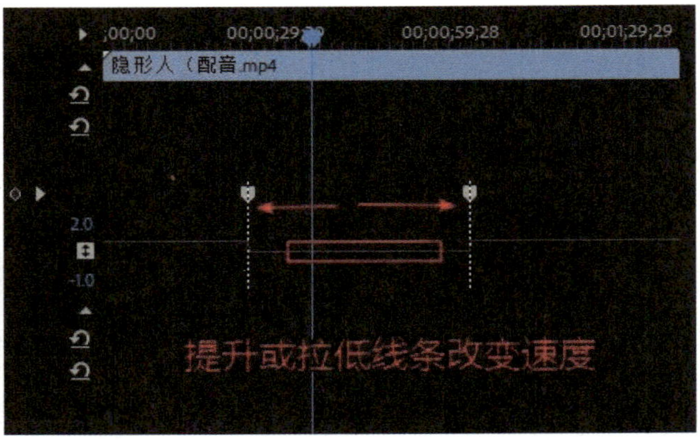

图 3-26　改变速度

实操演练

素材清单：中国高铁视频素材 1 套、参考样片 1 个。

实操要求：参考样片的效果，利用“时间重映射”工具，完成视频的倒放、变速及帧定格效果处理。

关键操作步骤如表 3-7 所示：

表 3-7　操作步骤

序号	操作步骤	参考画面
1	依次选择“显示剪辑关键帧→时间重映射→速度”菜单，开启“时间重映射”功能	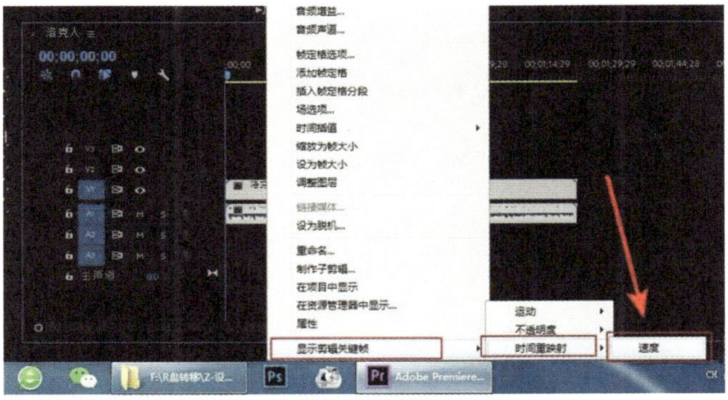
2	(1) 选中需要变速的视频片段，添加关键帧，上下拖动双络线，改变视频速度； (2) 利用钢笔工具，调整双络线，使其变化更加地平滑	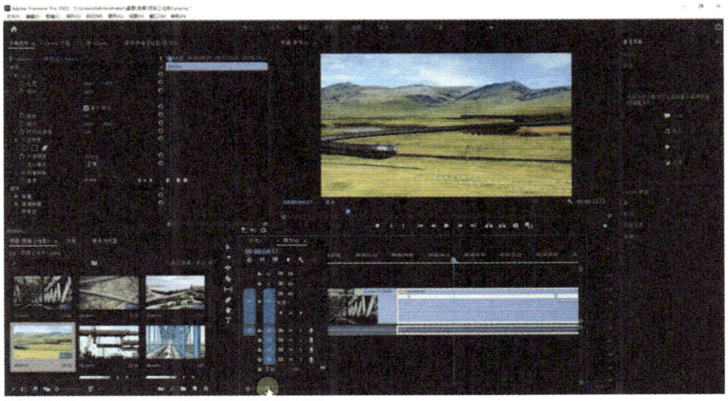 速度调节 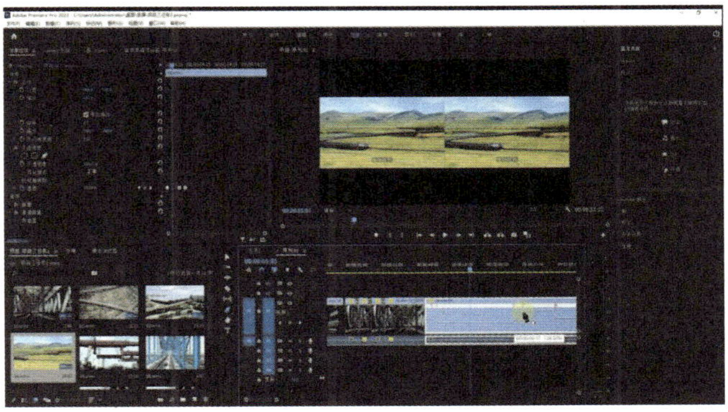 速度平滑度调节

扫描右侧二维码，可观看完整实操录屏。

时间重映射
实操录屏

任务评价

表 3-8 任务评价

评分项目			评分细则	配分	自我评价（20%）	小组互评（30%）	教师评价（50%）
素养评价（30 分）	课堂纪律（10 分）	不迟到，不早退	违反一次不得分	5			
		积极思考，回答问题	根据上课情况统计得分	5			
	职业道德（20 分）	专业能力	根据课堂表现情况	20			
知识评价（30 分）	了解时间重映射的开启及使用方法		根据理论测试情况	30			
职业能力评价（40 分）	能够利用“时间重映射”工具，完成视频的倒放、变速及帧定格效果处理		根据任务训练情况	40			
总分							
最终得分							

知识拓展

扫描右侧二维码，阅读“时间重映射知识文档”，拓展知识储备。

时间重映射知识文档

项目验收单

表 3-9 项目验收单

常出现问题		是否涉及	问题等级	扣分分值
输出参数	确保每个操作参数准确		A	
调色/位置/卡通人物	视频中的规定数值在不同位置要保持统一： 同一个人设/卡通人物、同一个项目调色保持一致；位置保持一致；大小保持一致 * 若不是同一个人物（因人物身高不同，拍摄环境可能也不同），重新统一数值 * 位置需注意：不可太靠边/不可挡着内容（如因排版原因导致位置不合适，重新调整排版）			

续表

<table>
<tr><th colspan="2">常出现问题</th><th>是否涉及</th><th>问题等级</th><th>扣分分值</th></tr>
<tr><td>片头/片尾</td><td>不可放错课程的片头、片尾</td><td></td><td rowspan="12">A</td><td rowspan="12"></td></tr>
<tr><td>出镜/非出镜</td><td>呈现根据客户要求</td><td></td></tr>
<tr><td>姓名条</td><td>姓名条的位置大小要统一/样式要统一</td><td></td></tr>
<tr><td>标题页</td><td>同一个项目的标题页，停留的时间必须统一</td><td></td></tr>
<tr><td>视频
背景音乐</td><td>背景音的降调一定要统一，一般在－10～20（不可超过老师的声音）</td><td></td></tr>
<tr><td>动态背景</td><td>运动的速度要统一（不可快慢不一）</td><td></td></tr>
<tr><td rowspan="2">调色基本</td><td>肤色不可过白/过黄/偏绿/偏蓝/偏红</td><td></td></tr>
<tr><td>画面整体不可过亮/过暗</td><td></td></tr>
<tr><td>嘴型</td><td>卡通形象，说话时的嘴型要和人物语音保持一致</td><td></td></tr>
<tr><td>不雅动作</td><td>不可出现吐舌、吧唧嘴、眨眼</td><td></td></tr>
<tr><td>卡屏</td><td>视频中不可出现黑屏、绿屏、闪现、错误视频</td><td></td></tr>
<tr><td rowspan="2">录制</td><td>不要出现多余的内容或画面（如录制时多出的 360 旋转图标/鼠标箭头/录屏区域框）</td><td></td></tr>
<tr><td>比例不可大小不一、位置不同</td><td></td><td>B</td><td></td></tr>
<tr><td rowspan="2">语音</td><td>片头、片尾背景音里的 Logo 要去掉</td><td></td><td rowspan="3">A</td><td rowspan="3"></td></tr>
<tr><td>视频声音整体偏低，会影响消费者使用，需调整（调整时要适中，不可声音过高或过低）</td><td></td></tr>
<tr><td rowspan="8">剪辑</td><td>不可出现音画、字幕不同步</td><td></td></tr>
<tr><td>转场效果不美观、不协调（如加了过场，导致画面播放时出现人物严重重叠）</td><td></td><td rowspan="2">B</td><td rowspan="2"></td></tr>
<tr><td>呈现的内容或者图片不可闪现一下就消失（如人物讲到看一下……或当多图出现时……）</td><td></td></tr>
<tr><td>视频中不能出现无关画面（如拍摄前后的准备工作、讲电话、与摄影师交流等）</td><td></td><td rowspan="5">A</td><td rowspan="5"></td></tr>
<tr><td>人物出镜时，如有指向性的动作，画面不可空白，要出现人物讲的对应内容</td><td></td></tr>
<tr><td>视频不能模糊不清</td><td></td></tr>
<tr><td>画面与画面的衔接处不要切换太快，间隔过短（在语音处理时就要注意）</td><td></td></tr>
<tr><td>人物出镜与不出镜切换时，内容和人物要一起消失</td><td></td></tr>
</table>

续表

常出现问题		是否涉及	问题等级	扣分分值
剪辑	视频剪辑不能有掉帧情况（如视频画面静止不动亦无声音）		B	
	人物讲题重复或说话重复，都要把多余的一遍剪掉			
后插入的视频、动画	根据脚本保证插入视频或动画的正确性（比较有针对性，如有不理解的请及时进行沟通并解决）		A	
实操	需重点凸显内容时可以套 AE 模板，排版呈现要美观，样式统一（如目录/大标题/小标题）		A	
	过程中使用的器皿需呈现对应视频/图片和名称		A	
	重复操作需简化（注意不要把具体过程简化掉了）		A	
排版	视频中插入的模板或者前期遗留的情况		B	
图片				
总体合格情况及分值				
注意：以上验收标准为通用标准，若视频制作项目中未涉及，请在“是否涉及”一栏中标注清楚				

项目 4

【短视频剪辑】美食Vlog短视频剪辑

项目情景描述

随着各大短视频平台的涌现，短视频运营已成为网络营销的一股风潮，其中美食 Vlog 短视频又是其中一个重要赛道。俗话说，“民以食为天”，相比其他短视频，美食类短视频有着天然的优势，同时网络新媒体的崛起，加强了传播的纵深感，使得美食类视频能够到达更多用户，这也是美食类视频在当下发展的一个契机。

通过本项目的学习，我们将从景别、标题、字幕的设计上为美食类短视频增加色彩。

任务分配表

表4-1　任务分配

任务序号	任务名称
1	景别设计
2	标题设计
3	动态字幕

思政园地

李子柒美食短视频的匠心之路

在美食短视频领域，李子柒无疑是一位极具影响力的创作者。她以独特的创意、精湛的剪辑技术，尤其是在字幕和特效运用上的巧思，成功用美食讲好了中国故事，为广大剪辑师树立了榜样。

李子柒的创意创新体现为对中国传统美食文化的深度挖掘与全新演绎。她没有局限于常见的美食制作展示，而是将美食置于中国乡村田园生活的大背景下，例如在制作传统酱油时，她的视频从春天播种大豆开始，历经夏日田间劳作，到秋天收获，冬季酿造，完整呈现了酱油从原料到成品的全过程。这种创意打破了常规美食短视频的局限，让观众深刻感受到食物与自然、时节的紧密联系，领略传统农耕文明孕育美食文化的独特魅力。她通过极具想象力的镜头语言，将乡村生活中的平凡场景转化为充满诗意的画面，营造出人与自然和谐共生的美好意境，激发观众对传统生活方式的向往和对传统文化的热爱。

在字幕设计上，李子柒同样用心。她的字幕简洁而富有文化内涵，并非单纯的步骤说明。当展示传统烹饪技巧时，字幕会适时引用古诗词或民间俗语，为视频增添文化底蕴。对于一些传统食材、工具或工艺，她会在字幕中加以简要解释，帮助国内外观众理解其中的文化含义，起到了文化科普的作用。这种对字幕的精心设计，体现了她传播文化的责任感，让观众在轻松观看视频的过程中，潜移默化地接受优秀传统文化的熏陶。

李子柒的美食短视频在国内外收获了大量粉丝，成为传播中华优秀传统文化的一张亮丽名片。她以创新思维深入挖掘美食背后的文化价值，用心设计字幕和特效，让作品成为文化传播的载体，这不仅是提升自身专业素养的要求，更是肩负起传播中华优秀传统文化、增强文化自信的社会责任。通过我们的创作，让更多人了解中国美食文化，感受中国文化的博大精深，为推动中华文化走向世界贡献自己的力量。

项目思维导图

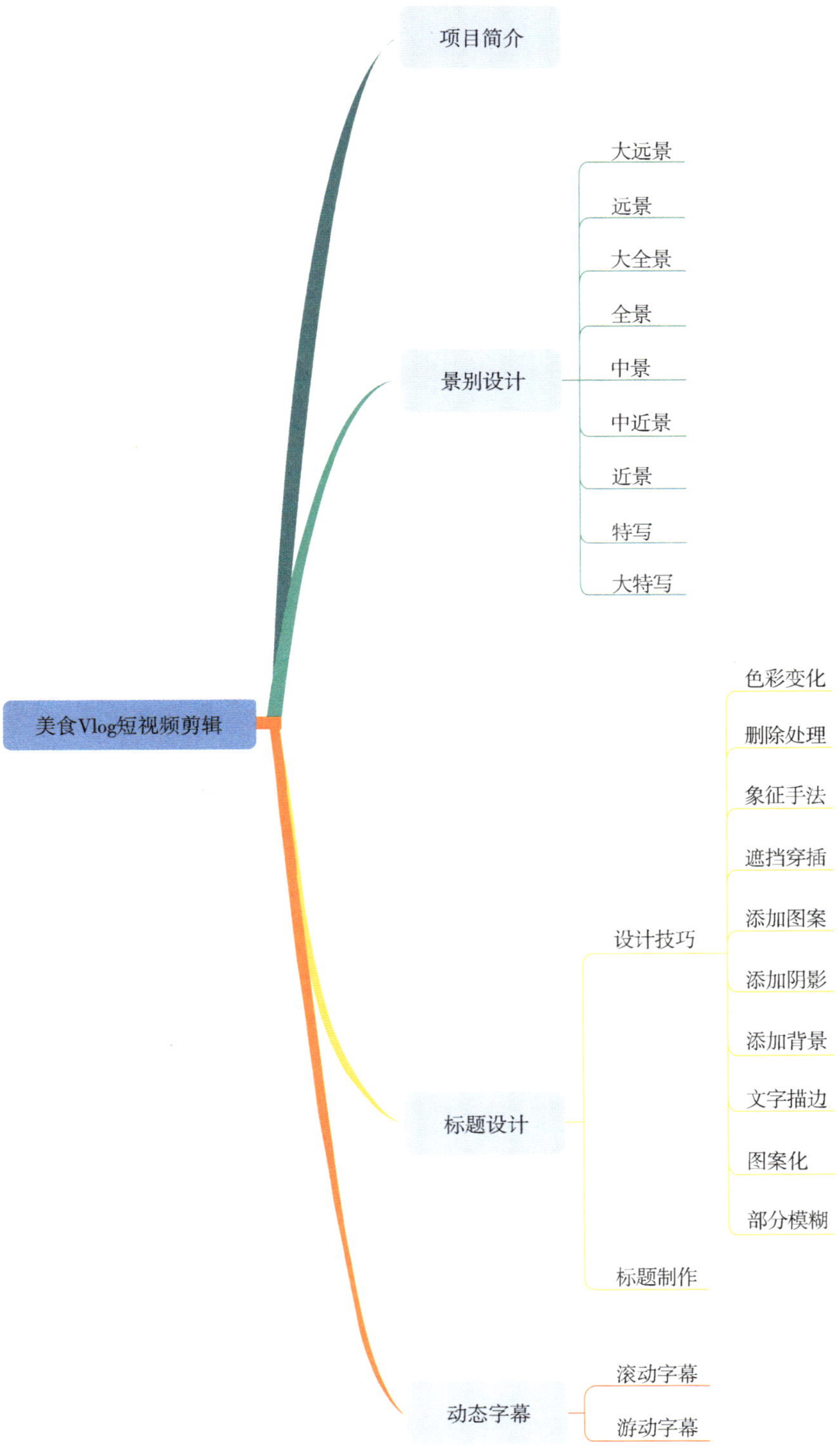
美食Vlog短视频剪辑
项目简介
景别设计
大远景
远景
大全景
全景
中景
中近景
近景
特写
大特写
标题设计
设计技巧
色彩变化
删除处理
象征手法
遮挡穿插
添加图案
添加阴影
添加背景
文字描边
图案化
部分模糊
标题制作
动态字幕
滚动字幕
游动字幕

任务 1 景别设计

学习目标

1. 知识目标

了解景别的分类、作用及景别组接的技巧。

2. 技能目标

能够利用景别设计的知识，完成视频镜头的选取及组接。

3. 素养目标

培养镜头美感及平面布局美感。

知识引导

请扫描右侧二维码，观看“景别设计知识讲解”视频，思考并回答下列问题。

景别设计
知识讲解

1. 景别从大远景到大特写，是信息量由________到________、人物从________到________、画面从________到________的递进关系。

2. 请将下列景别与其对应的类型进行连接。

大远景	
远景	
大全景	关系镜头
全景	
中景	细节镜头
中近景	
近景	环境镜头
特写	
大特写	

3. 请观察下图，从镜头的景别、镜头景别的类型以及镜头的作用等方面阐述你对图 4-1 所传达信息的理解。

图 4-1 电影《长安三万里》海报

4. 请分析图 4-2 的景别及其作用。

图 4-2 电影《我和我的父辈》镜头

5. 请判断下面描述的对错。

(1) 环境镜头常用在开篇、结尾，或者场景转换的过渡。(　　)

(2) 关系镜头的主要作用是交代环境与人、人与人的关系。(　　)

(3) 全景是最适合叙事的景别，能够推进剧情发展。(　　)

(4) 递进式和后退式是相邻镜头的组接，其空间逻辑性较强。(　　)

(5) 两级式的镜头组接方法能够营造强烈的反差感、刺激感。(　　)

知识储备

对于剪辑师而言，深入掌握影视语言中景别的分类与作用以及镜头的组接方法，是构建影片叙事节奏、强化情感表达、引导观众视线的基石。景别的巧妙运用，如远景展现环境氛围，近景刻画人物情感，不仅能够丰富画面层次，还能细腻地调控信息的传递与接收；而镜头的组接，则如同编织故事的线索，实现时空转换、情绪衔接与情节推进，使影片流畅自然、意蕴深长。

1. 景别的分类

在影视语言中，景别是一个核心概念，它直接关系到画面的视觉表达、叙事效果以及观众的情感体验。景别指的是摄影机与被摄主体之间的距离不同或者是因摄影镜头焦距的变动，造成被摄主体在画面中所呈现出的范围大小的区别。简而言之，景别决定了画面中被摄对象的大小、空间范围以及与环境的关系。一般来说，景别可以大致划分为以下几种：

大远景：以空间景物为拍摄对象，表现其范围和广度的一种功能性景别。在大远景画面中，环境占主要地位，人物在画面中所占的位置极小，甚至可能不出现人物。大远景主要用于展示大的空间、环境，交代背景，展示事件的规模和气氛，以及表现多层次的景物。

远景：被摄主体在画面中占据很小面积，主要展示人物所处的环境或自然景色，常用于影片开头和结尾，以及需要表现宏大场面的情节。

大全景：包含整个拍摄主体及周遭大环境的画面。这种景别通常用来展示广阔的空间和场景，给观众一种整体感和全局视角。

全景：展现人物全身及周围部分环境，既能看清人物又可看清环境，常用于表现人物的整体动作以及人物与周围环境的关系。

中景：通常表现人物膝盖以上部分或场景局部，使观众能看清人物的形体动作和神态表情，有利于交代人与人、人与物之间的关系。

中近景：通常指的是被摄对象的头顶到腰部出现在画面中的景别。这种景别既不完全聚焦于细节，也不完全展示整体，而是介于近景和中景之间，既能够展现被摄对象的上半身动作，又能够保留一定的背景信息。

近景：展现人物胸部以上部分，人像占据大部分画面，环境变得模糊。常用于表现人物的感情、心理活动。

特写：展现人物肩部以上部位或物体的局部细节，强调关键性细节，如表情、眼神等，具有强烈的视觉冲击力。

大特写：一种将拍摄对象的某个细部拍得占满整个画面的镜头。其取景范围比特写更小，因此所表现的对象也被放得更大，具有极其鲜明、强烈的视觉效果。

从大远景到大特写的转变，不仅体现了景别由宏观至微观的递进关系，更深层次地揭示了信息量由丰富到精简、人物角色由次要逐渐转为主要，以及画面氛围由舒缓向压迫性增强的多层次递进逻辑。

2. 不同景别的镜头功能阐述

从镜头的叙事与视觉表现角度，可以对不同景别镜头的功能进行分类。

(1) 环境镜头

环境镜头能够详尽地展示故事发生的环境背景，包括地理环境、社会背景、时代特征等。这种展示通常出现在影片的开篇、结尾或场景转换的过渡部分，为观众提供必要的环境信息，帮助他们更好地理解和融入故事情境。

大远景、远景往往属于环境镜头，在大远景中，人物约占画面的 1/4 或者更少；在远景中，人物约占画面的 1/3，如图 4-3 所示。

图 4-3 环境镜头

通过环境镜头的描绘，可以营造出特定的氛围和情感基调。例如，荒凉的戈壁、阴暗的森林、繁华的都市等，这些环境元素都能够影响观众的情绪感受，为影片的情感走向奠定基础。

环境镜头还可以通过对比手法，将人物置于特定的环境中，从而凸显人物的情感状态和内心世界。例如，将人物置于宏大的自然景观或拥挤的都市街头，可以表现出人物的渺小、孤独、迷茫等情感。

环境镜头以其广阔的视角和深远的景深，能够充分展现场景的宏大规模和壮丽景象。这种展示不仅增强了影片的视觉冲击力，还能够让观众更加沉浸于故事之中。

(2) 关系镜头

关系镜头的作用在于能够巧妙地展现环境、人物以及两者之间的复杂关系。通过精心的构图、角度选择以及摄像机位置的调整，关系镜头不仅为观众提供了全面的视觉信息，更在深层次上引导着观众的情感体验与认知理解。它如同一座桥梁，连接着画面与观众的心灵，使观众能够在观看过程中感受故事背后的深层含义与人物之间的微妙情感。

大全景、全景、中景、中近景往往属于关系镜头，全景一般指到人物的脚下地面，中景指人物膝盖以上，中近景指人物腰部及以上。

中景画面通常拍摄人物腰部以上的部分，既能展示人物的上半身动作和神态，又能兼顾一定的环境背景，是最具备叙事功能的景别。

关系镜头能够直观地展现人物之间的位置关系、互动方式以及情感状态。在对话场景中，关系镜头可以通过不同的拍摄角度和景别变化，揭示人物之间的强弱关系、亲密程度以及心理距离。这种展现方式有助于观众更深入地理解人物性格和故事情节的发展。

在影片的剪辑和叙事过程中，关系镜头还可以起到视觉舒缓和节奏间歇的作用。插入适当的关系镜头，可以打破紧张的节奏感，给观众提供短暂的休息和思考时间。这种节奏变化不仅有助于提升影片的叙事效果，还能够增强观众的观影体验。

注意：在全景、中景等镜头中，头部以上的空间不要留太多，避免画面中心过于靠下，也不要不留空间，避免出现顶天立地的情况。

（3）细节镜头

细节镜头通过聚焦于某一特定元素或细节，使得画面更加生动、具体。这种聚焦于细节的表现方式，能够突出画面中的关键信息，引导观众的注意力，从而增强画面的视觉冲击力和感染力。

近景、特写、大特写属于细节镜头，近景指人物胸部以上，特写指人物肩膀以上，如图 4-4 所示。

图 4-4　细节镜头

细节镜头往往能够揭示事物的本质或问题的核心，从而深化主题。通过捕捉和呈现那些具有象征意义或隐喻性的细节。细节镜头能够引导观众思考更深层次的问题，理解故事背后的深层含义。例如，在纪录片中，通过展示贫困地区孩子们渴望知识的眼神和艰苦的学习环境，细节镜头深刻地揭示了教育公平问题的紧迫性和重要性。

细节镜头也是展现人物性格、情感和心理状态的重要手段。通过对人物细微的表情、动作或环境的捕捉和呈现，细节镜头能够使人物形象更加丰满、立体。观众可以通过这些细节镜头，更深入地了解人物的内心世界和性格特点，从而产生共鸣和情感联系。例如，在影视剧中，一个角色在关键时刻的犹豫、坚定或流泪等细节镜头，都能够深刻地揭示角色的性格特点和内心世界。

注意：所有景别都不要将画面最下方卡在人物关节处。

3. 基于景别的镜头组接技巧

在深入探讨了不同景别镜头的独特功能之后，我们有必要进一步阐述镜头组接技巧与这些景别之间的内在联系。镜头组接并非仅仅是画面的简单拼接，而是一个通过不同景别镜头之间的转换与组合，以实现叙事节奏的精细调控、情感层次的深度构建以及视觉张力有效营造的复杂过程。每一种景别的镜头都承载着其特定的叙事和视觉功能，而镜头组接的技巧则在于如何艺术性地将这些具有不同功能的镜头融合为一个有机的整体，从而达到叙事和视觉效果的最佳化。

在影视剪辑的实践中，镜头组接作为构建叙事框架、传达深层情感与调控视觉节奏的核心技法，其运用的精妙与多样性直接决定了作品的最终呈现效果。递进式、后退式、两级式以及环形结构，这四种常见的镜头组接方式，各自都具备独特的叙事功能与视觉表现力。它们不仅遵循了人们观察世界的自然逻辑，还通过精心的设计巧妙地操控着观众的情感起伏与注意力分配。对这些组接方式的运用，不仅能够确保画面之间的流畅衔接，更能在深层次上强化故事的层次性、情感的深度以及主题的凝练，为观众带来更加丰富和深刻的观影体验。

（1）递进式

“递进式”是一种通过连续呈现或交叉组合多个镜头，并以逐步加速的节奏来强化某种特定情绪或意念的剪辑手法。它不仅能够有效地引导观众的注意力，还能通过镜头的连续变化来增强影片的节奏感和情感表达。通过逐步推进的镜头语言，观众能够更深入地理解剧情发展，与影片产生情感共鸣。

通常，递进式的镜头组接是由大景别向小景别递进，以形成视觉上的递进效果。另外，还需要注意镜头之间的衔接，确保画面流畅自然。

递进式组接中的节奏控制也至关重要。随着镜头的逐步推进，画面的切换速度应逐渐加快，以形成紧张、激烈或激昂的情绪氛围。这种节奏的变化可以通过剪辑手法来实现，如缩短镜头之间的间隔时间、加快画面切换的速度等。

递进式组接的最终目的是强化影片的情感表达。通过连续呈现多个具有内在联系的镜头，并以逐步加速的节奏来呈现这些镜头，促使观众在视觉和情感上产生共鸣，从而更深入地理解影片的主题和情感内涵。

（2）后退式

“后退式”也是一种常用的剪辑手法，它主要用于表现由细节到整体的扩展，以及情绪由高昂转向低沉的变化。

“后退式”组接技巧，也称为拉远式组接，是指镜头由近景、特写等细节画面逐渐过渡到远景、全景等整体画面的过程。这种组接方式在影视制作中常用于表现空间的扩展、情绪的回落以及剧情的转折等场景。通过“后退式”组接，观众可以感受画面信息的逐步释放和情感的逐渐沉淀，从而更加深入地理解影片的叙事和情感表达。

在实现“后退式”组接时，需要精心选择一系列具有内在联系且景别逐渐拉远的镜头。这些镜头通常从特写或近景开始，逐渐过渡到中景、全景，最终可能是远景或大远景。镜头的排列顺序应严格遵循由近及远的原则，以确保画面信息的逐步扩展和情感的逐渐回落。

与“递进式”组接类似，“后退式”组接也需要注意节奏的控制。但在这里，节奏的变化可能相对平缓，以符合由细节到整体的扩展过程。随着镜头的逐渐拉远，画面的切换速度可以适当放缓，以给观众留出更多的时间和空间去感受画面的变化和情感的沉淀。

(3) 两级式

“两级式”是一种特殊的剪辑手法，它主要通过极端的景别对比来实现特定的视觉效果和情感表达。“两级式”组接，顾名思义，是指通过特写镜头（或近景）与全景镜头（或大远景）之间的直接切换，形成强烈的视觉对比和冲击。这种组接方式打破了常规的景别过渡规律，以极端的方式展现画面的空间感和层次感，给观众带来独特的视觉体验。

从镜头的选择方面来说，往往选择两级镜头，也就是特写和全景。特写通常用于捕捉物体的细节或人物的表情，具有高度的聚焦性和强调作用。全景则展示更广阔的空间环境，包括人物、场景及其相互关系，具有整体性和背景交代的功能。在“两级式”组接中，特写镜头与全景镜头之间通常不经过中间景别的过渡，而是直接进行切换。这种直接切换的方式使得画面在极短的时间内发生巨大的变化，从而产生强烈的视觉冲击力。

在影片节奏的控制上，“两级式”组接也可以发挥重要作用。通过快速的景别切换，打破影片原有的节奏模式，形成节奏上的突变和起伏，从而吸引观众的注意力并增强影片的感染力。

(4) 环形结构

“环形结构”指一开始的景别和结束的景别是同一景别，它强调故事或情节的循环性、重复性和内在联系。故事的开始和结束在某种程度上相互呼应，形成一个闭环。

在剪辑过程中，通过相同景别的镜头或者是某些具有象征意义的视觉元素（如颜色、图案、物体等）在影片的开头和结尾处重复出现，形成视觉上的呼应，从而强化“环形结构”的叙事效果。这种手法不仅加深了观众对影片主题的理解，还增强了影片的整体连贯性。

“环形结构”的剪辑方式对影视作品的创作提出了更高的要求和挑战。精心设计的镜头组接和剪辑手法可以实现“环形结构”的叙事效果，为观众带来独特而深刻的观影体验。

实操演练

素材清单："教你做美食" 素材 1 套、参考样片 1 个。

实操要求：参考样片，利用景别设计的知识，完成视频镜头的选取及组接，视频时长要求为 1 分钟。

关键操作步骤如表 4-2 所示：

表 4-2　操作步骤

序号	操作步骤	参考画面
1	参考样片，挑选合适的镜头，并根据时长要求，将镜头中的无效画面剪掉	
2	运用递进式的镜头组接方法，使用中景、特写、大特写等镜头，完成视频流畅的故事描述	

扫描右侧二维码，可观看完整实操录屏。

景别设计实操录屏

任务评价

表 4-3　任务评价

<table>
<tr><th colspan="3">评分项目</th><th>评分细则</th><th>配分</th><th>自我评价（20%）</th><th>小组互评（30%）</th><th>教师评价（50%）</th></tr>
<tr><td rowspan="3">素养评价（30分）</td><td rowspan="2">课堂纪律（10分）</td><td>不迟到，不早退</td><td>违反一次不得分</td><td>5</td><td></td><td></td><td></td></tr>
<tr><td>积极思考，回答问题</td><td>根据上课情况统计得分</td><td>5</td><td></td><td></td><td></td></tr>
<tr><td>职业道德（20分）</td><td>构图能力及镜头组接能力</td><td>根据课堂表现情况</td><td>20</td><td></td><td></td><td></td></tr>
<tr><td>知识评价（30分）</td><td colspan="2">了解景别的分类、作用及景别组接的技巧</td><td>根据理论测试情况</td><td>30</td><td></td><td></td><td></td></tr>
<tr><td>职业能力评价（40分）</td><td colspan="2">能够利用景别设计的知识，完成视频镜头的选取及组接</td><td>根据任务训练情况</td><td>40</td><td></td><td></td><td></td></tr>
<tr><td colspan="5">总分</td><td></td><td></td><td></td></tr>
<tr><td colspan="5">最终得分</td><td colspan="3"></td></tr>
</table>

知识拓展

扫描右侧二维码，阅读“景别设计知识文档”，拓展知识储备。

景别设计
知识文档

任务 2 标题设计

学习目标

1. 知识目标

了解标题的设计技巧及标题的排版方法。

2. 技能目标

能够参考样片的效果，完成“教你做美食”的标题设计。

3. 素养目标

培养文字审美能力和色彩审美能力。

知识引导

请扫描右侧二维码，观看“标题设计”视频，思考并回答下列问题。

标题设计
知识讲解

（1）遮挡穿插会显得画面的________更加丰富，也打破了________的边界。

（2）图案化指把一些笔画用________代替，增强画面趣味性。

（3）标题排版一般包含________排版、________排版和________排版三种。

（4）请判断下列描述是否正确。

①删除处理指在不影响文字阅读的前提下删除一些笔画，使其想象空间更大，适合标题面积较小的设计场合。（　　）

②只要是可以运用具体事物代替的文字，都可以运用象征手法进行标题设计。（　　）

③添加阴影或者添加背景都可以使文字更加突出。（　　）

④部分模糊的效果处理能够使画面产生虚实对比。（　　）

知识储备

在完成了基础剪辑之后，标题设计成为吸引观众注意力的关键环节之一。一个出色的标题不仅能概括视频内容，也能通过视觉设计吸引观众的眼球。

1. 标题的设计技巧

标题设计主要有色彩变化、删除处理、象征手法、遮挡穿插、添加图案、添加阴影、添加背景、文字描边、图案化、部分模糊等设计技巧。

（1）色彩变化

色彩变化指将文字的部分笔画进行变色处理，利用颜色突出标题本身，让观者的视线集中在标题上，如图 4-5 所示。

图 4-5　色彩变化运用

（2）删除处理

删除处理指在不影响文字阅读的前提下删除一些笔画，使其想象空间更大，适合标题面积较大的设计场合，如图 4-6 所示。

（3）象征手法

象征手法是指把某些可以使用象征手法的字用具体的事物替代。这种手法要用在合适的场合，否则容易引起误解，如图 4-7 所示。

（4）遮挡穿插

遮挡穿插是设计里的常见手法。这种方法会使画面的层次感更加丰富，也打破了文字的边界，如图 4-8 所示。

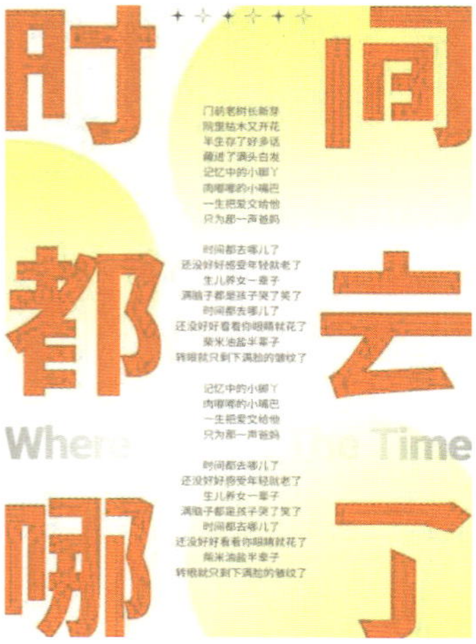

图 4-6　删除处理

图 4-7　象征手法

图 4-8　遮挡穿插

（5）添加图案

对文字进行艺术处理，可以适当地添加图案元素。也可以使用贴合主题的元素，使图文更统一，如图 4-9 所示。

（6）添加阴影

添加阴影可以使文字看起来更加立体，更加突出。前后的遮挡关系也增加了层次感，如图 4-10 所示。

图 4-9　添加图案

图 4-10　添加阴影

（7）添加背景

添加背景可以使标题部分更加突出，如图 4-11 所示。

（8）文字描边

文字描边可以使视线更集中，突出主体。但是要注意打破边界，否则容易显得单调乏味，如图 4-12 所示。

图 4-11 添加背景

图 4-12 文字描边

(9) 图案化

图案化就是把一些笔画用图案代替，可以增强画面的趣味性。但是要注意不能用太多，否则会影响阅读，如图 4-13 所示。

(10) 部分模糊

通过对一部分画面做模糊处理后，画面会产生虚实对比，在视觉关系上更丰富，如图 4-14 所示。

图 4-13 图案化

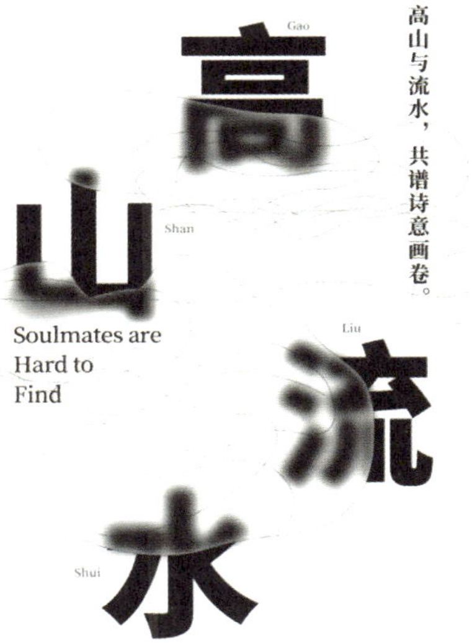

图 4-14 部分模糊

2. 标题的排版

标题设计完毕以后，需要对标题进行排版，以确保其视觉效果与内容的传达效果达到最佳。标题的排版方式多种多样，常见的有以下几种：横竖交替式排版、居中排版和两端对齐式排版。

(1) 横竖交替式排版

图 4-15 的文字布局采用了横竖交替的排版方式，形成强烈的视觉对比。顶部左侧放置

了中文标题“版式”和英文标题“FORMAT”，中部以醒目竖版文字突出“横竖交替”四字，点明主题。右侧竖向排列的英文“HORIZONTAL AND”与左侧横向的“FORMAT”形成方向上的对立，而底部的“排版”二字则以小字号收尾，平衡整体结构。这种排版的用意在于通过文字方向的交替变化，打破常规阅读习惯，营造动态的视觉层次感。横竖对比既呼应了“横竖交替”的主题，又增强了版面的设计感和艺术性，能够有效提升整体的视觉平衡与吸引力，适合用于强调创意或实验性的视觉传达场景。

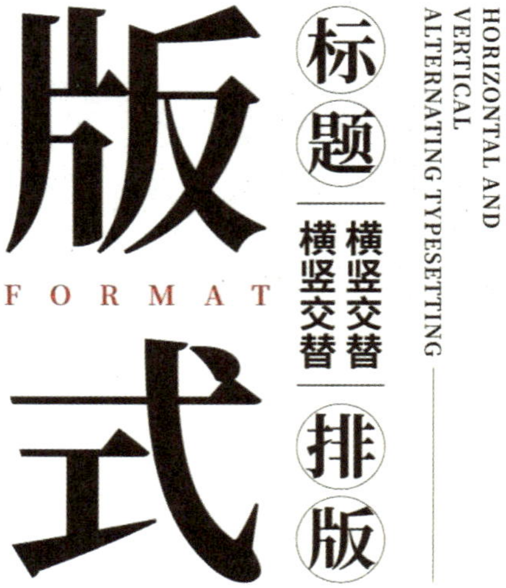

图 4-15　横竖交替式排版

（2）居中排版

居中排版赋予画面以稳固而庄重的视觉效果。图 4-16 便是一个典型的居中排版的例子，它有力地凸显了“理想视界”这一主题的稳定性。此排版并未采用繁复的设计元素，文案处理上仅通过大小对比来营造层次感，显得简洁而有力。在主题文字的细节处理上，设计者独具匠心，特地将“视”字中的“见”部分以白色弱化处理，同时，对“界”字中的“介”部分也进行了相应的弱化，这样的微妙变化不仅增添了文字的艺术感，也使得整体设计更加和谐统一。

（3）两端对齐式排版

两端对齐式排版的排版结构为矩形，可以将不同的元素协调统一成一个整体，轻松设计出漂亮的界面。两端对齐的文字在页面上呈现出规整的块状，边缘整齐，就像精心修剪的园林景观，给人一种秩序感和和谐感。无论是在书籍、杂志还是网页上，这种整齐的布局都能让读者在视觉上感到舒适和愉悦。在图 4-17 中，正文采用两端对齐的排版方式，中英文和线条交错排列，边缘整齐划一，整个版面显得平衡而稳定。这种平衡感给人一种沉稳、可靠的印象。

图 4-16　居中排版

图 4-17　两端对齐式排版

实操演练

素材清单："教你做美食"素材 1 套、完成任务 1 基本剪辑的工程文件 1 个、参考样片 1 个。

实操要求：参考样片的效果，完成"教你做美食"的标题设计。

关键操作步骤如表 4-4 所示：

表 4-4　操作步骤

序号	操作步骤	参考画面
1	根据实际需要，进行轨道的添加操作	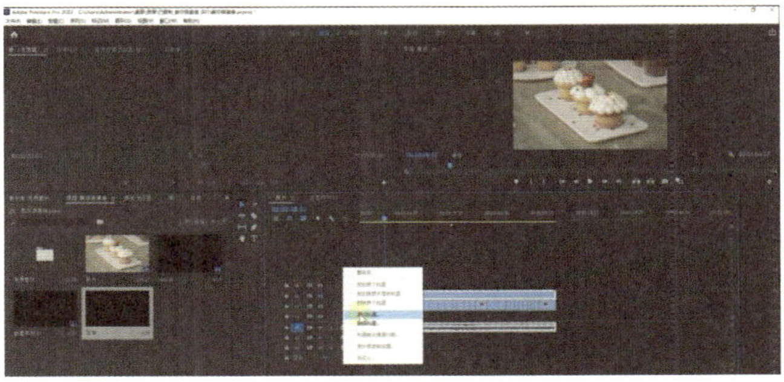
2	点击"文件→新建→旧版标题"，打开旧版标题的编辑框	
3	利用文本工具，编辑标题文本，并对其进行字体、大小、位置、颜色的调整	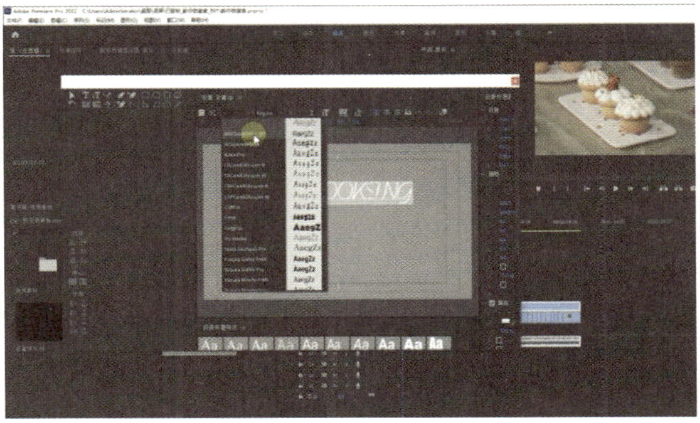

续表

序号	操作步骤	参考画面
4	再次新建旧版标题，运用矩形工具，绘制矩形标题背景	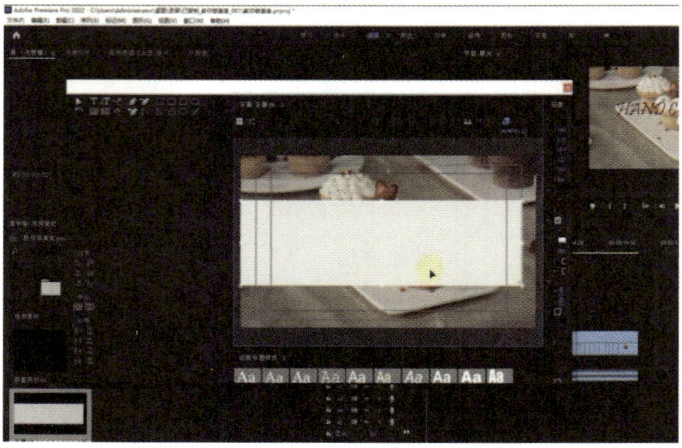
5	再次新建旧版标题，运用直线工具，绘制分割线，调整其颜色和位置	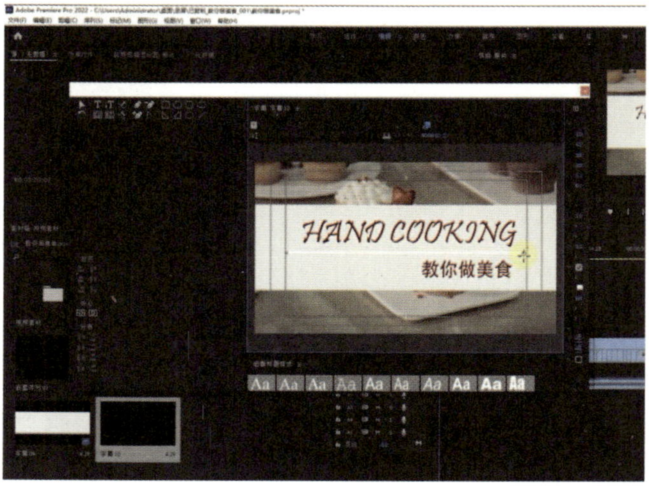
6	将制作好的三个标题的文件拖动到对应轨道上，在效果控件中制作透明度变化效果的关键帧动画	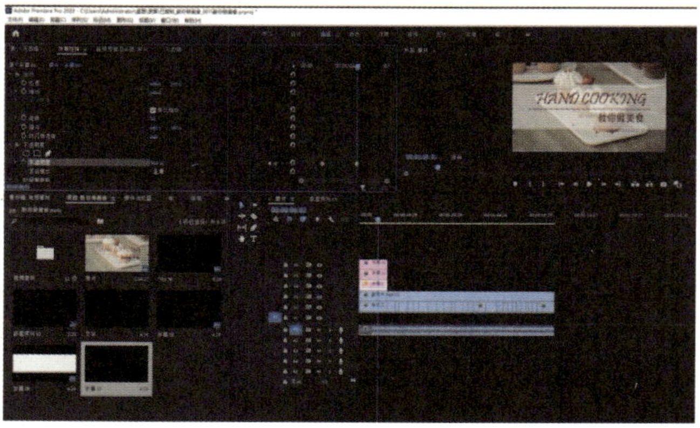

续表

序号	操作步骤	参考画面
7	用同样的方法调整字体的不透明度，使其形成由无到有的动画效果	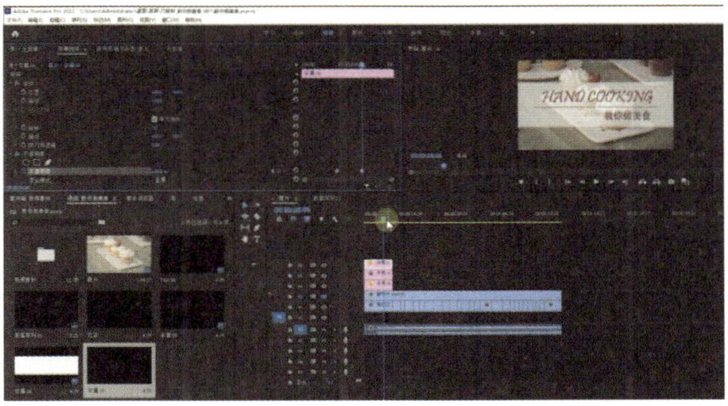
8	在效果控件中，调整位置属性，将分割线做出由左向右移动的关键帧动画效果	

扫描右侧二维码，可观看完整实操录屏。

标题设计
实操录屏

任务评价

表 4-5　任务评价

评分项目			评分细则	配分	自我评价（20%）	小组互评（30%）	教师评价（50%）
素养评价（30 分）	课堂纪律（10 分）	不迟到，不早退	违反一次不得分	5			
		积极思考，回答问题	根据上课情况统计得分	5			
	职业道德（20 分）	热爱专业的精神	根据课堂作业制作细致度	20			

续表

评分项目		评分细则	配分	自我评价（20%）	小组互评（30%）	教师评价（50%）
知识评价（30分）	了解标题的设计技巧及标题的排版方法	根据理论测试情况	30			
职业能力评价（40分）	能够参考样片的效果，完成“教你做美食”的标题设计	根据任务训练情况	40			
总分						
最终得分						

知识拓展

扫描右侧二维码，阅读“标题设计知识文档”，拓展知识储备。

标题设计知识文档

任务3 动态字幕

学习目标

1. 知识目标

了解动态字幕的添加方法。

2. 技能目标

能够使用“旧版标题”工具，添加滚动字幕。

3. 素养目标

培养节奏剪辑和动画能力。

知识引导

请扫描右侧二维码，观看“动态字幕”视频，思考并回答下列问题。

动态字幕
知识讲解

（1）在 Premiere 中，“旧版标题”中的动态字幕类型包含________、________、________三类。

（2）请判断下列描述的对错。

①“开始于屏幕外”用于控制滚动的起始位置。（　　）

②“缓入”指从最大速度降低至停止滚动所需要的时长。（　　）

知识储备

Premiere 中的“旧版标题”是用于创建和编辑字幕的工具。在较新版本的 Premiere Pro 中，由于基本图形面板等新功能的引入，原本的字幕设计器被重命名为“旧版标题”，以区分新的工具和功能。尽管如此，“旧版标题”依然保留着强大的文字与图形创建和编辑能力。对于熟悉旧版字幕设计器的用户来说，“旧版标题”依然是一个不可或缺的工具。

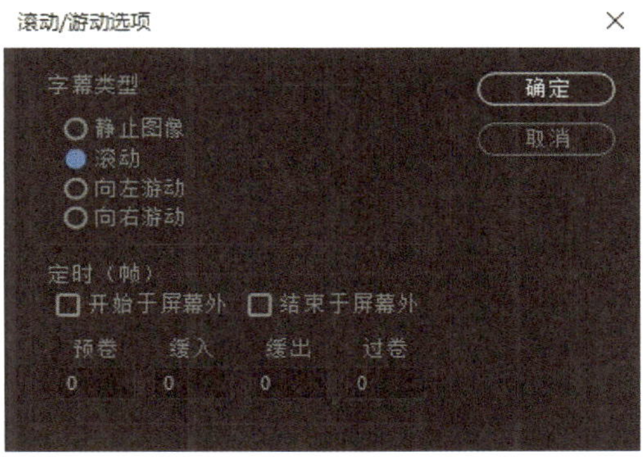

图 4-18　动态字幕选项弹出框

“旧版标题”中的动态字幕类型主要包括滚动、向左游动和向右游动三类。每类动态字幕都提供了丰富的选项来调整字幕的出入屏幕效果，具体包括开始于屏幕外、结束于屏幕外、预卷、缓入、缓出和过卷六种选项。这些选项能够让字幕以更加自然和流畅的方式呈现在观众面前。这些动态字幕的灵活应用，无疑为我们提供了更多创意发挥的空间。

1. “开始于屏幕外”功能含义

“开始于屏幕外”是旧版标题中动态字幕的一个重要功能，具体包含以下几个方面：

（1）功能定义：该功能主要用来控制滚动字幕的起始位置。

（2）勾选效果：如果在设置时勾选了此选项，字幕的滚动将会从屏幕外部开始，即字幕会先从屏幕外滚入到观众可见的区域内。这种方式常用于制作从下往上或从上往下的滚动字幕，使得字幕的出现更加自然和流畅。

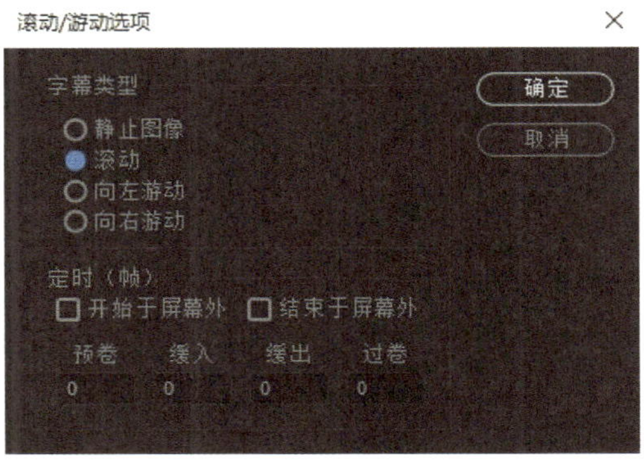

图 4-19　动态字幕选项弹出框

（3）未勾选效果：如果取消勾选“开始于屏幕外”，字幕的滚动则会从它在节目面板中设定的初始位置开始。这意味着，字幕的起始位置将完全取决于编辑者在节目面板中的设定。在这种情况下，我们可以通过拖动字幕来自由地修改其初始位置，以满足特定的编辑需求。

2. “结束于屏幕外”功能含义

“结束于屏幕外”是“旧版标题”中另一个关键的动态字幕功能，其具体含义如下：

（1）功能定义：该功能主要用于控制滚动字幕的结束位置。

（2）勾选效果：如果在设置时勾选了此选项，字幕将会在设定的持续时间之内完全滚出屏幕之外。这意味着，观众将看到字幕从屏幕上滚动，直到完全消失在屏幕之外，从而确保字幕不会突然中断，而是以一种流畅的方式结束。

（3）未勾选效果：如果选择不勾选“结束于屏幕外”，且字幕的高度大于屏幕可显示区域，那么字幕的最下侧（即滚动结束的位置）会贴紧字幕安全框。此外，当达到设定的持续时间时，字幕会突然消失，而不是渐渐滚出屏幕。这种方式可能会造成一种突兀的视觉效果，因此在制作滚动字幕时需要根据具体需求来决定是否勾选此选项。

3. “预卷”功能含义

“预卷”功能在“旧版标题”中的含义是设置字幕在开始“滚动”前播放的帧数。这个功能允许编辑者调整字幕滚动出现之前的延迟时间，以帧为单位进行精确控制。设定预卷的帧数，可以让字幕在视频播放到特定帧后才开始滚动，从而实现更为精细的时间控制效果。这对于需要精确同步字幕滚动与视频内容的场景非常有用。

4. “过卷”功能含义

“过卷”是指滚动结束后还要播放多长时间。这个功能允许编辑者在字幕滚动到屏幕之外后，继续播放一段设定的时间。设定过卷的时长，可以控制字幕滚动效果完全结束后视频继续播放的时长，从而给观众一种自然的过渡感，避免字幕突然消失带来的突兀感。

5. “缓入”功能含义

“缓入”功能的含义是指字幕从静止状态（速度为零）加速到最大滚动速度所需要的时长。通过调整这个参数，我们可以控制字幕滚动的加速度，使得字幕在开始时缓慢地滚动，然后逐渐加快到设定的最大速度。这种效果能够让字幕的滚动更加平滑自然，提升观众的观看体验。

6. “缓出”功能含义

“缓出”功能的含义是指字幕从最大滚动速度降低至完全停止滚动所需要的时长。通过设定这个参数，我们可以控制字幕滚动的减速度，使字幕在滚动结束时逐渐减速，而非突然停止。这样的效果能让字幕的滚动更加自然流畅，为观众提供更加舒适的观看体验。

实操演练

素材清单：已完成前两个任务制作的工程文件 1 套、参考样片 1 个、字幕文件 1 个。

实操要求：参考样片的效果，利用“旧版标题”工具，完成视频最后滚动字幕的添加。

关键操作步骤如表 4-6 所示：

表 4-6　操作步骤

序号	操作步骤	参考画面
1	依次选择“文件→新建→旧版标题”菜单，在弹出的工作窗口中，选择矩形工具，绘制字幕背景中的矩形并调整其颜色	
2	将绘制好矩形的字幕文件拖至时间线中的合适位置，并在效果控件中调整其透明度	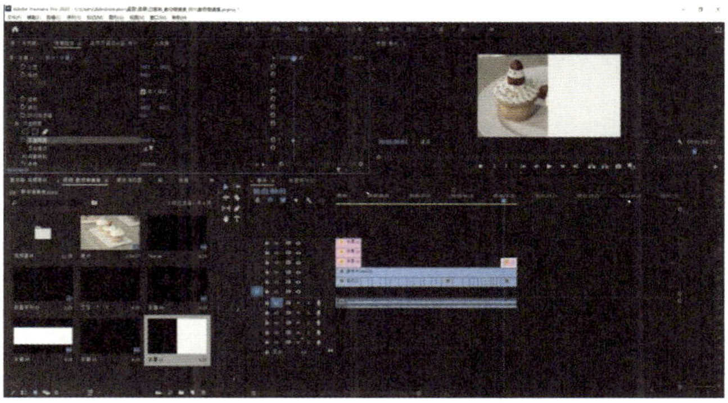
3	再次运用“旧版标题”功能，新建字幕文件，运用文字工具，输入字幕内容并调整字体、字号和字幕位置	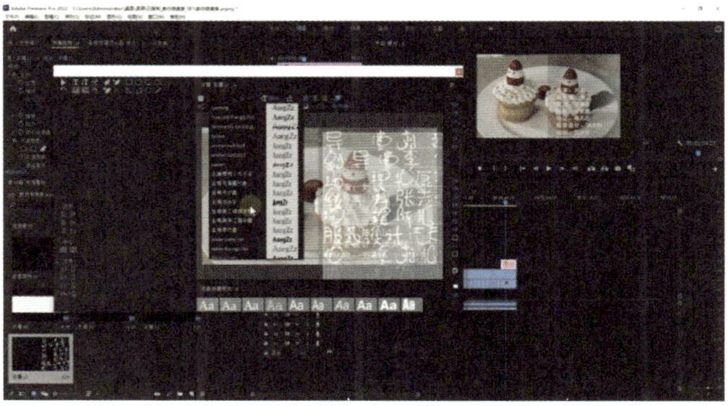

续表

序号	操作步骤	参考画面
4	添加字幕滚动效果： 方法一：点击滚动字幕图标，在弹出的窗口中选择合适选项，完成滚动字幕的设置。 方法二：在效果控件中，对位置属性添加关键帧，形成关键帧动画（字幕滚动效果）	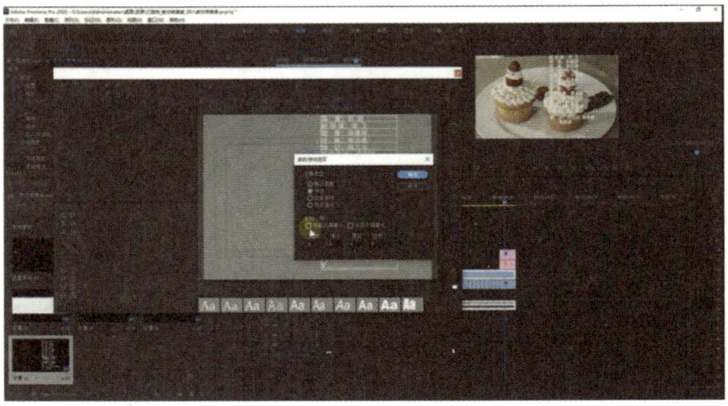 方法一 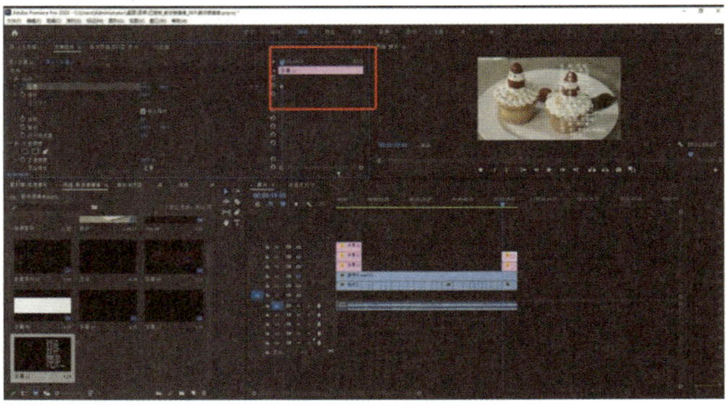 方法二

扫描右侧二维码，可观看完整实操录屏。

动态字幕
实操录屏

任务评价

表 4-7　任务评价

评分项目			评分细则	配分	自我评价（20%）	小组互评（30%）	教师评价（50%）
素养评价（30分）	课堂纪律（10分）	不迟到，不早退	违反一次不得分	5			
		积极思考，回答问题	根据上课情况统计得分	5			
	职业道德（20分）	热爱专业的精神	根据课堂作业制作细致度	20			

续表

评分项目		评分细则	配分	自我评价（20%）	小组互评（30%）	教师评价（50%）
知识评价（30 分）	了解动态字幕的添加方法	根据理论测试情况	30			
职业能力评价（40 分）	能够使用“旧版标题”工具，添加滚动字幕	根据任务训练情况	40			
总分						
最终得分						

知识拓展

扫描右侧二维码，阅读“动态字幕知识文档”，拓展知识储备。

动态字幕知识文档

AI 技术拓展

随着人工智能技术的发展，AI 视频生成工具也随之出现，AI 视频生成工具为我们提供了一种全新的解决方案。我们能通过 AI 技术，自动识别视频或音频中的语音内容，生成同步字幕，并对字幕进行灵活的编辑。下面我们来介绍一下自动识别语音生成字幕的原理和软件应用。

1. 自动识别语音生成字幕原理

语音识别技术是一种计算机技术，它可以将声音信号转换成文字，以便计算机理解和处理。语音识别技术的基本原理是将语音信号转换成文字，通过分析语音信号中的特征，识别出语音中的单词或句子，并将其转换成文字。

语音识别技术的实现需要建立一个语音模型和一个语言模型。语音模型可以根据语音信号中的特征，将语音信号转换成文字。语言模型可以根据语音信号中的特征，将语音信号转换成文字，并且可以准确地识别出语音中的单词或句子以及它们之间的关系。

2. Prmiere Pro 自动识别语音生成字幕步骤

素材清单：需要生成字幕的视频 1 个（带配音）。

实操要求：参考样片的效果，利用“转录”工具，完成视频最后滚动字幕的添加。

关键操作步骤如表 4-8 所示：

表 4-8　操作步骤

序号	操作步骤	参考画面
1	导入素材和创建项目：启动 Premiere Pro 并创建一个新项目。导入需要添加字幕的视频或音频素材，并将其拖放到时间轴上，创建一个新的序列	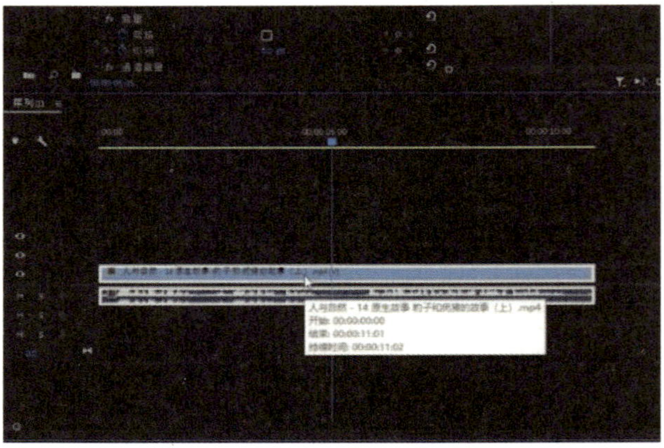
2	使用自动字幕工具：选择文本工具，打开文本面板，点击“转录序列”按钮。在弹出的对话框中，选择语言和其他设置，然后点击“转录”。Premiere Pro 会自动分析音频并生成字幕	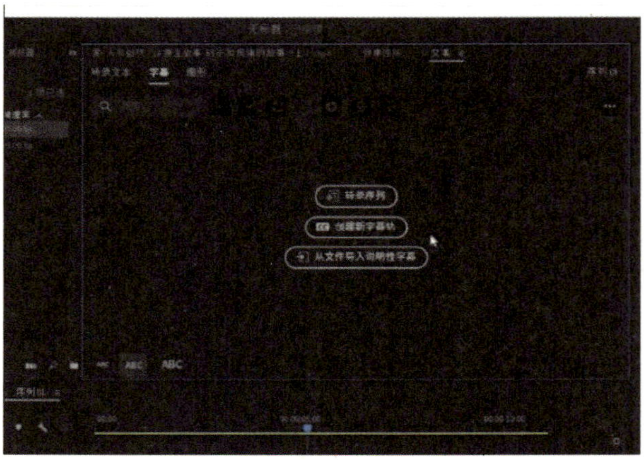
3	编辑自动生成的字幕：在文本面板中，可以看到自动生成的字幕列表。点击每条字幕进行文本编辑和校正。在时间轴上找到字幕轨道，通过拖动字幕块的边缘调整每条字幕的开始和结束时间，确保字幕与对话同步	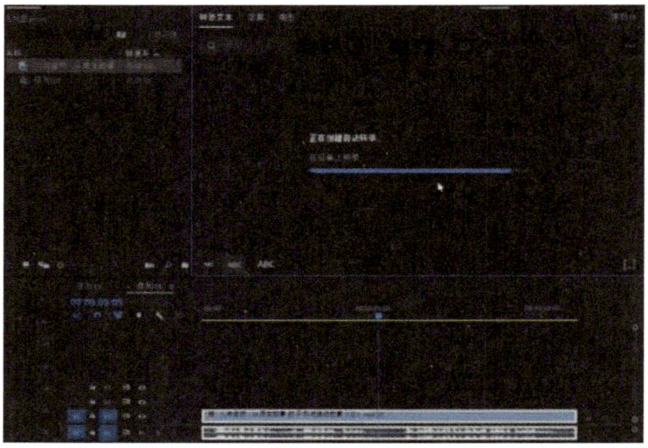

续表

序号	操作步骤	参考画面
4	调整字幕样式和布局：选择字幕轨道上的字幕文本，使用字幕面板中的选项更改字幕的字体、大小、颜色和对齐方式等。还可以调整字幕文本的位置和持续时间来控制字幕的布局及显示时长	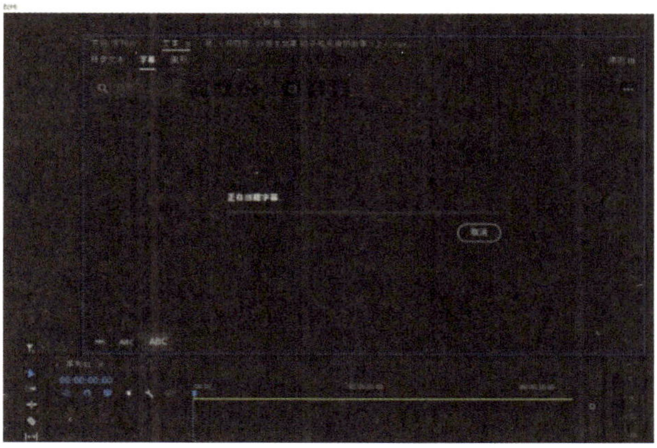
5	导出字幕和视频：完成字幕编辑后，点击“文件→导出→视频”打开导出设置对话框。在“字幕”选项卡中，选择如何导出字幕：嵌入在视频中、作为独立的字幕文件，或两者兼有。设置完成后，点击“导出”按钮，开始导出视频和字幕文件	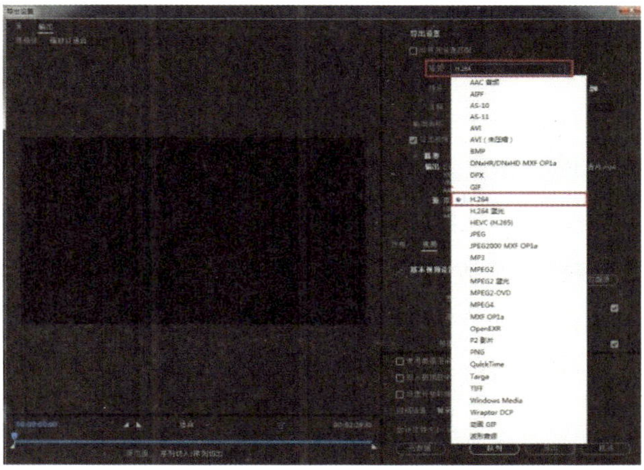

3．自动识别语音生成字幕软件介绍

目前有许多视频编辑工具都具备自动字幕识别功能，大大简化了为视频添加字幕的过程。我们一起学习哪些软件能自动识别字幕吧。

图 4-20

以剪映为例，我们介绍自动识别语音生成字幕的方法。

(1) 首先打开剪映软件，点击“开始创作”来新建一个项目。

(2) 接着依次进入“视频→本地→导入素材”，把视频文件添加进来。

(3) 点击缩略图上的“+”号或直接拖入轨道中，进行编辑操作。

(4) 点击“文本”功能。

(5) 选择“识别字幕”功能。

(6) 选择“开始识别”，就会自动识别原视频中的字幕了。

(7) 识别完成后就在视频轨道上面显示字幕内容了，点击选中就可以对当前字幕进行编辑了。

(8) 在属性面板可以进行字幕修改、颜色、字体、动画等各种字幕特效。

4. AI 工具的便捷与风险

AI 视频生成工具的使用非常便捷，我们应用的时候要注意什么呢？

2022 年年底，OpenAI 研发的 ChatGPT 一经发布，迅速引发了全球对于生成式人工智能领域的广泛关注。生成式人工智能技术是指具有文本、图片、音频、视频等内容生成能力的模型及相关技术，它能为使用者提供诸多便利和创新的可能性。然而，随着生成式人工智能技术的快速发展，也带来了传播虚假信息、侵害个人信息权益、数据安全和偏见歧视等问题。《生成式人工智能服务管理暂行办法》已经由国家互联网信息办公室于 2023 年第 12 次室务会议审议通过，并经国家发展和改革委员会、教育部、科学技术部、工业和信息化部、公安部、国家广播电视总局同意予以公布，自 2023 年 8 月 15 日起施行。

《生成式人工智能服务管理暂行办法》内容学习：提供者应当按照《互联网信息服务深度合成管理规定》对图片、视频等内容进行标识；制定符合要求的清晰、具体、可操作的标注规则；开展数据标注质量评估，抽样核验标注内容的准确性；对标注人员进行必要培训，提升其尊法守法意识，监督指导标注人员规范开展标注工作。对使用其服务生成或者编辑的信息内容，应当采取技术措施添加不影响用户使用的标识，并依法依规保存日志信息。提供智能对话、合成人声、人脸生成、沉浸式拟真场景等具有生成或者显著改变信息内容功能服务的，应当在生成或者编辑的信息内容的合理位置、区域进行显著标识；提供非前述深度合成服务的，应当提供显著标识功能，并提示使用者可以进行显著标识。

人工智能给我们带来方便的同时，也给我们带来了依赖，特别是对青少年的影响很大，长期依赖人工智能的他们可能会丧失主动思考的能力、创造能力。为了避免这些负面影响，我们应该适度使用人工智能，同时注重培养自主学习能力、信息筛选能力和社交能力。

项目验收单

表 4-9　项目验收单

<table>
<tr><th colspan="2">常出现问题</th><th>是否涉及</th><th>问题等级</th><th>扣分分值</th></tr>
<tr><td>输出参数</td><td>确保每个参数准确</td><td></td><td rowspan="14">A</td><td rowspan="14"></td></tr>
<tr><td>调色/位置/卡通人物</td><td>视频中的规定数值在不同位置要保持统一：
(同一个人设/卡通人物、同一个项目调色保持一致；位置保持一致；大小保持一致)
＊若不是同一个人物（因人物身高不同，拍摄环境可能也不同），重新统一数值
＊位置需注意：不可太靠边/不可挡着内容（如因排版导致不合适，可以重新调整排版）</td><td></td></tr>
<tr><td>片头/片尾</td><td>不可放错课程的片头、片尾</td><td></td></tr>
<tr><td>出镜/非出镜</td><td>呈现根据客户要求</td><td></td></tr>
<tr><td>姓名条</td><td>姓名条的位置大小要统一/样式要统一</td><td></td></tr>
<tr><td>标题页</td><td>同一个项目的标题页，停留的时间必须统一</td><td></td></tr>
<tr><td>视频背景音乐</td><td>背景音的降调一定要统一，一般在－10～－20（不可超过老师的声音）</td><td></td></tr>
<tr><td>动态背景</td><td>运动的速度要统一（不可快慢不一）</td><td></td></tr>
<tr><td rowspan="2">调色基本</td><td>肤色不可过白/过黄/偏绿/偏蓝/偏红</td><td></td></tr>
<tr><td>画面整体不可过亮/过暗</td><td></td></tr>
<tr><td>嘴型</td><td>卡通形象，说话时的嘴型要和人物语音保持一致</td><td></td></tr>
<tr><td>不雅动作</td><td>不可出现吐舌、吧唧嘴、眨眼</td><td></td></tr>
<tr><td>卡屏</td><td>视频中不可出现黑屏、绿屏、闪现、错误视频</td><td></td></tr>
<tr><td rowspan="2">录制</td><td>不要出现多余的内容或画面（如录制时多出的 360 旋转图标/鼠标箭头/录屏区域框）</td><td></td></tr>
<tr><td>比例不可大小不一/位置不同</td><td></td><td>B</td><td></td></tr>
<tr><td rowspan="2">语音</td><td>片头、片尾背景音里的 Logo 要去掉</td><td></td><td rowspan="3">A</td><td rowspan="3"></td></tr>
<tr><td>视频声音整体偏小，会影响消费者使用，需调整（调整时要适中，不可声音过大或过小）</td><td></td></tr>
<tr><td rowspan="3">剪辑</td><td>不可出现音画、字幕不同步</td><td></td></tr>
<tr><td>转场效果不美观、不协调（如加了过场，导致画面播放时出现人物严重重叠）</td><td></td><td rowspan="2">B</td><td rowspan="2"></td></tr>
<tr><td>呈现的内容或者图片不能闪现一下就消失（如人物讲到看一下……或多图出现时……此处要多停留几秒）</td><td></td></tr>
</table>

续表

常出现问题		是否涉及	问题等级	扣分分值
剪辑	视频中不能出现无关画面（如拍摄前后的准备工作、讲电话、与摄影师交流等）		A	
	人物出境时，如有指向性的动作，画面不可空白，要出现人物讲的对应内容			
	视频不能模糊不清			
	画面与画面的衔接处不要切换太快，间隔过短（在语音处理时就要注意）			
	人物出镜与不出镜切换时，内容和人物要一起消失			
	视频剪辑不能有掉帧情况（如视频画面静止不动亦无声音）		B	
	人物讲题重复或说话重复，都需把不需要的一遍剪掉			
后插入的视频或动画	根据脚本，保证插入视频或动画的正确性（比较有针对性，如有不理解的请及时进行沟通并解决）		A	
实操	需重点凸显内容时可以套用 AE 模板，排版呈现要美观，样式统一（如目录/大标题/小标题）		A	
	过程中使用的器皿需呈现对应视频或图片以及名称		A	
	重复操作需简化（注意不要把具体过程简化掉了）		A	
排版	视频中插入的模板或者前期遗留的情况		B	
图片				
总体合格情况及分值				
注意：以上验收标准为通用标准，若视频制作项目中未涉及，请在“是否涉及”一栏中标注清楚				

项目5 【短视频剪辑】公益活动视频剪辑

项目情景描述

随着社会文明的发展，公益的理念已经越来越广泛地被大家接受。公益活动的意义在于对社会的奉献，在于传递爱心，帮助别人，传播文明，促进社会文明和谐友善的发展，促进社会的繁荣稳定，发扬社会互帮互助的精神。公益活动的核心思想是唤醒公民的良知，传递正能量。

公益活动视频是为宣传社会正能量，促进社会道德水平的提高而制作的，它提醒公众应该对社会负有责任，进而为社会贡献自己的力量。在本项目中，我们将为“动物保护团”这个公益活动制作视频，记录活动现场情况，宣扬保护动物的观念，让人们通过观看视频，感受现场场景，激发保护动物的意识。

任务分配表

表5-1 任务分配

任务序号	任务名称
1	镜头设计
2	动画包装
3	花字制作

思政园地

保护流浪动物

很多时候，我们走在大街上，都会看到许许多多的流浪猫狗，当我们看到这些流浪的猫狗被汽车碰撞时，只能在旁边看着却束手无策。伴随着社会的进步，流浪猫狗的数量却越来越多，这反映出我们在社会文明进程中仍存在不足。

流浪动物无家可归的社会现象，反映了很多社会问题，我们只有在了解了这些问题以后，才能找到解决问题的方法。虽然大多数人珍视身边动物带给我们的爱和友情，但是仍有人不负责任地抛弃它们，甚至虐待它们。正因为如此，才会有这一只只的流浪动物。

保护流浪动物
思政视频

人类是生存在地球上的物种之一，我们在爱自己的同时，也应该尊重其他生命，善意对待和爱护我们身边的小动物。想要保护动物，我们就要尊重生命，尊重动物，不吝啬自己的爱心；无论自己的宠物年老、体弱、生病还是残疾，都不放弃、不抛弃它们，保证动物不受饥渴、伤害和疾病威胁。有能力和条件的人，可以对流浪动物进行收养、领养。最重要的是要将“关爱生命，善待动物”的理念传播给身边的每一个人。

“人与自然和谐共生”是中国式现代化的五大特征之一。加强生物多样性保护是维护地球生态平衡、保护人类生存环境和促进可持续发展的必然选择，也是实现人与自然和谐共生的基础。习近平总书记多次阐述“万物并育而不相害，道并行而不相悖”的道理，强调生态治理必须遵循规律，科学规划，因地制宜，统筹兼顾，打造多元共生的生态系统。

党的十八大以来，我国把“生态文明建设”纳入“五位一体”总体布局，持续推进包括保护生态环境、野生动植物在内的立法及修订工作，深入实施大气、水、土壤污染防治三大行动计划，动员人人争当绿色使者、生态先锋。一系列综合性举措为生物多样性保护提供了良好的系统性保障。

如今，我国绿水青山随处可见，蓝天白云渐成常态，生态环境质量持续向好，生物多样性日益丰富。

项目思维导图

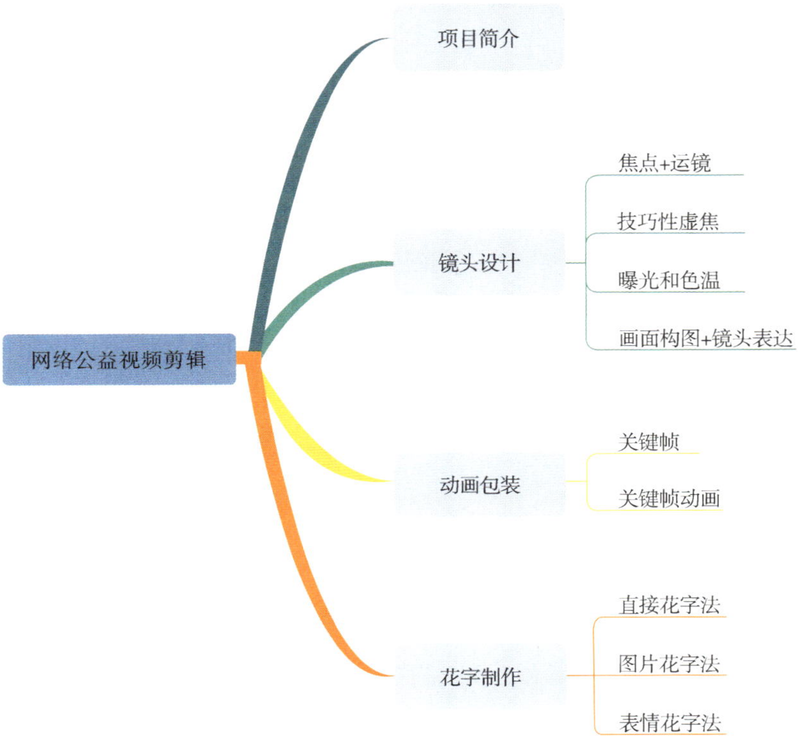
网络公益视频剪辑
项目简介
镜头设计
焦点+运镜
技巧性虚焦
曝光和色温
画面构图+镜头表达
动画包装
关键帧
关键帧动画
花字制作
直接花字法
图片花字法
表情花字法

任务1 镜头设计

学习目标

1. 知识目标

了解画面构图的方法。

2. 技能目标

能够根据需求选择合适的镜头，完成视频镜头的选取及组接。

3. 素养目标

培养镜头设计组接能力。

知识引导

请扫描右侧二维码，观看“镜头设计知识讲解”视频，思考并回答下列问题。

镜头设计
知识讲解

（1）________和________这两类镜头属于有意识地进行虚焦拍摄，即技巧性虚焦镜头，不属于废镜头。

（2）请判断下面描述的对错。

①长时间观看虚焦镜头会让观众感到眩晕，影响观看体验。(　　)

②有曝光和色温问题的镜头均可以通过校正工具调整。(　　)

③在画面构图中，应适当对画面进行留白处理，不应切入人物。(　　)

知识储备

在进行视频剪辑时，我们往往会有大量的镜头素材资源，那么怎样才能选择出一个好镜头呢？下面给大家提供一些镜头选择的方法和技巧。

1. 从焦点和运镜两方面进行判断

在选择镜头的时候，一般情况下优先选择对焦准确、主体清晰的镜头。虚焦镜头会导致观众难以分辨画面细节，长时间观看还可能引发眩晕感，因此应尽量避免。镜头的运动应平稳流畅，避免出现过度的晃动或突兀的转换。稳定的运镜有助于观众更好地关注画面内容，提升观看体验。

图 5-1 清晰镜头

图 5-2 虚焦镜头

2. 理解技巧性虚焦镜头

技巧性虚焦镜头通过故意调整镜头的焦点位置或模糊背景，以达到特定的艺术效果和叙事目的。这种技巧的运用不仅丰富了画面的表现力，还为观众带来了更加独特的视觉体验。技巧性虚焦镜头一般有两种情况：

背景虚化：为了突出主体，可以选择使用背景虚化的镜头。这种技巧能够使主体更加鲜明，同时增强画面的层次感。

焦点转移：动态焦点转移的镜头也是一种有效的选择。通过焦点的变化，引导观众的注意力，增强视频的叙事效果。

图 5-3 背景虚化，突出主体

图 5-4 镜头焦点由背景转移到前面的鸟上

3. 从曝光和色温方面进行判断

选择曝光合适的镜头：曝光过度或曝光不足的镜头都会影响画面的细节展现和色彩表现。合适的曝光能够确保画面的明亮度和对比度处于适宜范围，使观众能够更轻松地观看视频。色温是影响画面色彩的重要因素。选择色温合适的镜头能够确保色彩的真实还原，避免出现过冷或过热的色彩偏差。轻微的色温问题可以通过后期校正工具进行调整，但最好还是在拍摄时尽量控制好色温。

图 5-5 曝光过度

图 5-6 曝光正常

图 5-7 曝光不足

4. 画面构图和镜头表达同样重要

在选择镜头时，务必注重画面的构图，确保所选镜头能够恰当地展现内容。比如，要遵循“天头留白”的美学原则，给予观众呼吸空间，同时避免切割人物的关节处，以保持画面的完整与和谐。此外，还需考虑镜头的视角、景别以及元素间的平衡，以营造出引人入胜的视觉效果。镜头的内容要能够准确传达出所需的情绪和氛围。一个优秀的镜头，不仅能够捕捉到关键的细节，还能够通过画面语言让观众产生深刻的情感共鸣。因此，在选择镜头时，要避免那些内容空洞、缺乏表现力的无效镜头，确保每一个镜头都能为故事增添色彩，推动情节发展。

图 5-8 留白构图

图 5-9 无留白构图

选择好镜头需要综合考虑多个方面，在实际操作中，我们可以根据这些技巧来逐一筛选和评估镜头素材，以确保最终选出的镜头能够符合剪辑需求和观众的观看期望。同时，不断学习和实践也是提升镜头选择能力的关键途径。

实操演练

素材清单：“动物保护团”素材 1 套、参考样片 1 个。

实操要求：参考样片，选择合适的镜头，完成视频镜头的选取及组接。

关键操作步骤如表 5-2 所示：

表 5-2　操作步骤

序号	操作步骤	参考画面
1	视频前彩条制作：在项目面板中，单击鼠标右键，选择“新建项目—彩条”（默认设置即可）	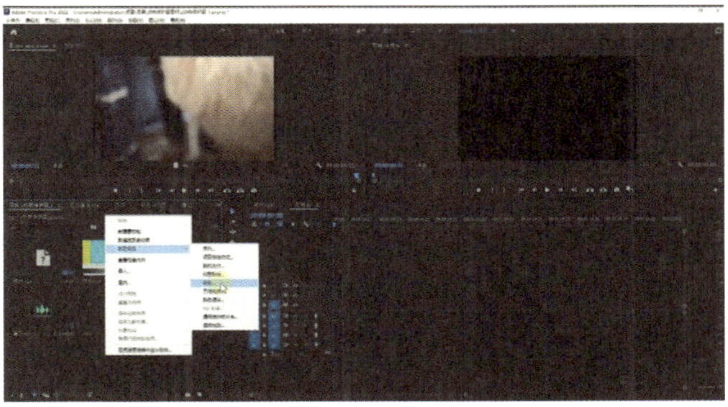
2	删除原镜头背景音：选中时间线中的对应镜头，单击鼠标右键，在弹出列表中选择“取消链接”，此时镜头的画面与音频处于独立状态，删除音频轨道的音频即可	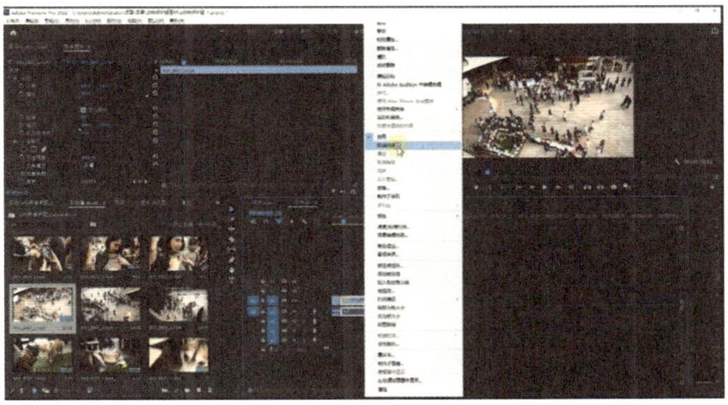
3	调整镜头速度：选中对应镜头，单击鼠标右键，选择“剪辑速度/持续时间”，在弹出的窗口中对其进行调整	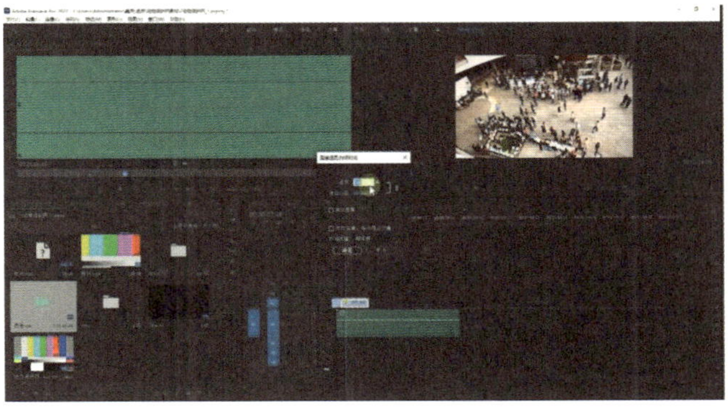

扫描右侧二维码，可观看完整实操录屏。

镜头设计
实操录屏

任务评价

表 5-3　任务评价

<table>
<tr><th colspan="3">评分项目</th><th>评分细则</th><th>配分</th><th>自我评价（20%）</th><th>小组互评（30%）</th><th>教师评价（50%）</th></tr>
<tr><td rowspan="3">素养评价（30 分）</td><td rowspan="2">课堂纪律（10 分）</td><td>不迟到，不早退</td><td>违反一次不得分</td><td>5</td><td></td><td></td><td></td></tr>
<tr><td>积极思考，回答问题</td><td>根据上课情况统计得分</td><td>5</td><td></td><td></td><td></td></tr>
<tr><td>职业道德（20 分）</td><td>审美能力的培养</td><td>根据课堂选择镜头表现</td><td>20</td><td></td><td></td><td></td></tr>
<tr><td>知识评价（30 分）</td><td colspan="2">了解镜头的选择方法</td><td>根据理论测试情况</td><td>30</td><td></td><td></td><td></td></tr>
<tr><td>职业能力评价（40 分）</td><td colspan="2">能够根据需求选择合适的镜头，完成视频镜头的选取及组接</td><td>根据任务训练情况</td><td>40</td><td></td><td></td><td></td></tr>
<tr><td colspan="5">总分</td><td></td><td></td><td></td></tr>
<tr><td colspan="5">最终得分</td><td colspan="3"></td></tr>
</table>

知识拓展

扫描右侧二维码，阅读“镜头设计知识文档”，拓展知识储备。

镜头设计
知识文档

任务 2
动画包装

学习目标

1. 知识目标

了解关键帧的属性及关键帧的添加、使用方法。

2. 技能目标

能够根据需求添加关键帧，并对其进行设置。

3. 素养目标

培养学生视频剪辑及动画制作能力。

知识引导

请扫描右侧二维码，观看“动画包装知识讲解”视频，思考并回答下列问题。

动画包装
知识讲解

（1）当使用关键帧创建随时间变化而发生改变的动画时，必须使用至少________个关键帧。

（2）Premiere 主要提供了两种设置关键帧的方法，分别是在________面板和________面板中设置关键帧。

（3）请判断下列描述是否正确。

①关键帧动画可以是素材的运动变化、特效参数的变化、透明度的变化和音频素材音量大小的变化。(　　)

②关键帧导航功能可方便关键帧的管理。(　　)

③关键帧保存了参数在不同时间段数值的变化量，可以被复制、粘贴到本素材的不同时间点，但是只能粘贴到其他素材的同一时间点。(　　)

④在粘贴关键帧时，如果关键帧的时间比目标素材要长，则超出范围的关键帧也会被粘贴，但不显示出来。(　　)

（4）请解释下列名词。

①关键帧

____

____

②关键帧动画

____

____

知识储备

关键帧是动画包装制作中一个非常重要的概念，它是角色或物体在运动变化过程中，那些发挥决定性作用、标志着关键动作转折点的帧。这些关键帧如同动画的骨架，支撑着整个动作流程的连贯与生动性。而在两个或多个这样的关键帧之间，通过设定参数变化所实现的动画效果，即关键帧动画，是实现动态视觉效果的重要手段。

关键帧动画可以是素材的运动变化、特效参数的变化、透明度的变化和音频素材音量大小的变化。在创建随时间推移而逐渐变化的动画时，至少需要设定两个关键帧：一个用于明确动画的起始状态，另一个用于设定动画的结束状态。这两个关键帧之间，Premiere会自动根据设定的参数变化，平滑地生成中间帧，从而实现流畅自然的动画效果。

Premiere 主要提供了两种设置关键帧的方法，既可以在“效果控件”面板中，直观地对各项参数进行关键帧的添加与调整；也可以在“时间线”面板中，结合时间线的直观展示，快速设置关键帧，实现对动画的精准控制。

1. 添加关键帧

添加必要的关键帧是创造运动效果的前提，添加关键帧的方法如下：

（1）要为素材添加关键帧，首先应当将素材添加到视频轨道中，并选中要建立关键帧的素材，然后展开“效果控件”面板的运动属性。

（2）将时间线指针移到需要添加关键帧的位置，在“效果控件”面板中设置相应选项的参数（如“位置”选项），单击“位置”选项左侧的“切换动画”按钮，会自动在当前位置添加一个关键帧，将设置的参数值记录在关键帧中。

（3）将时间指针移到需要添加关键帧的位置，修改选项的参数值，修改的参数会被自动记录到第二个关键帧中，或者单击“添加/移动关键帧”按钮来添加关键帧。

2. 关键帧导航

关键帧导航功能可方便关键帧的管理，单击导航三角形箭头按钮，可以把时间指针移动到前一个或后一个关键帧位置，单击左侧的三角形可以展开各项运动属性的曲线图表，包括数值图表和速率图表，如图 5-10 所示。

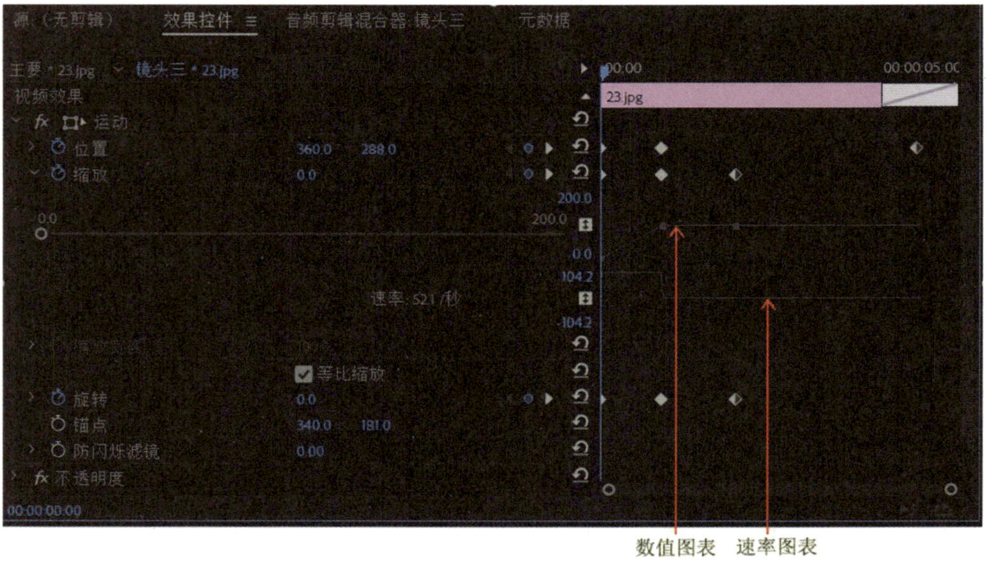

图 5-10　关键帧导航

3. 选择、复制、粘贴和移动关键帧

选择、复制、粘贴和移动关键帧是 Premiere 中动画编辑不可或缺的基本操作。通过对关键帧的选择、复制、粘贴和移动，视频编辑者能够精确地控制动画的流程、速度和效果，从而创造出丰富多样的动态视觉效果。

(1) 在“效果控件”面板上选择单个关键帧时，只需要用鼠标单击某个关键帧即可。

(2) 选择多个关键帧时，按住 Shift 键逐个点击要选择的关键帧。

(3) 使用鼠标左键框选也可以选择多个关键帧。

(4) 关键帧保存了参数在不同时间段数值的变化量，可以被复制、粘贴到本素材的不同时间点，也可以粘贴到其他素材的不同时间点。将关键帧粘贴到其他素材时，粘贴的第 1 关键帧的位置由时间指针所处的位置决定，其他关键帧依次顺序排列。如果关键帧的时间比目标素材要长，则超出范围的关键帧也被粘贴，但不显示出来。

(5) 在“效果控件”面板中，选择需要复制的关键帧，执行菜单“编辑→复制”命令，或者单击鼠标右键，在弹出的快捷菜单中选择“复制”命令，然后将时间线移动到需要复制关键帧的位置，执行菜单“编辑→粘贴”命令，或者单击鼠标右键，在弹出的快捷菜单中选择“粘贴”命令。

(6) 选择一个或按住 Shift 选择多个关键帧，拖拽到新的时间位置即可，且各关键帧之间的距离保持不变。

4. 删除关键帧

关键帧定义了动画中的特定变化点，但有时候，我们可能添加了过多的关键帧，或者某些关键帧的设置不符合最终的动画效果需求。这时，通过删除不需要或错误设置的关键帧，我们可以使动画更加流畅，减少不必要的复杂性，并确保动画效果符合预期的视觉效果。在 Premiere 中的具体操作步骤如下：

(1) 选中需要删除的关键帧，执行菜单“编辑→清除”命令可删除关键帧。

(2) 选中需要删除的关键帧，按 Delete 键或 Backspace 键可删除关键帧。

(3) 将时间指针移到需要删除的关键帧处，单击“添加/删除关键帧”按钮，可以删除关键帧。

(4) 要删除某选项（如“位置”选项）对应的所有关键帧，可单击该选项左侧的“切换动画”按钮，此时会弹出如图所示的“警告”对话框，单击“确定”后可删除该选项对应的所有关键帧。

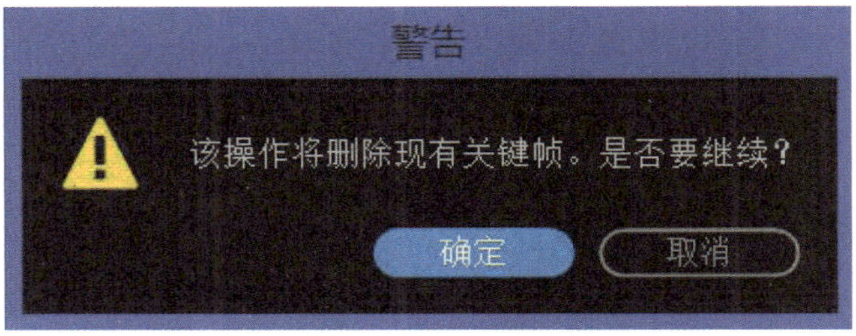

图 5-11　“警告”对话框

5. 关键帧的属性

在 Premiere 中，通过设置关键帧，我们可以控制视频素材的各种属性随时间发生的变化，从而创造出丰富多彩的动画效果。关键帧的属性包括位置、缩放、旋转和不透明度等，每个属性都有其独特的调整方式和作用。接下来，我们将深入探讨如何针对这些属性设置关键帧。

(1) 位置

由水平和垂直参数来定位素材在“节目”面板中的位置。将素材添加到轨道中，选择“效果控件”面板中的“运动”选项，此时“节目”面板中的素材变为有控制框的状态，如图 5-12 所示。此时拖动该素材或者直接修改“效果控件”面板中的“位置”参数，都可以改变素材的位置。

图 5-12 有控制外框的状态

如果需要素材沿路径运动，需要在运动路径上添加关键帧，并调整每一个关键帧对应的位置。图 5-13 为添加了三个位置关键帧后所定义的素材运动路径。

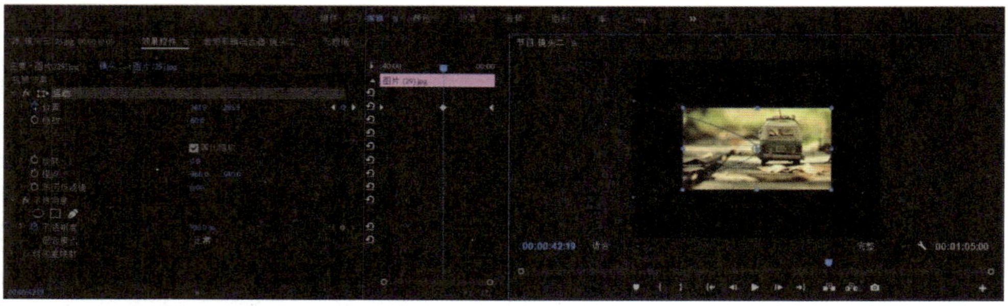

图 5-13 素材运动路径

（2）缩放

“缩放”控制素材的尺寸大小。选择“效果控件”面板中的“运动”选项后，“节目”面板中的素材变为有控制外框的状态，拖动边框上的尺寸控点，可以调整素材的比例，如图 5-14 所示。也可以通过修改“效果控件”面板中的“缩放”参数，来调整素材的比例大小。如果不勾选“等比缩放”选项，则可以分别设置素材的缩放高度和缩放宽度比例。

图 5-14　缩放调整

（3）旋转

“旋转”控制素材在“节目”面板中的角度。选择“效果控件”面板中的“运动”选项后，“节目”面板中的素材变为有控制外框的状态，将鼠标指针移动到素材四个角尺寸控点的左右，拖动鼠标旋转素材，如图 5-15 所示。

在“效果控件”面板中，设置“旋转”的参数值，也可以对素材进行任意角度的旋转。

“锚点”选项控制素材旋转时的轴心点。

“抗闪烁滤镜”选项控制素材在运动时的平滑度，提高此值可降低影片运动时的抖动。

图 5-15　旋转调整

(4) 不透明度

“不透明度”动画效果常用于代替视频转场，用于控制影片在屏幕上的可见度，可以通过设置百分比值来控制透明的程度。在“效果控件”面板中，展开“不透明度”选项，设置其参数值，便可以修改素材的不透明程度。当素材的“不透明度”为100%时，素材完全不透明；当素材的“不透明度”为0%时，素材完全透明，此时可以显示出其下层的图像。在“时间线”面板中设置透明度动画，选中需要设置不透明度动画的素材，移动时间指针到需要设置的位置，在所选素材的轨道控制区域单击“添加—移除关键帧”按钮，即可添加关键帧。

实操演练

素材清单：“动物保护团”素材1套、参考样片1个。

实操要求：参考样片，完成视频中关键帧动画的设置。

关键操作步骤如表5-4所示：

表5-4　操作步骤

序号	操作步骤	参考画面
1	添加开始关键帧： 将字幕素材拖至时间轴中并选中，然后在效果控件面板“缩放”和“旋转”属性中添加关键帧，根据样片的效果，适当调整素材的大小和旋转角度即可	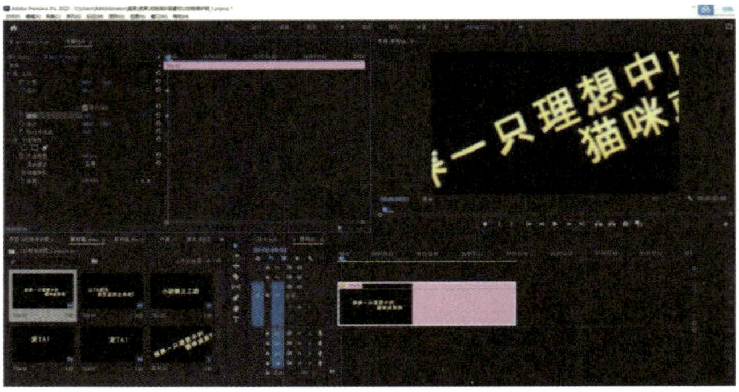
2	添加第二个关键帧： 将时间指针移动到合适的时间点，直接在效果控件面板中调整素材的“缩放”和“旋转”属性，即可自动生成第二个关键帧	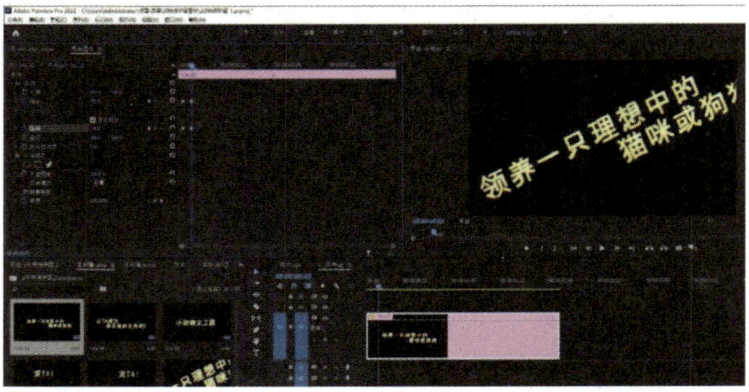

续表

序号	操作步骤	参考画面
3	运用相同的方法，完成对第三、四、五个关键帧的添加	
4	复制＋粘贴关键帧：选中所有的关键帧，运用快捷键“Ctrl＋C”进行复制，将时间指针移动到合适位置，运用快捷键“Ctrl＋V”进行粘贴，即可实现之前的关键帧动画效果的再次使用	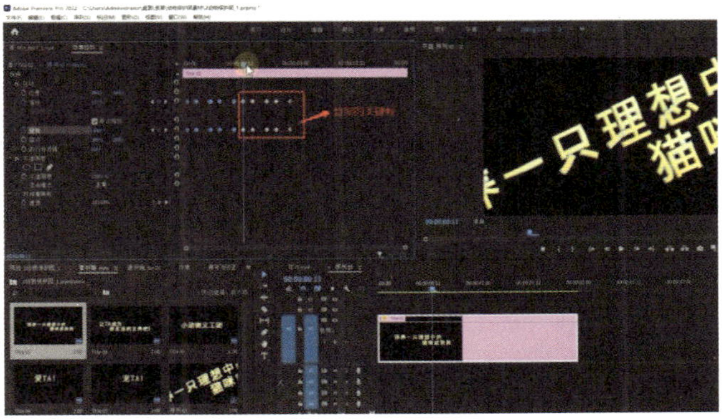

扫描右侧二维码，可观看完整实操录屏。

动画包装
实操录屏

任务评价

表 5-5　任务评价

评分项目			评分细则	配分	自我评价（20%）	小组互评（30%）	教师评价（50%）
素养评价（30分）	课堂纪律（10分）	不迟到，不早退	违反一次不得分	5			
		积极思考，回答问题	根据上课情况统计得分	5			
	职业道德（20分）	审美能力的培养	根据课堂选择镜头表现	20			

续表

评分项目		评分细则	配分	自我评价（20%）	小组互评（30%）	教师评价（50%）
知识评价（30 分）	了解关键帧的属性及关键帧的添加、使用方法	根据理论测试情况	30			
职业能力评价（40 分）	能够根据需求添加关键帧，并对其进行设置	根据任务训练情况	40			
总分						
最终得分						

知识拓展

扫描右侧二维码，阅读“动画包装知识文档”，拓展知识储备。

动画包装
知识文档

任务 3 花字制作

学习目标

1. 知识目标

了解 Premiere 中常用的直接花字法、图片花字法和表情花字法几种方法。

2. 技能目标

能够利用字幕样式给视频添加花字。

3. 素养目标

培养学生审美能力、视频制作能力。

知识引导

请扫描右侧二维码，观看“花字制作知识讲解”视频，思考并回答下列问题。

花字制作
知识讲解

（1）常用的花字类型有________、________和________。

（2）在 Premiere 中使用文本工具进行花字制作时，可以在________面板中对其属性进行调节。

（3）请判断下列描述的对错。

①基本的花字构成包含字体、颜色、描边和阴影等属性。（　　）

②在 Premiere 操作中，可通过快捷键“Ctrl＋T”激活文本工具。（　　）

③使用文本工具和旧版标题进行花字制作时，均会在项目面板中出现字幕文件。（　　）

（4）你知道哪些制作花字动画的方法呢？

____

____

知识储备

花字是当下剪辑师们广泛使用的创作手段之一。通过巧妙地运用花字，我们不仅能够为视频增添丰富的视觉元素，还能有效地传递信息，引导观众的注意力，并加深观众对视频内容的印象。花字的设计灵活多样，可以根据视频的主题和风格进行个性化定制，从而增强视频的感染力和吸引力。在 Premiere 等视频编辑软件中，剪辑师们常采用直接花字法、图片花字法和表情贴图法等多种方法来制作花字。

1. 直接花字法

花字的设计一般可以通过调整字体、颜色、描边、阴影等基本属性来控制。

（1）文本工具

运用文本工具进行花字制作的方法如下：

①选中工具栏中的“文本工具”，在监视窗口中双击鼠标左键，可出现文本框，填充文字即可。

②将鼠标定位在时间线中，按快捷键“Ctrl＋T”，监视窗口会直接呈现文本框。

以上两种方法，时间线上均会出现字幕图层。

使用文本工具时，可在效果控件面板的文本属性中对花字进行调节，包括文本的字体、颜色、描边、阴影等属性。

图 5-16　文本工具的使用

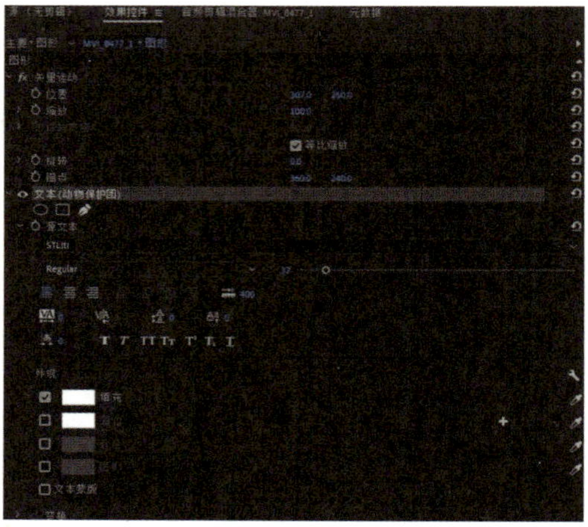

图 5-17　效果控件面板

（2）旧版标题

在之前的课程中，我们已经讲解过旧版标题的使用，这里就不再详细说明。其中需要注意的内容如下：

在旧版标题界面中，可以更改花字的各种基本属性，包括精选字体、调配颜色、细致描边以及巧妙设置阴影等，以便获得最佳视觉效果。

若文字出现乱码，修改字体即可，也可以直接使用 Premiere 自带的花字样式。

制作完成后，项目面板中会出现一个字幕文件，将其拖动到时间线相应位置即可。

若需对花字进行修改，双击项目面板中的字幕文件或者双击时间线中的字幕，均可弹出字幕制作窗口，进行花字的修改。

2. 图片花字法和表情贴图法

图片花字和表情贴图的使用，核心在于外部素材的导入以及属性的设置，这一系列操作主要在效果控制面板中实现。以下展示的是几种常用的图片花字与表情贴图类型。

图 5-18　图片花字

图 5-19　表情贴图

图 5-20　效果插件

在设计花字动画时，可以采用之前讲解过的关键帧设定、Premiere 自带的视频效果与过渡效果进行动画制作，当然也可以运用效果插件获得丰富的动画效果。

实操演练

素材清单：已完成前两个任务制作的工程文件 1 套、参考样片 1 个。

实操要求：参考样片的效果，完成视频花字的制作。

关键操作步骤如表 5-6 所示：

表 5-6　操作步骤

序号	操作步骤	参考画面
1	调整布局： 在功能窗口切换区域，选择“图形”界面布局，此时，画面右侧出现“基本图形”的调整窗口，其中有一些 Premiere 自带的素材	
2	将本地素材导入 Premiere 中： (1) 点击基本图形右侧的更多选项，选择“管理更多文件夹”； (2) 在弹出的窗口中点击“添加”按钮； (3) 在电脑中选择要导入的素材所在的文件夹，选择完成后点击确定即可	 管理更多文件夹 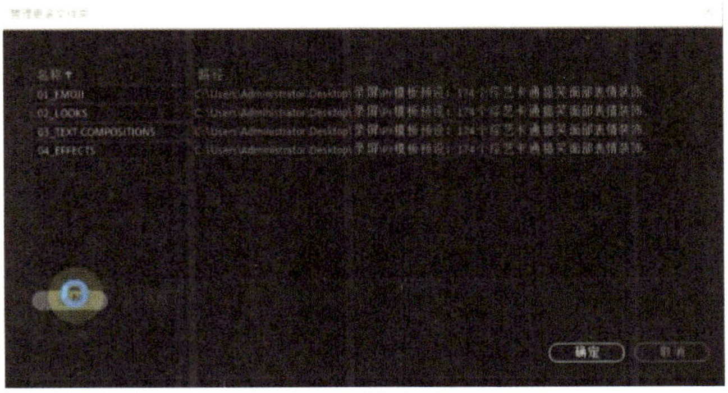 点击“添加”

续表

序号	操作步骤	参考画面
2	将本地素材导入 Premiere 中： (1) 点击基本图形右侧的更多选项，选择“管理更多文件夹”； (2) 在弹出的窗口中点击“添加”按钮； (3) 在电脑中选择要导入的素材所在的文件夹，选择完成后点击确定即可	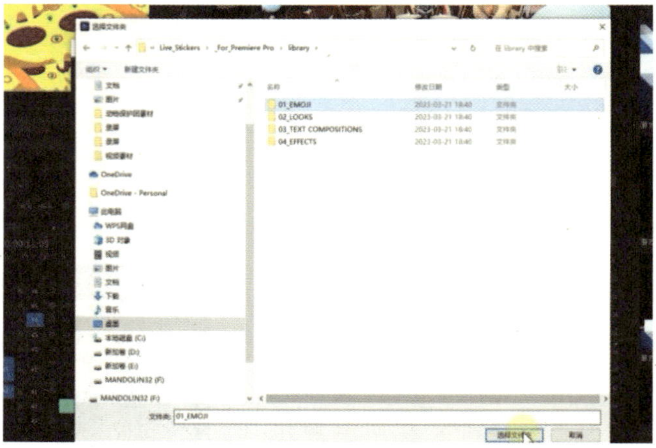 选择文件夹导入
3	素材添加完成后，选中“本地”中的对应文件夹即可显示添加的素材	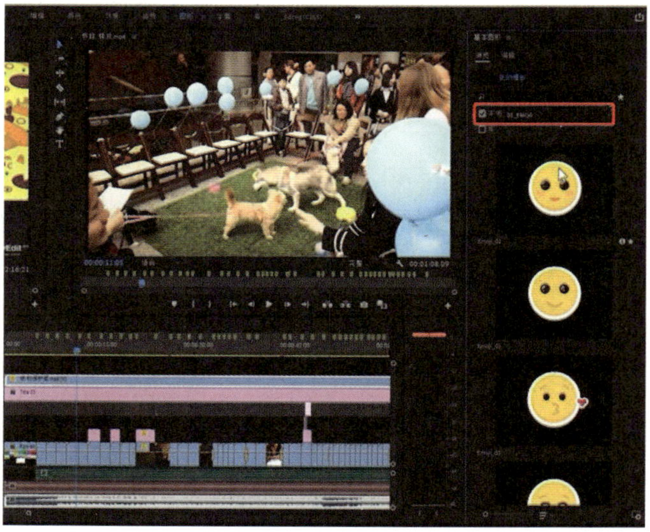
4	直接将需要使用的素材拖至对应时间轴位置即可，位置确定后，运用之前的关键帧动画及效果控件属性调整的操作知识，将其调整成适合的动画效果	

扫描右侧二维码，可观看完整实操录屏。

花字制作
实操录屏

任务评价

表 5-7　任务评价

评分项目			评分细则	配分	自我评价（20%）	小组互评（30%）	教师评价（50%）
素养评价（30 分）	课堂纪律（10 分）	不迟到，不早退	违反一次不得分	5			
		积极思考，回答问题	根据上课情况统计得分	5			
	职业道德（20 分）	审美能力的培养	根据课堂内容选择镜头表现	20			
知识评价（30 分）	了解 Premiere 中常用的直接花字法、图片花字法和表情贴图法几种方法		根据理论测试情况	30			
职业能力评价（40 分）	能够给视频添加花字		根据任务训练情况	40			
总分							
最终得分							

知识拓展

扫描右侧二维码，阅读“花字制作知识文档”，拓展知识储备。

花字制作
知识文档

项目验收单

表 5-8 项目验收单

<table>
<tr><th colspan="2">常出现问题</th><th>是否涉及</th><th>问题等级</th><th>扣分分值</th></tr>
<tr><td>输出参数</td><td>确保每个参数准确</td><td></td><td rowspan="14">A</td><td rowspan="14"></td></tr>
<tr><td>调色/位置/卡通人物</td><td>视频中的规定数值在不同位置要保持统一：
(同一个人设/卡通人物、同一个项目调色保持一致；位置保持一致；大小保持一致)
*若不是同一个人物（因人物身高不同，拍摄环境可能也不同），重新统一数值
*位置需注意：不可太靠边/不可挡着内容（如因 PPT 排版原因导致的，重新调整排版）</td><td></td></tr>
<tr><td>片头/片尾</td><td>不可放错课程的片头、片尾</td><td></td></tr>
<tr><td>出镜/非出镜</td><td>呈现根据客户要求</td><td></td></tr>
<tr><td>姓名条</td><td>姓名条的位置大小要统一/样式要统一</td><td></td></tr>
<tr><td>标题页</td><td>同一个项目的标题页，停留的时间必须统一</td><td></td></tr>
<tr><td>视频
背景音乐</td><td>背景音的降调一定要统一，一般“－10～20”（不可超过老师的声音）</td><td></td></tr>
<tr><td>动态背景</td><td>运动的速度要统一（不可快慢不一）</td><td></td></tr>
<tr><td rowspan="2">调色基本</td><td>肤色不可过白/过黄/偏绿/偏蓝/偏红</td><td></td></tr>
<tr><td>画面整体不可过亮/过暗</td><td></td></tr>
<tr><td>嘴型</td><td>卡通形象，嘴型要和人物语音保持一致</td><td></td></tr>
<tr><td>不雅动作</td><td>不可出现吐舌、吧唧嘴、眨眼</td><td></td></tr>
<tr><td>卡屏</td><td>视频中不可出现黑屏、绿屏、闪现、错误视频</td><td></td></tr>
<tr><td rowspan="2">录制</td><td>不要出现多余的内容或画面（如录制时多出的 360 旋转图标/鼠标箭头/录屏区域框）</td><td></td></tr>
<tr><td>比例不可大小不一/位置不同</td><td></td><td>B</td><td></td></tr>
<tr><td rowspan="2">语音</td><td>片头、片尾背景音里的 Logo 要去掉</td><td></td><td rowspan="3">A</td><td rowspan="3"></td></tr>
<tr><td>视频声音整体偏小，会影响消费者使用，需调整（调整时要适中，不可声音过大或过小）</td><td></td></tr>
<tr><td rowspan="3">剪辑</td><td>不可出现音画、字幕不同步</td><td></td></tr>
<tr><td>转场效果不美观、不协调（如加了过场，导致画面播放时出现人物严重重叠）</td><td></td><td rowspan="2">B</td><td rowspan="2"></td></tr>
<tr><td>呈现的内容或者图片不可闪现一下就消失（如人物讲到看一下……或多图出现时……此处要多停留几秒）</td><td></td></tr>
</table>

续表

常出现问题		是否涉及	问题等级	扣分分值
剪辑	视频中不能出现无关画面（如拍摄前后的准备工作、讲电话、与摄影师交流等）		A	
	人物出镜时，如有指向性的动作，画面不可空白，要出现人物讲的对应内容			
	视频不能模糊不清			
	画面与画面的衔接处不要切换太快，间隔过短（在语音处理时就要注意）			
	人物出镜与不出镜切换时，内容和人物要一起消失			
	视频剪辑不能有掉帧情况（如视频画面静止不动亦无声音）		B	
	人物讲题重复或说话重复，都应把不需要的一遍剪掉			
后插入的视频或动画	根据脚本保证插入视频或动画的正确性（比较有针对性，如有不理解的请及时进行沟通并解决）		A	
实操	需重点凸显内容时可套用 AE 模板，排版呈现要美观，样式统一（如目录、大标题、小标题）		A	
	过程中使用的器皿需呈现对应视频/图片和名称		A	
	重复操作需简化（注意不要把具体过程简化掉了）		A	
排版	视频中插入的模板或者前期遗留的情况		B	
图片				
总体合格情况及分值				
注意：以上验收标准为通用标准，若视频制作项目中未涉及，请在“是否涉及”一栏中标注清楚				

项目6

【创意混剪剪辑】景点导览剪辑

项目情景描述

中华艺术宫的公共教育包罗万象，从艺术讲座到生活美学，滋润心灵，传播文化正能量。

从“中国馆”到“中华艺术宫”，建筑外部没有变，依旧是一座展现民族文化的精神丰碑，而其内部呈现的是近现代和当代美术的视觉艺术。她是一个有温度的美术馆，是感受美、认知美的所在。

本项目以此为背景，掌握创意混剪的制作技巧，让普通人也能熟练运用节奏对视频镜头进行转场组接和切分，制作创意混剪视频，展现中华艺术宫的美。

任务分配表

表6-1 任务分配

任务序号	任务名称
1	过渡转场
2	无缝剪辑
3	视频修复

思政园地

用建筑传承精神
——中华艺术宫的内涵与寓意

“东方之冠，鼎盛中华”，这是中华艺术宫的寓意，也是我们中国人民的美好愿景。在本项目的学习中，我们引用了“中华艺术宫”的剪辑案例，现在，我将带领大家走进中华艺术宫。中华艺术宫是位于上海市浦东新区的一座艺术博物馆，坐落于2010年上海世博会中国馆，由于外形酷似一顶古帽，而被命名为“东方之冠”，于2010年2月8日建成，在2010年上海世博会结束后被永久保留。

用建筑传承精神
思政视频

中华艺术宫主体造型雄浑有力。平台基座汇聚人流，寓意社泽神州，富庶四方。整体布局，隐喻天地交泰、万物咸亨。

中华艺术宫有四根粗大的方柱，托起斗状的主体建筑。斗拱是层层叠加的，秩序井然，越抱越紧，看似零碎的部件，却有难以估量的承载力，可以托起千钧重量。最大优点是结构机理“堂皇端庄、宏伟壮观”。斗冠由横梁借助斗拱下小上大的原理叠加而成，象征了中国人民“只要团结，没有什么做不到”的思想主旨。

中华艺术宫的标志以上海世博会中国国家馆的馆标为主要元素和设计理念，包含了繁体的“华”字，同时勾勒出“东方之冠”的形象外观。“东方之冠”融合了多种中国元素，并用现代手法加以整合、提炼和构成，造型还借鉴了夏商周时期鼎器文化的概念。鼎有四足，四足起支撑作用，作为国家盛典中的标志性建筑，光有斗拱的造型还不够，还要传达出力量感和权威感，这就需要用四组巨柱，像巨型的四足鼎将中国馆架空托起，呈现出挺拔奔放的气势，同时又使这个庞大建筑摆脱了压抑感。这四根巨柱将上部展厅托起，形成21米净高的巨构空间，给人一种振奋的视觉感受，而挑出前倾的斗拱又能传达出一种雄浑的力量。

中华艺术宫成熟的博物馆体系和多元的文化格局，进一步丰富了上海的文化形象。这片广袤富饶的土地上，文化犹如一条蜿蜒的河流，承载着无数动人的故事与传奇。从古至今，中华文明源远流长，岁月的积淀让每一个瞬间都闪烁着智慧的光芒，照亮了我们前行的道路。建筑师是事件的记录者，更是故事的讲述者，他们通过每一块砖瓦、每一道线条，向世人讲述着文化的故事。建筑不仅仅是遮风避雨之所，也承载着感情、记忆与文化，濡养着每个国人内心深处的精神家园。

项目思维导图

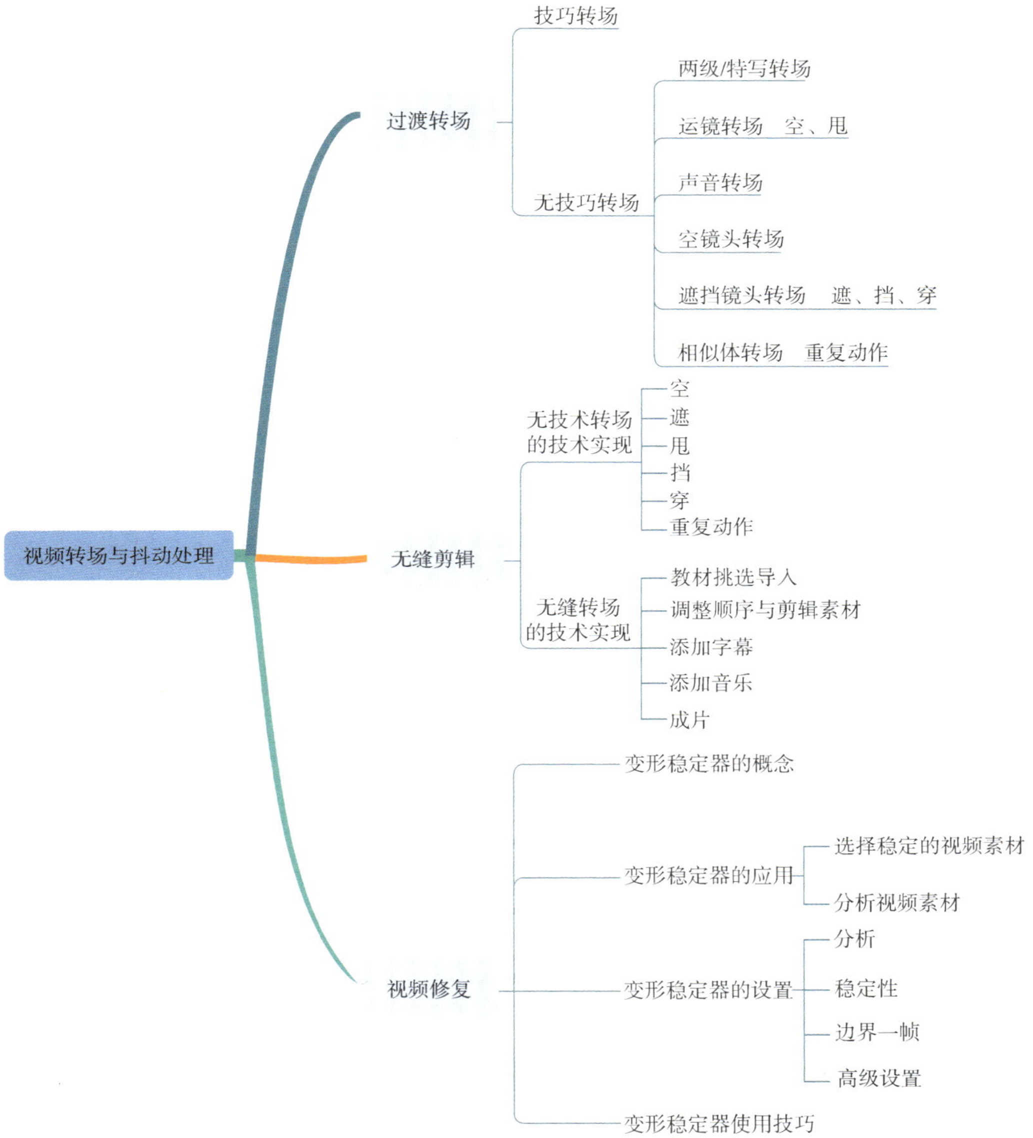
视频转场与抖动处理
过渡转场
技巧转场
无技巧转场
两级/特写转场
运镜转场 空、甩
声音转场
空镜头转场
遮挡镜头转场 遮、挡、穿
相似体转场 重复动作
无缝剪辑
无技术转场的技术实现
空
遮
甩
挡
穿
重复动作
无缝转场的技术实现
教材挑选导入
调整顺序与剪辑素材
添加字幕
添加音乐
成片
视频修复
变形稳定器的概念
变形稳定器的应用
选择稳定的视频素材
分析视频素材
变形稳定器的设置
分析
稳定性
边界一帧
高级设置
变形稳定器使用技巧

任务1 过渡转场

学习目标

1. 知识目标

（1）了解过渡转场的定义和作用。

（2）熟悉 Premiere 中常用的过渡转场，掌握它们的使用方法。

（3）理解过渡转场的基本原理和不同转场类型之间的区别。

2. 技能目标

（1）能够熟练使用 Premiere 中的过渡转场。

（2）能够根据视频内容和风格选择合适的过渡转场。

（3）能够熟练使用无技巧转场中的常用转场方式。

3. 素养目标

（1）培养审美意识和创意思维，能够根据视频内容和目的选择合适的过渡转场。

（2）培养观察力和分析能力，能够准确判断过渡转场效果对视频表达的影响。

知识引导

请扫描右侧二维码，观看“过渡转场知识讲解”视频，思考并回答下列问题。

过渡转场知识讲解

（1）转场分为________和________。

（2）请观察下列场景（电影《妖猫传》的镜头），分析其中空镜头转场的效果。

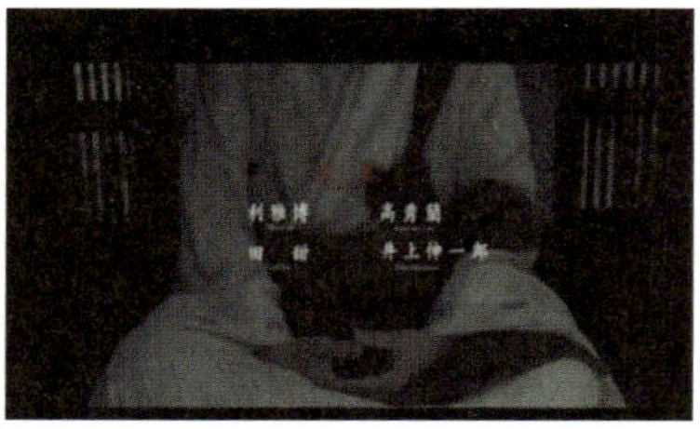

____

____

____

____

（3）选择题。

①下列不属于视频过渡效果的是（　　）【单选】

A. 滑动　　B. 缩放　　C. 百叶窗　　D. 溶解

②以下哪些切换效果是位于“视频切换效果”下“滑动”组内的转场（　　）【多选】

A. 中心拆分　B. 带状滑动　C. 拆分　　D. 推　　E. 滑动

③以下哪些属于常见的技巧转场（　　）【多选】

A. 淡入淡出　B. 叠化　　C. 圈入圈出　D. 划像　　E. 翻转画面

F. 闪黑闪白　G. 分割画面

知识储备

镜头转场指的是段落与段落、场景与场景之间的过渡或转换，这种转换不仅使得视频内容能够流畅地展现，同时也为观众提供了视觉上的连贯性和变化的节奏感。转场分为有技巧转场和无技巧转场两种。有技巧转场通常利用视频编辑软件的技术手段，在两个场景间进行特效处理，如淡入淡出、叠化等，以实现场景的平滑过渡。而无技巧转场则更注重镜头之间的自然过渡，常通过相似主体、空镜头等方式进行转场，不依赖额外的技术效果，更注重内容的连贯性。这两种转场方式在视频编辑中各有千秋，都能为观众带来丰富而流畅的观影体验。

1. 技巧转场

技巧转场巧妙地运用电子特技切换台或后期软件中的特效技巧，对相邻的两个画面进行剪辑处理。这种手法不仅实现了场景间的流畅转换，还为观众带来了丰富多样的视觉体验，极大地增强了视频的艺术感染力。通过技巧转场，编辑者能够以一种艺术化的方式推进故事进行，同时避免镜头间的生硬跳动。

在技巧转场中，淡入淡出、叠化、圈入圈出、划像、翻转画面、闪黑闪白以及分割画面等是常见的特效技巧。每一种技巧都拥有独特的视觉效果，能够根据视频内容和编辑者的意图，创造出不同的转场效果。例如，淡入淡出常用于表示时间或空间的间隔，叠化则常用于场景的自然过渡，而划像则更适用于内容意义差别较大的段落转换。这些技巧的运用不仅要求编辑者具备熟练的技术操作能力，更需要他们对视频内容和风格有深刻的理解，从而选择出最合适的转场技巧，为观众呈现出更加精彩纷呈的视频作品。

2. 无技巧转场

无技巧转场旨在通过镜头间的自然过渡，实现上下两段内容的顺畅连接。这种转场方式不仅适用于镜头段落之间的转换，也广泛应用于单个镜头之间的切换。其核心在于保持视觉的连续性，使观众在观看过程中能够感受到流畅而自然的叙事节奏。

在运用无技巧转场方法时，我们需要精心寻找合理的转换因素和适当的造型因素，以确保转场的自然与合理。这些转换因素可能包括相似的主体、动作、声音或环境等，而造型因素则涉及镜头的景别、角度、运动方式等。通过巧妙地运用这些因素，无技巧转场能够使叙事更加自然真实，节奏明快且富有节奏感，同时增强作品的整体感。

接下来，我们将详细探讨六种常用的无技巧转场方法。

（1）两级镜头、特写转场

两级镜头：前一个镜头的景别与后一个镜头的景别恰恰是两个极端，运用镜头景别的极端对比来实现转场。具体而言，前一个镜头可能聚焦于某一细节的特写，而后一个镜头则骤然拉开至全景或远景，展现广阔的空间；反之，亦可能从展现宏大场景的全景或远景，突然切换至对某一元素的特写。利用前后镜头在景别、动静变化等方面的巨大反差和对比，营造出显著的段落分隔效果，尤其适用于大段落间的平滑过渡与转换。

图 6-1　远景

图 6-2　特写

特写转场：无论前一组镜头的最后一个镜头是什么，后一组镜头都是从特写开始。特写转场通过对物体或人物局部的极度放大与强调，揭示出那些在日常观察中容易被忽视的细节，展现独特的视觉冲击力。由于其独特的视觉聚焦能力，特写镜头常被誉为“万能镜头”或“视觉的重音”，在转场时能够有效吸引观众的注意力，引导情节自然过渡。

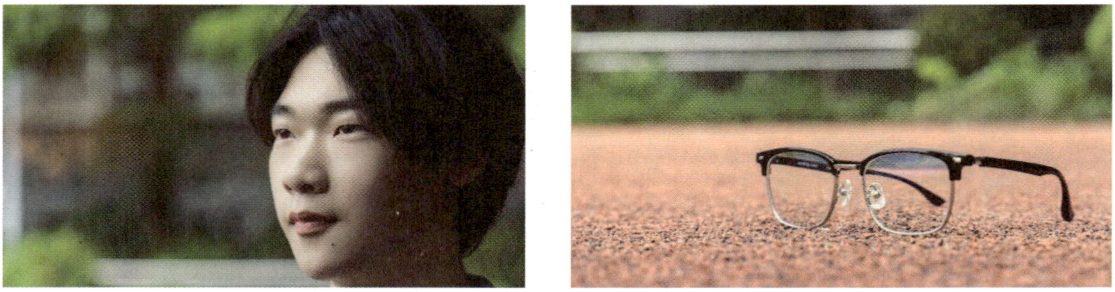

图 6-3　特写转场

（2）运镜转场

运镜转场主要依赖于摄影机与拍摄主体之间的动态关系变化，它可以是摄影机固定不动，而拍摄主体在画面中移动；也可以是摄影机自身在运动，而拍摄主体保持静止；抑或是两者同时处于运动状态。运镜转场的魅力在于其能够创造出连贯且真实的空间转换效果，使得场景之间的过渡自然流畅。通过这种方式，观众能够跟随镜头的移动，连续不断地探索一个又一个场景，享受视觉上的连续性和叙事上的顺畅感。

图 6-4　运镜转场

（3）声音转场

声音转场指的是用音乐、音响、解说词、对白等声音元素与画面配合实现转场。通过声音的延续、突变或巧妙交织，声音转场不仅能够在听觉上引导观众，还能够与视觉元素相辅相成，增强叙事的连贯性和情感的传递。这种方法使得转场过程更加自然，为观众营造出一种无缝衔接的观影体验。

（4）空镜头转场

空镜头是指一些以刻画人物情绪、心态为目的，只有景物、没有人物的镜头，常被用于刻画人物情绪、心态或营造特定氛围。在转场应用中，空镜头转场以其独特的间隔效果，为前后场景之间提供了一个视觉与情感上的缓冲区。它不仅能够有效地渲染气氛、刻画角色心理，还通过其明显的间离感，引导观众进行情感与思绪的转换。此外，空镜头转场还承担着叙事功能，能够巧妙地展示时间、地点、季节等背景信息的变化，为故事发展铺设背景，使剧情过渡更加流畅且富有层次感。

图 6-5　空镜头转场

（5）遮挡镜头转场

遮挡镜头转场指的是利用画面中的运动主体在运动过程中遮挡住镜头，从而巧妙地实现场景之间的过渡。当运动主体完全遮挡镜头时，观众无法从当前的镜头中继续获取被摄物体的信息，如性质、形状和质地等物理性能，这为剪辑师提供了一个绝佳的契机，将观众的注意力从一个场景引导至另一个场景。

图 6-6 遮挡镜头转场

（6）相似体转场

相似体转场利用上下镜头中相同或相似的主体形象、物体形状、位置重合，或者在运动方向、速度、色彩等方面的一致性，来实现场景之间的平滑过渡。我们借此可以将不同场景中的相似元素巧妙地联系起来，形成一种视觉上的呼应。这种转场方式能够在视觉上创造一种连续性和流畅感，使观众在观看过程中能够更自然地接受场景的变化，从而提升整体的观影体验。

图 6-7 相似体转场

无技巧转场手法通常是综合使用的，其合理运用的前提都是依据各种技巧的表现特点，结合所表达的内容，准确地掌握蒙太奇语言。这些技巧并没有涵盖所有连接镜头、转换时空、分隔段落的手法，技巧是可以不断创造发展的，而且这些技巧本身并没有优劣高下之分，只要是适合内容、题材、风格样式的方法都是恰当的。

实操演练

素材清单：“中华艺术宫”视频素材 1 套、参考样片 1 个。

实操要求：参考样片，分析视频中运用的无技巧转场方式，同时完成视频的基本剪辑并添加技巧转场。

表 6-2

样片时间段	无技巧转场使用方法

关键操作步骤如表 6-3 所示：

表 6-3　操作步骤

序号	操作步骤	参考画面
1	技巧转场： 在视频过渡的众多效果中选择滑动中的“推”这个效果，将其拖到两个视频的过渡处添加效果	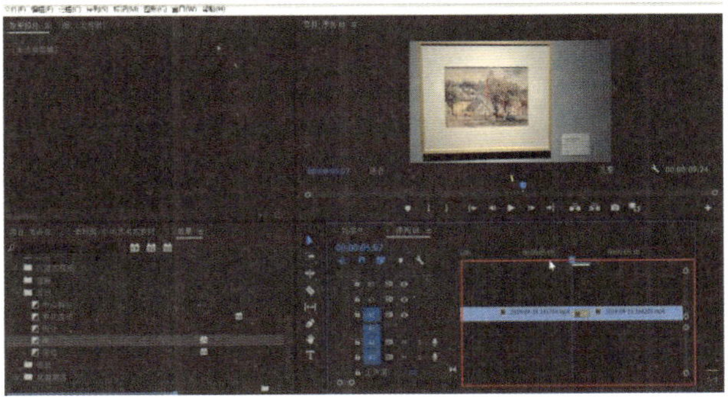
2	技巧转场： 点击左上方的效果控件窗口，点击推拉滑动效果，根据实际需求，适当调节效果的持续时间及方向	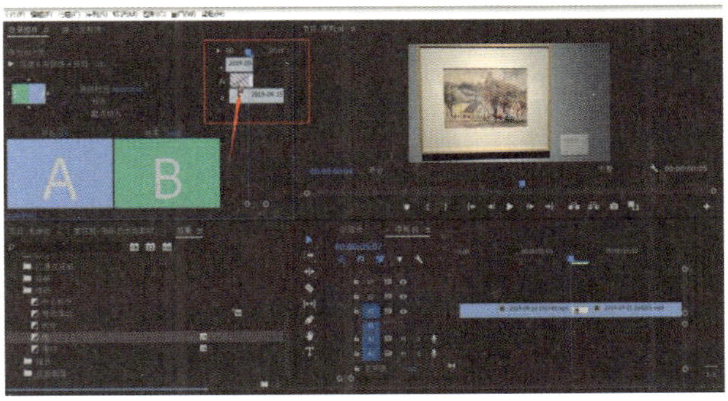 持续时间调节  方向调节

扫描右侧二维码，可观看完整实操录屏。

过渡转场
实操录屏

任务评价

表 6-4 任务评价

评分项目			评分细则	配分	自我评价（20%）	小组互评（30%）	教师评价（50%）
素养评价（25 分）	课堂纪律（5 分）	不迟到，不早退	违反一次不得分	2			
		积极思考，回答问题	根据上课情况统计得分	3			
	职业道德（20 分）	具备审美意识	根据课堂头脑风暴得分	10			
		团结互助的团队精神	根据分组讨论情况得分	10			
知识评价（30 分）	了解转场的含义和区别		根据理论测试情况得分	30			
	了解无技巧转场中几个常用转场的定义与使用方法						
职业能力评价（45 分）	辨别无技巧转场中六种方式的共同点与不同点		根据任务训练情况得分	15			
	熟练使用无技巧转场的运用		根据任务训练情况得分	30			
总分							
最终得分							

知识拓展

扫描右侧二维码，阅读“过渡转场知识文档”，拓展知识储备。

过渡转场
知识文档

任务2 无缝剪辑

学习目标

1. 知识目标

（1）了解无缝剪辑的定义和作用。

（2）掌握无缝剪辑的基本原理和不同类型的无缝剪辑效果的区别。

（3）理解无缝剪辑在影视作品中的应用场景和技巧。

2. 技能目标

（1）能够熟练使用影视剪辑软件中的无缝剪辑转场效果，包括空、遮、甩、挡、穿、重复动作。

（2）能够根据视频内容和风格选择合适的无缝剪辑转场效果，并找到合适的剪辑点。

3. 素养目标

（1）培养审美意识和创意思维，能够根据视频内容和目的选择合适的无缝剪辑效果。

（2）培养团队合作能力和沟通能力，能够与他人合作完成视频制作项目。

知识引导

请扫描右侧二维码，观看“无缝剪辑知识讲解”视频，思考并回答下列问题。

无缝剪辑知识讲解

（1）无技巧转场的镜头选择包含________、________、________、________、________和________。

（2）请判断下列描述的对错。

①空镜头转场指借用天空表现时间和空间的变化，形成自然的转场。（　　）

②拍摄甩镜头转场时，首先甩动出画，转换场景后，镜头朝相反方向甩动入画。（　　）

③重复动作转场指在两个不同场景中拍摄同一动作进行转场。（　　）

（3）选择题。

①下列不属于标题字幕的是（　　）【单选】

A. 片中字幕　　B. 片中注解　　C. 说明　　D. 过渡性字幕

②下列说法正确的是（　　）【多选】

A. 确定视频主题：根据拍摄的素材内容确认 Vlog 的主题并搜索音乐。

B. 确定音乐风格：思考并确定 Vlog 背景音乐的风格，是平静的或欢快的，是摇滚的或抒情的。

C. 音轨波形高低起伏：应选择音轨波形有高低起伏的音乐，烘托视频氛围。

D. 注意音乐版权：使用无版权音乐或版权已购买的音乐，可避免因侵权而被追责的纠纷。

（4）请简述“遮挡”转场的定义及拍摄方法。

____

____

____

____

（5）请简述“穿梭”转场的定义及拍摄方法。

____

____

____

____

知识储备

无技巧转场和无缝转场在视频编辑中都是重要的镜头转换方式。无技巧转场侧重于镜头之间的自然过渡，通过寻找合理的转换因素和适当的造型因素，实现上下两段内容的顺畅连接。

无缝转场则是一种更为高级和精细的转换方式。它通常借助特殊的剪辑技巧和视觉效果，使镜头之间的转换更加流畅、无缝，甚至让观众难以察觉镜头切换的程度。无缝转场常用于连接不同场景、不同风格或不同时间段的镜头，以营造一种连贯、完整的视觉体验。

1. 无技巧转场的技术实现

无技巧转场实现的关键在于镜头的选择，它涉及如何通过不同类型的镜头实现自然、流畅的过渡。无技巧转场的镜头选择可以概括为空、遮、甩、挡、穿、重复动作六种类型。

（1）空

该转场指借用天空表现时间和空间的变化，形成自然的转场。其拍摄方法可分为以下两个步骤：

①一边拍摄，一边让镜头快速转向天空。

②更换拍摄场景后，让镜头从天空快速摇至低处。

（2）遮

该转场指利用物体的遮挡切换画面。其拍摄方法可分为以下两个步骤：

①使物体快速靠近镜头直至全黑。

②换场景后，将遮住镜头的物体快速拿开。

(3) 甩

该转场指利用镜头甩动时造成的画面模糊效果转场。其拍摄方法可分为以下两个步骤：

①镜头朝一个方向快速甩动出画。

②在第二个场景下，镜头朝同一方向甩动入画。

(4) 挡

该转场指利用墙体或其他物品挡住镜头，形成自然的场景切换效果。其拍摄方法可分为以下两个步骤：

①让镜头朝前，然后直线往左或往右移动，直至画面被墙体遮挡。

②在另一个场景下，让镜头往相同方向运动，将两个画面拼接即可。

(5) 穿

该转场指在透视相似的环境下，镜头重复前进或后退，形成空间“穿梭”感。其拍摄方法可分为以下两个步骤：

①镜头朝向主体，然后直线前进或后退。

②在第二个场景下，重复第一段的拍摄路径。

(6) 重复动作

该转场指在两个不同场景中拍摄同一动作进行转场。其拍摄方法可分为以下两个步骤：

①在第一个场景下做一个动作。

②在第二个场景下做相同动作。

2. 无缝转场的技术实现

在数字技术的参与下，许多画格与画格、镜头与镜头间的接缝被取消，从而产生了一种新的转场方式。数字技术能够将影像的不同成分进行分解、单独拍摄，并在后期处理中按照创作者的意图将这些成分精确地复合在一起，形成一个天衣无缝、如同单一镜头拍摄的电影影像。

为实现这种无缝转场的效果，剪辑流程显得尤为关键。一般而言，剪辑工作可以概括为五个主要步骤：素材的挑选与导入、顺序的调整与素材的剪辑、字幕的添加、音乐的融入，以及最终的出片。然而，在无缝剪辑的语境下，这些步骤被赋予了更高的技术要求和更精细的操作流程。下面将在这五个步骤的基础上，详细介绍无缝剪辑的方法。

(1) 素材挑选及导入

在面对中华艺术宫的拍摄素材时，我们选择了以下无技巧转场的镜头，如表 6-5 所示。

表 6-5

空			
遮			
向右甩			
向下甩			
重复动作 1			
重复动作 2			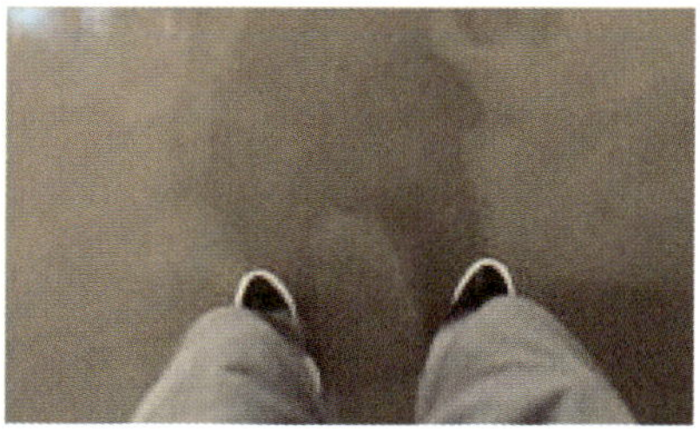

根据之前学习的知识，将挑选好的素材导入 Premiere 中，并按照素材的类型进行分类，新建视频、音频、图片文件夹，分别导入。

（2）调整顺序与剪辑素材

将素材拖拽到时间轴上，利用选择工具调整素材顺序。使用裁剪工具剪去多余的内容。下面将介绍挑选出的四种转场剪辑方法。

空、甩：截取视频中画面最模糊的地方，如图 6-8 所示。

图 6-8

遮：截取画面全黑的部分，如图 6-9 所示。

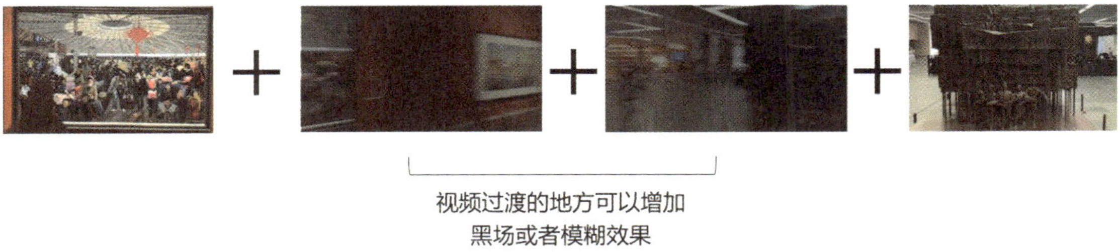

图 6-9

重复动作：截取动作的中间点，如图 6-10、图 6-11 所示。

图 6-10　重复的形状前后位置应该基本一致

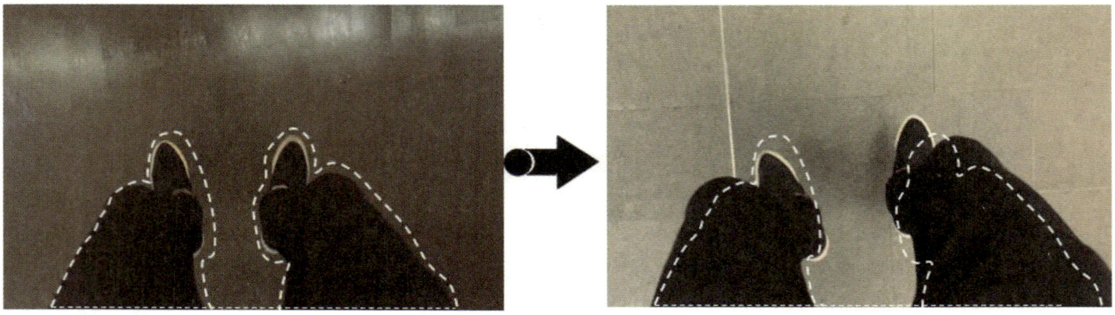

图 6-11　即便有偏差，偏差也不能太大

（3）添加字幕

我们在剪辑过程中，添加字幕是一个不可或缺的环节。通过使用字幕工具，我们可以轻松地为影片添加各种类型的字幕，并在效果控件中灵活调整字幕的属性，如字体、大小、颜色、位置等。字幕在影片中发挥着多重作用，它们不仅能够帮助观众更好地理解对话和情节，还能为影片增添独特的视觉风格和氛围。

字幕一般分为标题字幕和对白字幕两大类。标题字幕主要包括片头字幕、片尾字幕以及片中的注解、说明和过渡性字幕。片头字幕通常用于展示影片的标题、导演、演员等信息，为观众提供初步的影片背景。片尾字幕则用于列出制作团队、感谢词等，为影片画上完美的句号。而片中的注解、说明和过渡性字幕则起到辅助叙事的作用，帮助观众更好地理解剧情和角色关系。

在添加字幕时，选择合适的字体至关重要。不同的字体能够传达出不同的情感和风格，因此我们需要根据影片的主题和氛围来挑选合适的字体。

（4）添加音乐

音乐能够为影片增添情感色彩，营造氛围，使观众更加沉浸于故事中。在添加音乐时，我们需要综合考虑以下几个关键因素，以确保音乐与影片内容相得益彰：

①确定视频主题：根据拍摄的素材内容确定 Vlog 的主题并搜索音乐。通过选择与主题契合的音乐，我们可以更好地引导观众的情感投入，提升影片的观赏价值。

②确定音乐风格：思考并确定 Vlog 背景音乐的风格，是平静的还是欢快的，是激昂的还是抒情的。

③音轨波形高低起伏：应选择音轨波形有高低起伏的音乐，烘托视频氛围，增强画面的节奏感。通过音乐的起伏变化，我们可以更加精准地掌控影片的节奏和情感走向，使观众在观影过程中感受到更加丰富多样的视听体验。

④注意音乐版权：使用无版权音乐或版权已购买的音乐，可避免因侵权而被追责的纠纷。

（5）成片

完成所有剪辑调整后，最终要将项目导出为一个高质量的影片文件，以下是在输出过程中需要注意的关键点：

分辨率与画幅：确保输出的影片分辨率为 1920 像素×1080 像素，这是目前广泛采用的高清标准。这一分辨率能够保证影片在各种播放设备上都能展现出清晰的画质。同时，确认画幅设置正确，避免出现拉伸或压缩变形的情况。

格式选择：可以选择 MP4 格式进行输出，MP4 格式具有良好的兼容性和压缩效率，既能在不同的操作系统和播放器上顺畅播放，又能有效地控制文件大小，便于存储和分享。

编码设置：在导出过程中，可以根据需要调整视频编码设置，如比特率、编码器等，以找到画质和文件大小之间的最佳平衡点。

音频配置：确保音频编码和质量与视频相匹配，提供清晰、平衡的声音体验，检查音频轨道是否正确配置，避免输出后出现音画不同步的问题。

这样，我们就可以将剪辑完成的素材导出一部分辨率为 1920 像素×1080 像素，格式为 MP4 的成片了。

实操演练

素材清单：“中华艺术宫”视频素材 1 套、参考样片 1 个。

实操要求：参考样片，完成视频中无技巧转场的镜头选择及剪辑，还可根据实际需要，尝试拍摄素材中没有涉及的无技巧转场镜头，将其添加到视频的剪辑中，丰富视频的多样性。

关键操作步骤如表 6-6 所示：

表 6-6　操作步骤

序号	操作步骤	参考画面
1	调整素材大小： 选中需调整的素材，单击鼠标右键，在弹出的菜单栏中选择“缩放为帧大小”	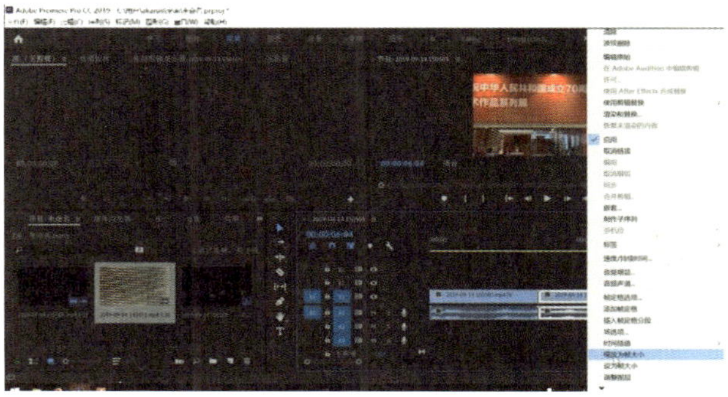

续表

序号	操作步骤	参考画面
2	删除素材自带音频： 选中素材，单击鼠标右键，在弹出的菜单栏中选择“取消链接”，将素材的画面与音频分开，并单独删除音频	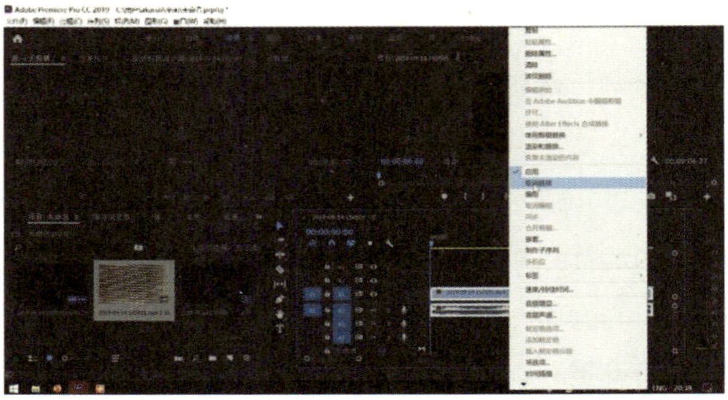
3	“空”转场效果剪辑： （1）删除视频最模糊的部分； （2）根据实际情况，调整视频速度，使视频衔接更加自然	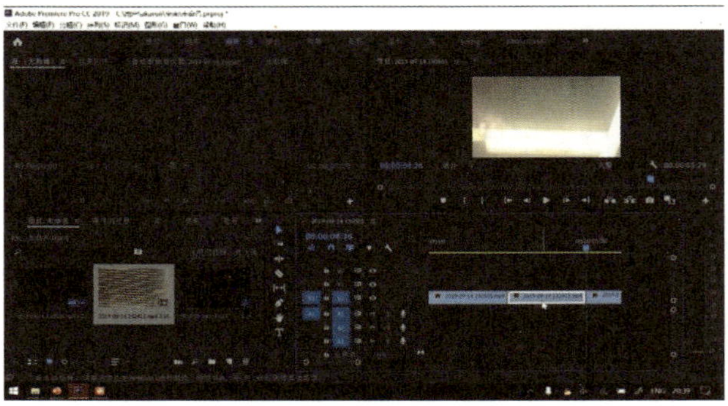 删除模糊部分 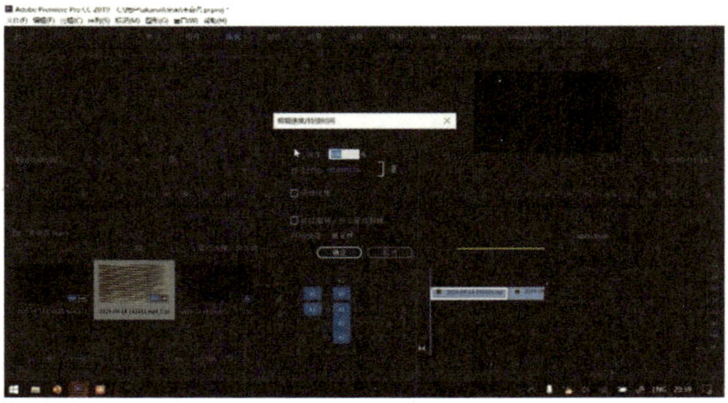 速度调整
4	“重复动作”转场效果剪辑： 选取重复动作的同一运动节点进行截取	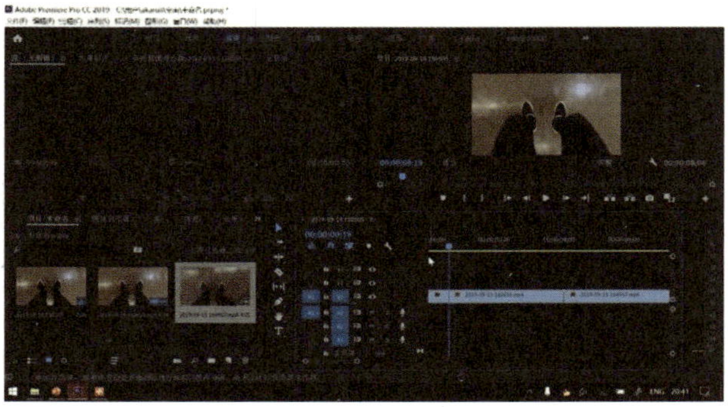

扫描右侧二维码，可观看完整实操录屏。

无缝剪辑
实操录屏

任务评价

表 6-7　任务评价

评分项目			评分细则	配分	自我评价（20%）	小组互评（30%）	教师评价（50%）
素养评价（25 分）	课堂纪律（5 分）	不迟到，不早退	违反一次不得分	2			
		积极思考，回答问题	根据上课情况统计得分	3			
	职业道德（20 分）	具备审美意识	根据课堂头脑风暴得分	10			
		团结互助的团队精神	根据分组讨论情况得分	10			
知识评价（30 分）	了解无缝剪辑的含义和区别		根据理论测试情况得分	30			
	了解常用的无缝剪辑的六种方法						
职业能力评价（40 分）	辨别无缝剪辑中六种方式的共同点与不同点		根据任务训练情况得分	15			
	熟练使用无缝剪辑在实际场景中的运用		根据任务训练情况得分	30			
总分							
最终得分							

知识拓展

扫描右侧二维码，阅读“无缝剪辑知识文档”，拓展知识储备。

无缝剪辑
知识文档

任务 3 视频修复

学习目标

1. 知识目标

(1) 了解变形稳定器的定义和作用。

(2) 理解变形稳定器在视频编辑中的应用场景和技巧。

2. 技能目标

(1) 能够熟练使用 Premiere 中的变形稳定器，并根据视频内容和风格选择合适的参数。

(2) 能够使用关键帧技术控制变形稳定器的持续时间和效果。

3. 素养目标

(1) 培养学生的观察力和分析能力，使学生能够准确判断变形稳定器效果对视频表达的影响。

(2) 培养学生的团队合作能力和沟通能力，使学生能够与他人合作完成视频制作项目。

知识引导

请扫描右侧二维码，观看“视频修复知识讲解”视频，思考并回答下列问题。

视频修复
知识讲解

(1) “边界”功能选项中的“帧”包含________、________、______和________四个选项。

(2) 请判断下列描述的对错。

①结果：控制素材的预期结果包含“平滑运动”或“曲线运动”。(　　)

②如果素材变形或扭曲程度太大，可将“位置、缩放和旋转”切换为“方法”。(　　)

③平滑度越大，镜头运动越平缓，但像素损失也越多。所以平滑度不是越大越好，适中就可以了。(　　)

(3) 请简述平滑度的作用。

____

____

____

____

知识储备

在特定情况下，我们需要手持相机进行拍摄，或者需要拍摄运动镜头等，这样就难免存在拍摄视频时轻微抖动的问题。这种抖动可能会影响观众的观看体验，降低视频质量。变形稳定器能够自动分析视频的抖动，并通过算法对画面进行稳定化处理，从而有效地减少或消除抖动。使用这一功能，可以轻松提升视频的观感，使其更加平滑、专业。

1. 变形稳定器的概念

在 Premiere Pro 中可使用变形稳定器效果修复晃动的视频。它通过分析视频素材并自动调整每一帧的位置、缩放和旋转等参数，从而实现视频的稳定化，消除摄像机移动带来的抖动。

2. 变形稳定器的应用

在运用变形稳定器时，包含以下几个步骤：

(1) 选择稳定的视频素材。打开“效果”面板并选择“视频效果”。向下滚动找到“扭曲”，然后双击“变形稳定器”，也可以单击“变形稳定器”选项并将其拖放到视频素材上，其位置，如图 6-12 所示。

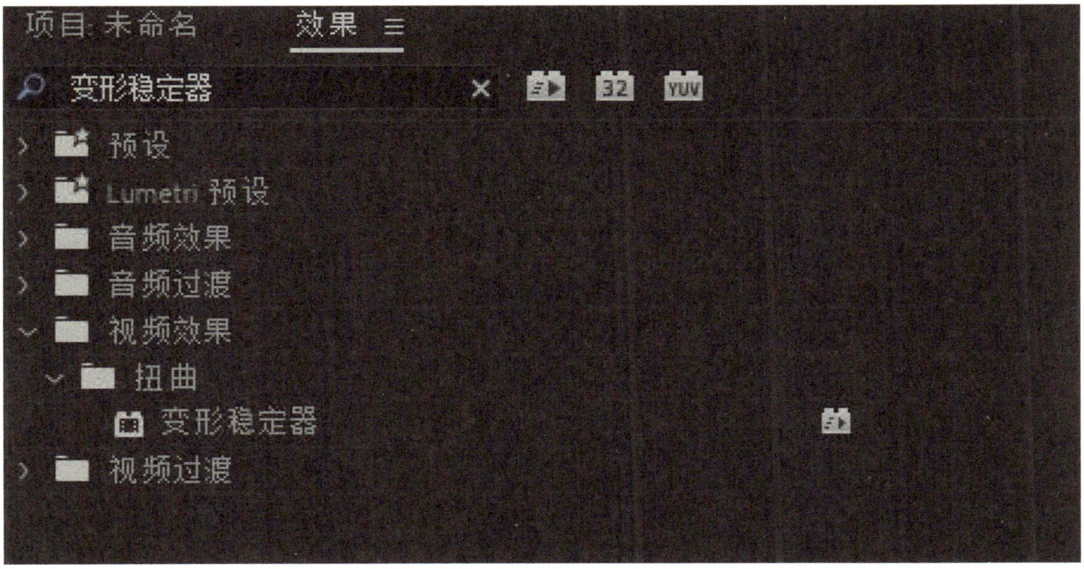

图 6-12 变形稳定器

(2) 分析视频素材。当分析开始时，“项目”面板中会显示第一栏（共两个），指示正在进行分析。当分析完成时，第二栏会显示正在进行稳定处理的消息。在执行这些步骤期间，我们可随意使用项目中的素材。

图 6-13　第一栏：后台分析

图 6-14　第二栏：稳定化

在操作过程中，需要注意：

Premiere Pro 中的变形稳定器效果要求剪辑尺寸与序列设置相匹配。如果剪辑与序列设置不匹配，可以嵌套剪辑，然后对嵌套的素材应用变形稳定器效果。

3. 变形稳定器的设置

如图 6-15 所示，该图为变形稳定器的属性面板，下面将逐个介绍其功能设置。

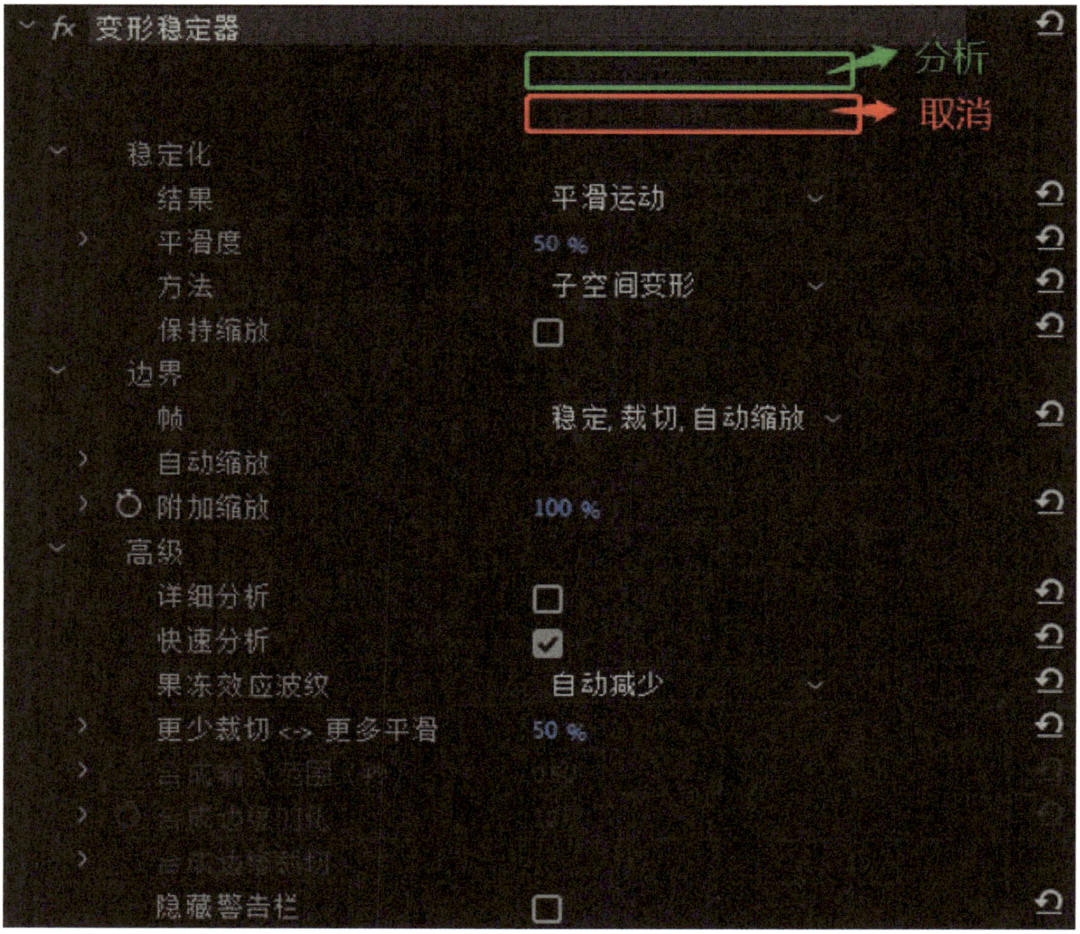

图 6-15　变形稳定器的设置

（1）分析

在首次应用变形稳定器时无须按下“分析”按钮，系统会自动按下该按钮，在发生某些更改之前，“分析”按钮将保持灰色状态。例如，调整图层上的入点或出点，或者对图层源进行上游更改时，需单击该按钮以重新分析素材。

点击“取消”按钮，可取消正在进行的分析。在分析期间，状态信息显示在“取消”按钮旁边。

（2）稳定化

利用“稳定化”设置，可调整素材的稳定过程。

“结果”选项指控制素材的预期结果，分为“平滑运动”和“不运动”两个选项。“平滑运动”为系统默认选项，指保持原始摄像机的移动，但使其更平滑，在选中后，会启用“平滑度”来控制摄像机移动的平滑程度。

“平滑度”的值越低越接近摄像机原来的运动，值越高越平滑。如果值在 100 以上，则需要对图像进行更多裁剪。

注意：平滑度的参数和高级设置中的裁切参数相关联，平滑度越高意味着视频被裁切的范围越大，如图 6-16 所示。

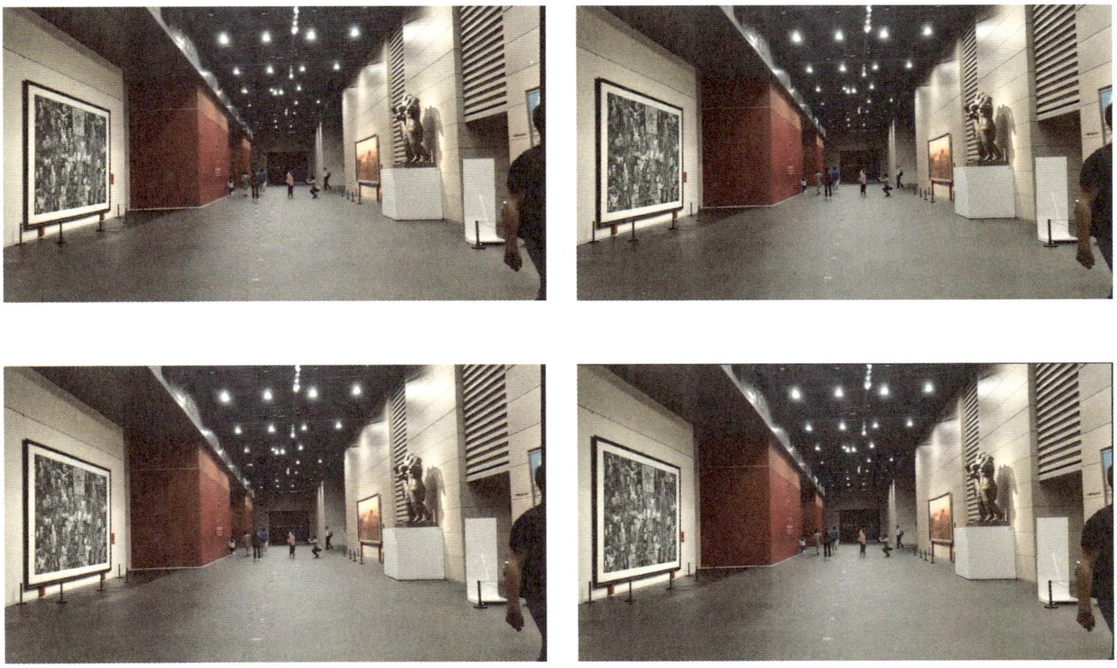

图 6-16　平滑度与裁切效果对应关系

“不运动”选项指尝试消除拍摄中的所有摄像机运动。选中该选项，将在“高级”部分中禁用“更少裁剪更多平滑”功能。该设置适用于主要拍摄对象至少有一部分位于要稳定化处理的整个范围帧中的素材。

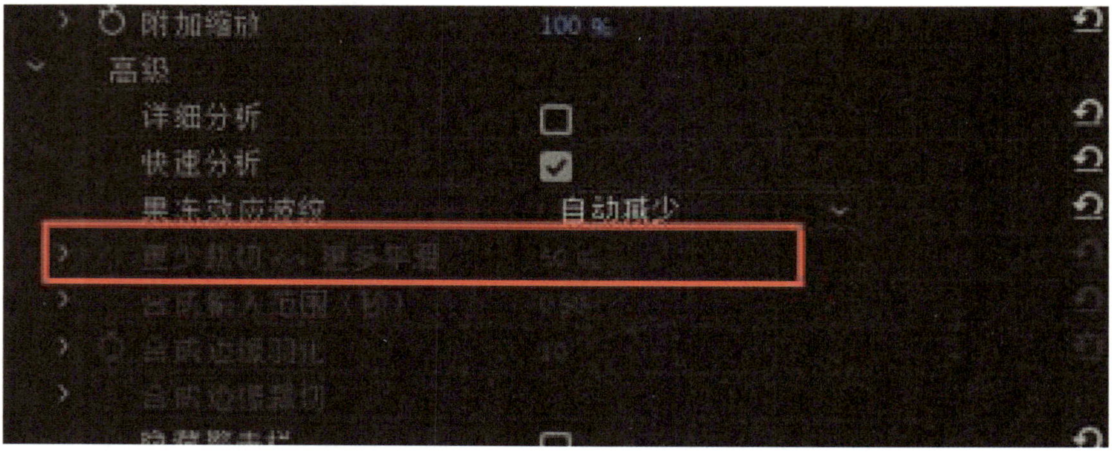

图 6-17　禁用“更少裁剪更多平滑”功能

“方法”选项用于指定变形稳定器对素材执行的最复杂的稳定操作，该功能又包含以下四种选择：

①位置：稳定仅基于位置数据。如果视频只有 X 轴和 Y 轴的移动，就可以选择这个稳定方法。

②位置、缩放及旋转：稳定基于位置、缩放和旋转数据。如果视频还涉及旋转和缩放，可以选择这种方法。

③透视：如果拍摄的视频涉及角度的变换，可以尝试使用该方法进行稳定。

④子空间变形（默认设置）：尝试以不同的方式将帧的各个部分变形，以稳定整个帧。当无法判断视频类型时，建议采用这个默认的方法进行稳定。如果没有足够的区域用于跟踪，变形稳定器将选择透视类型。在任何给定帧上使用该方法时，根据跟踪的精度，剪辑中会发生一系列相应的变化。

在某些情况下，“子空间变形”可能引起不必要的变形，而“透视”可能引起不必要的梯形失真，可以通过选择更简单的方法来防止异常。

“保持缩放”选项用于控制缩放比例，如果选中此复选框，剪辑的缩放比例不会发生变化。

（3）边界—帧

“帧”选项的功能为控制如何在稳定的结果中显示边缘。该功能又包含以下四种选择：

①仅稳定：显示整个帧，包括运动的边缘。“仅稳定”显示为稳定图像而需要完成的工作量，使用“仅稳定”将允许使用其他方法裁剪素材。选择此选项后，稳定后的素材边缘

可能会出现缝隙，如图 6-18 所示。

②稳定、裁剪：裁剪运动的边缘而不缩放。“稳定、裁剪”等同于使用“稳定、裁剪、自动缩放”，并将“最大缩放”设置为 100%。启用此选项后，“自动缩放”部分将处于禁用状态，但“更少裁剪更多平滑”属性仍处于启用状态。由于自动缩放被禁用，可以看到视频周围像是被套上了一圈黑边，如图 6-19 所示。

③稳定、裁剪、自动缩放（默认）：裁剪运动的边缘，并扩大图像以重新填充帧。自动缩放由“自动缩放”部分的各个属性控制，由于自动缩放启动，视频的黑边消失，而视频被放大裁切，如图 6-20 所示。

④稳定、人工合成边缘：使用时间上稍早或稍晚的帧中内容填充由运动边缘创建的空白区域（通过“高级”部分的“合成输入范围”进行控制）。选择此选项后，计算机资源会被极大地占用，计算机配置不高时需慎用此选项，如图 6-21 所示。

图 6-18　仅稳定

图 6-19　稳定、裁剪

图 6-20　稳定、裁剪、自动缩放（默认）

图 6-21　稳定、人工合成边缘

在使用“稳定、人工合成边缘”取景时，会启用高级设置中的相关选项：

a. 合成输入范围（秒）：用于“稳定、人工合成边缘”取景，控制合成过程在时间上向前或向后移动多远，以填充任何缺失的像素。

b. 合成边缘羽化：选择合成部分的羽化量，使用羽化控制可平滑合成像素与原始帧连接在一起的边缘。

c. 合成边缘裁切：当使用“稳定、人工合成边缘”取景时，在该帧与其他帧结合之前剪掉当前帧的边缘。使用裁剪控制可剪掉在模拟视频捕获或低质量光学镜头中常见的多余边缘。默认情况下，所有边缘均设为 0 像素。

（4）高级设置

“高级设置”功能选项又包含以下三个子选项：

①详细分析：当设置为打开时，将在下一个分析阶段调用电脑的更多配置来完成视频的稳定。启用该选项时，电脑可能会变卡顿。

②快速分析：它缩短了 Premiere Pro 在分析抖动素材时花费的时间，同时保持实际稳定流程不变。可以理解为花更少的时间获得不错的稳定效果。

③果冻效应波纹：果冻效应，指在生产生活中像果冻一样产生的变形和颜色变化。使用此选项可以消除视频中果冻效应相关的波纹。“自动减小”是默认值，如果素材包含更大的波纹，请使用“增强减小”。要使用任一方法，请将“方法”设置为“子空间变形”或“透明”。

4. 变形稳定器使用技巧

（1）当素材的变形或扭曲程度过大时，我们可以将“方法”选项切换至“位置、缩放和旋转”。这种方法综合考虑了视频帧的位置、缩放和旋转因素，能够更全面地修复素材中的扭曲现象。

（2）如果偶尔出现褶皱扭曲，并且素材是使用果冻效应摄像头拍摄的，可将“高级”>“果冻效应波纹”设置为“增强减小”。

（3）如果结果裁剪过度，可减小“平滑度”或“更少裁剪更多平滑”。“更少裁剪更多平滑”响应更为迅速，因为它不需要执行重新稳定阶段。

（4）如果“取景”设置为裁切选项之一并且裁切太极端，则会出现一个红色横幅，指出“要避免极端裁切，请设置取景来‘仅稳定化’或调整其他参数”。在这种情况下，您可以将“取景”设置为“仅稳定化”或“稳定、人工合成边缘”。其他选项包括减小“更少裁剪更多平滑”值，或减小“平滑度”。

实操演练

素材清单：“中华艺术宫”的视频素材 1 套、参考样片 1 个。

实操要求：参考样片，挑选出素材中有抖动画面的视频，用变形稳定器进行修复，最终完成该项目的视频制作。

关键操作步骤如表 6-8 所示：

表 6-8　操作步骤

序号	操作步骤	参考画面
1	消除背景音： 右键取消链接，删除音频轨道，或在左侧选择静音模式	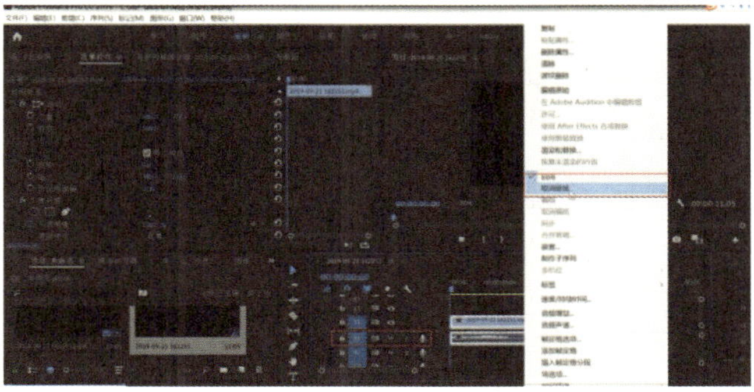
2	应用变形稳定器： （1）在项目面板中，选择“效果—扭曲—变形稳定器”，将其拖动到对应视频素材上，系统开始自动处理； （2）如果效果不佳，选中素材，单击鼠标右键，选择嵌套，可在嵌套的序列上再次添加“变形稳定器”效果，进行二次处理	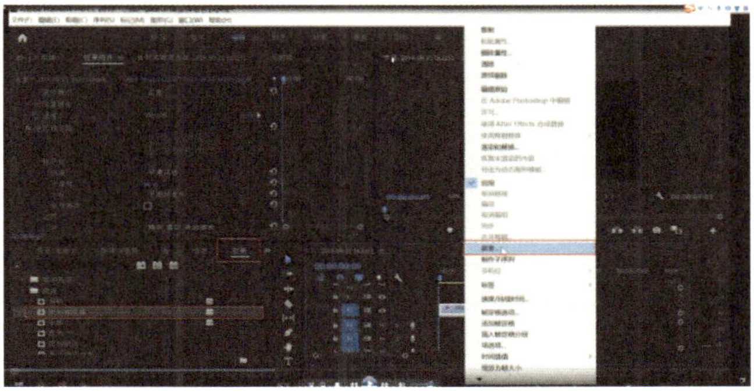
3	变形稳定器设置： 一般选择“平滑运动”，并且平滑度设置为“30%～40%”较佳	

扫描右侧二维码，可观看完整实操录屏。

视频修复
实操录屏

任务评价

表 6-9　任务评价

评分项目			评分细则	配分	自我评价（20%）	小组互评（30%）	教师评价（50%）
素养评价（25 分）	课堂纪律（5 分）	不迟到，不早退	违反一次不得分	2			
		积极思考，回答问题	根据上课情况统计得分	3			
	职业道德（20 分）	具备审美意识	根据课堂头脑风暴得分	10			
		团结互助的团队精神	根据分组讨论情况得分	10			
知识评价（30 分）	了解变形稳定器的使用场景		根据理论测试情况得分	30			
	了解变形稳定器中的参数具体应用场景						
职业能力评价（45 分）	熟练使用无缝剪辑在实际场景中的运用		根据任务训练情况得分	45			
总分							
最终得分							

知识拓展

扫描右侧二维码，阅读“视频修复知识文档”，拓展知识储备。

视频修复
知识文档

项目验收单

表 6-10 项目验收单

<table>
<tr><th colspan="2">常出现问题</th><th>是否涉及</th><th>问题等级</th><th>扣分分值</th></tr>
<tr><td>输出参数</td><td>确保每个参数准确</td><td></td><td rowspan="14">A</td><td rowspan="14"></td></tr>
<tr><td>调色、位置、卡通人物</td><td>视频中的规定数值在不同位置要保持统一：
(同一个人设、卡通人物、同一个项目调色保持一致；位置保持一致；大小保持一致)
若不是同一个人物（因人物身高不同，拍摄环境可能也不同），重新统一数值
位置需注意：不可太靠边/不可挡着内容（如因 PPT 排版原因导致的，重新调整排版）</td><td></td></tr>
<tr><td>片头、片尾</td><td>不可放错课程的片头、片尾</td><td></td></tr>
<tr><td>出镜、非出镜</td><td>呈现根据客户要求</td><td></td></tr>
<tr><td>姓名条</td><td>姓名条的位置大小要统一、样式要统一</td><td></td></tr>
<tr><td>标题页</td><td>同一个项目的标题页，停留的时间必须统一</td><td></td></tr>
<tr><td>视频
背景音乐</td><td>背景音的降调一定要统一，一般在－10～20（不可超过老师的声音）</td><td></td></tr>
<tr><td>动态背景</td><td>运动的速度要统一（不可快慢不一）</td><td></td></tr>
<tr><td rowspan="2">调色基本</td><td>肤色不可过白、过黄、偏绿、偏蓝、偏红</td><td></td></tr>
<tr><td>画面整体不可过亮、过暗</td><td></td></tr>
<tr><td>嘴型</td><td>卡通形象，嘴型要和人物语音保持一致</td><td></td></tr>
<tr><td>不雅动作</td><td>不可出现吐舌、吧唧嘴、眨眼</td><td></td></tr>
<tr><td>卡屏</td><td>视频中不可出现黑屏、绿屏、闪现、错误视频</td><td></td></tr>
<tr><td rowspan="2">录制</td><td>不要出现多余的内容或画面（如录制时多出的 360 旋转图标、鼠标箭头、录屏区域框）</td><td></td></tr>
<tr><td>比例不可大小不一、位置不同</td><td></td><td>B</td><td></td></tr>
<tr><td rowspan="2">语音</td><td>片头、片尾背景音里的 Logo 要去掉</td><td></td><td rowspan="3">A</td><td rowspan="3"></td></tr>
<tr><td>视频声音整体偏小，会影响消费者使用，需调整（调整时要适中，不可声音过大或过小）</td><td></td></tr>
<tr><td rowspan="3">剪辑</td><td>不可出现：音画、字幕不同步</td><td></td></tr>
<tr><td>转场效果不美观、不协调（如加了过场，导致画面播放时出现人物严重重叠）</td><td></td><td rowspan="2">B</td><td rowspan="2"></td></tr>
<tr><td>呈现的内容或者图片不可闪现一下就消失（如人物讲到看一下……或多图出现时……此处要多停留几秒）</td><td></td></tr>
</table>

续表

常出现问题		是否涉及	问题等级	扣分分值
剪辑	视频中不能出现无关画面（如拍摄前后的准备工作、讲电话、与摄影师交流等）		A	
	人物出镜时，如有指向性的动作，画面不可空白，要出现人物讲的对应内容			
	视频不能模糊不清			
	画面与画面的衔接处不要切换太快，间隔过短（在语音处理时就要注意）			
	人物出镜与不出镜切换时，内容和人物要一起消失			
	视频剪辑不能有掉帧情况（如视频画面静止不动亦无声音）		B	
	人物讲题重复或说话重复，都要把不需要的一遍剪掉			
后插入的视频、动画	根据脚本保证插入视频、动画的正确性（比较有针对性，如有不理解的请及时进行沟通并解决）		A	
实操	需重点凸显内容时可以套用 AE 模板，排版呈现要美观，样式统一（如目录/大标题/小标题）		A	
	过程中使用的器皿需呈现对应视频/图片和名称		A	
	重复操作需简化（注意不要把具体过程简化掉了）		A	
排版	视频中插入的模板或者前期遗留的情况		B	
图片				
总体合格情况及分值				
注意：以上验收标准为通用标准，若视频制作项目中未涉及，请在“是否涉及”一栏中标注清楚				

项目 7

【创意混剪剪辑】商业活动剪辑

项目情景描述

视频是视听艺术的一种表现形式。在对剪辑节奏进行处理时，可以从视觉节奏和音频节奏两个方面入手，通过对节奏点的控制和组接，使得画面更加流畅舒适，具有创意。

视觉节奏的改变可以通过画面的创意转换实现，音频节奏可以根据音乐的重音点进行组接，跟着音乐的节奏，突出从缓到急的变化，与视频素材紧密结合。

其中，卡点剪辑是一种典型的节奏处理方法，卡点指的是画面卡住音乐的节奏点，同步出现或消失。它在不同的视频中都会有应用，例如混剪、商业电视广告、影视预告片等。

在本项目中，我们将运用《舞者》的剪辑案例，从镜头组接、节奏处理和蒙版特效三个方面学习卡点剪辑的方法。

任务分配表

表7-1　任务分配

任务序号	任务名称
1	镜头组接
2	节奏处理
3	蒙版特效

思政园地

踏梦而行，平凡亦有回响

在商业活动剪辑案例《舞者》中，我们看到了平凡人追梦时闪耀的璀璨光芒。这不仅是一个个动人的故事，更给予我们关于人生价值、社会责任与奋斗精神的启示。

平凡人虽没有耀眼的光环，却同样拥有追逐梦想的权利与勇气。就像清晨公园中练习太极剑舞的老人，他们虽然已不再年轻，身体的灵活性大不如前，但依然坚持每天舞剑，在一招一式间追寻着对传统武术文化的热爱；下班后奔赴舞蹈教室的上班族，在结束一天的疲惫工作后，仍全身心投入舞蹈练习，用汗水浇灌心中的热爱；在街头即兴表演街舞的少年，即便没有华丽的舞台，他们也尽情释放着对舞蹈的激情。大家都是芒芒人海中的普通人，在各自的生活轨道上默默前行，却从未放弃心中的梦想。这告诉我们，梦想无关身份地位，无关年龄大小，每一个平凡的生命都能在追梦的道路上绽放独特的光彩。

舞者的辉煌与平凡追梦者的坚持相互交织，打破了人们对“成功”的固有认知。在现实生活中，人们常常将目光聚焦于那些站在聚光灯下的成功者，却忽视了平凡人追梦路上的努力与付出。成功不是衡量梦想价值的唯一标准，平凡人在追梦过程中展现的坚韧、执着与热爱，同样值得尊重与歌颂。

平凡人追梦的过程，也是实现自我成长与人生价值的过程。在追逐梦想的道路上，我们可能会遇到各种困难与挫折，但正是这些挑战促使我们不断突破自我，提升能力。就如同那些在生活中利用碎片化时间坚持舞蹈的平凡人，他们在面对时间紧张、场地有限等困难时，依然想尽办法克服，在不断练习中提升舞技，收获自信与快乐。这种在追梦过程中实现的自我超越，远比最终实现梦想更加珍贵。对于我们而言，无论从事何种职业，都应该心怀梦想，并为之不懈奋斗。在这个过程中，我们不仅能提升自己的专业素养，还能实现个人价值与社会价值的统一。

在当今社会，时代的发展需要每一个平凡人的努力与奉献。当无数平凡人勇敢追逐梦想，将个人梦想与国家发展、社会进步紧密相连时，就能汇聚成推动社会前进的强大力量。从科技创新领域的科研工作者，到基层一线的社区工作者；从默默耕耘的教师，到救死扶伤的医护人员…… 每一个平凡岗位上的追梦者，都在用自己的方式为社会发展贡献力量。作为剪辑师，我们更应该用手中的作品，展现平凡人的追梦故事，传递积极向上的价值观，激发人们的奋斗热情，让更多人相信，即使平凡如你我，也能通过追梦实现人生的意义。

项目思维导图

- 视频卡点与片头制作（蒙版）
  - 卡点
    - 卡点实现方法
      - 镜头切换
        - 硬切画面
        - 变速处理
        - 特效转场
      - 画面内部变化
        - 人物动作
        - 物体变化
        - 镜头运动
        - 动接动、静接静
        - 符合色调相似
      - 音乐本身
        - 音乐中的鼓点
        - 滤镜卡点
        - 灯光卡点
    - 视频制作流程
      - 结构设计
        - 确定主题
        - 影片结构
        - 找对应素材
      - 素材
      - 粗剪
      - 精剪
      - 音乐、音效
      - 导出
  - 混剪片头
    - 特征
      - 增加视频趣味性
      - 彰显作者个人特质
      - 吸引观众
    - 常用片头
      - 简约文字片头
      - AE动画片头
      - 手绘动画片头
      - 分屏片头
      - 电影拉开式片头
      - 风格式片头
  - 蒙版
    - 定义
      - 它是在图层上的闭合路径，它的作用是盖住某些区域，让图层实现局部显示，局部加效果
    - Premiere中的不同蒙版
      - 创建椭圆形蒙版
      - 创建4点多边形蒙版
      - “自由绘制贝塞尔曲线”按钮
    - 功能
      - 蒙版羽化
      - 蒙版透明度
      - 蒙版扩展
      - 蒙版反转

任务1 镜头组接

学习目标

1. 知识目标

(1) 了解视频需要卡点的原因。

(2) 理解视频蒙版的原理。

2. 技能目标

(1) 能够根据视频内容和需求进行结构设计和素材准备。

(2) 能够利用轨道蒙版和属性面板生成蒙版。

3. 素养目标

(1) 培养审美意识和创意思维，能够根据视频内容和目的选择合适的卡点效果和制作流程。

(2) 培养观察力和分析能力，能够准确判断视频制作中的问题并进行修正。

知识引导

请扫描右侧二维码，观看“镜头组接知识讲解”视频，思考并回答下列问题。

镜头组接知识讲解

1. 在时间进度上打标记的快捷键是________。

2. 请根据你的理解，简述“画面拆分”的作用及依据。

____

____

____

____

知识储备

在视频剪辑中，节奏控制关乎视频的流畅度、观众的观看体验以及信息的有效传达。合理的节奏安排能够引导观众的情绪，使视频内容更加吸引人。节奏过快可能导致观众难以捕捉重点，节奏过慢则可能使观众失去兴趣。因此，剪辑师需要根据视频的内容和目的，精心设计和控制视频的节奏。

1. 初识卡点剪辑

卡点剪辑，又称为“节奏点剪辑”，是一种通过精确控制每个剪辑点的位置和时长，而与背景音乐或声效的节奏相匹配的视频剪辑方法。这种剪辑技巧旨在创造出一种视觉与听觉相协调的效果，使视频更加动感、有趣，并能够增强观众的观看体验。

2. 卡点剪辑中的结构设计

影像是一门语言，卡点混剪不仅仅是单纯的音画节奏卡点剪辑，更重要的是让观众看懂所要叙述的事情，理解所要表达的情感。因此，在对视频进行剪辑之前，首先需要确定其逻辑线，也就是结构设计，结构设计主要包含确定主题、影片结构和画面拆分三个步骤。

（1）确定主题

确定主题指确定视频的中心表达，整理其内容逻辑，是要突出剧情还是表达情感，又或者只是纯粹的踩点剪辑。

以《舞者》为例，在这部作品中，我们设定的主题是展现舞者的一次日常表演及其准备工作，重点在于叙事，即突出剧情的连贯性和吸引力，那么在剪辑时，配合卡点的同时，更要保持剪辑逻辑的合理性，使得故事能够顺畅展开。

（2）影片结构

确定了影片的主题后，根据主题设计影片框架与结构，通过对《舞者》主题的分析，知道其主要在于突出剧情，可采用线性叙事的影片框架，以“舞者准备→舞者排练→舞者展示”为逻辑主线，展开叙事。

（3）画面拆分

确定了影片的结构之后，可以通过在 Premiere 中对音乐分段（即打标记），使后期人员在后续的剪辑中清晰看到每个段落的进度，这里的段落指大的结构段落。

在最开始的阶段，一般不在音频上打标记，而在上方的时间进度中打标记来进行画面的拆分，这样做既不影响音频的完整性，又能为后续的画面拆分提供清晰的指导。其具体步骤如表 7-2 所示。

表 7-2　操作步骤

序号	操作步骤	参考画面
1	将音乐拖拽到时间轴内	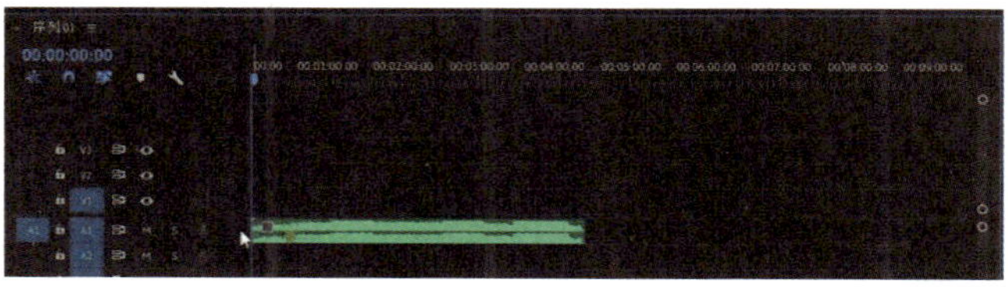

续表

<table>
<tr><th>序号</th><th>操作步骤</th><th>参考画面</th></tr>
<tr><td>2</td><td>不要选中音频，在上方的时间进度上，按快捷键 M 打上标记</td><td>
</td></tr>
<tr><td>3</td><td>按住 Alt 键拖动标记点，可将标记覆盖一定范围</td><td>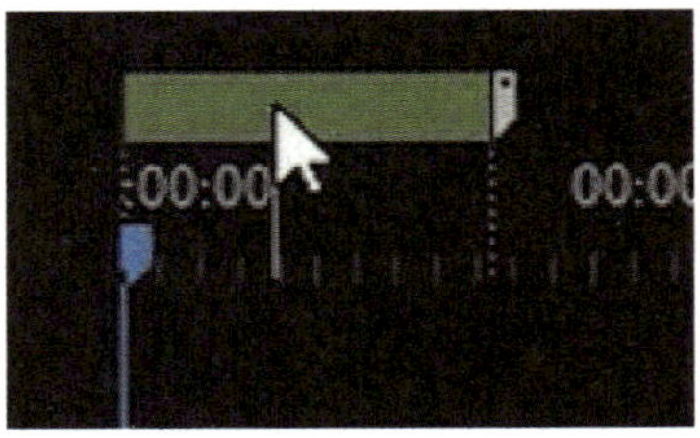
</td></tr>
<tr><td>4</td><td>右键选择编辑标记，进行命名</td><td>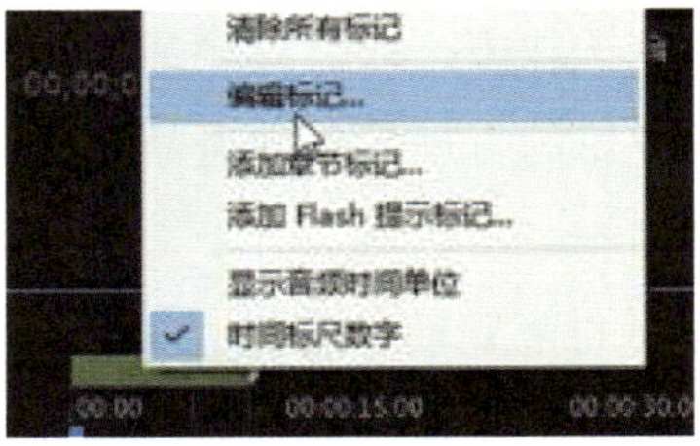
</td></tr>
<tr><td>5</td><td>也可以给不同段落的标记选择不同的颜色进行区分显示</td><td>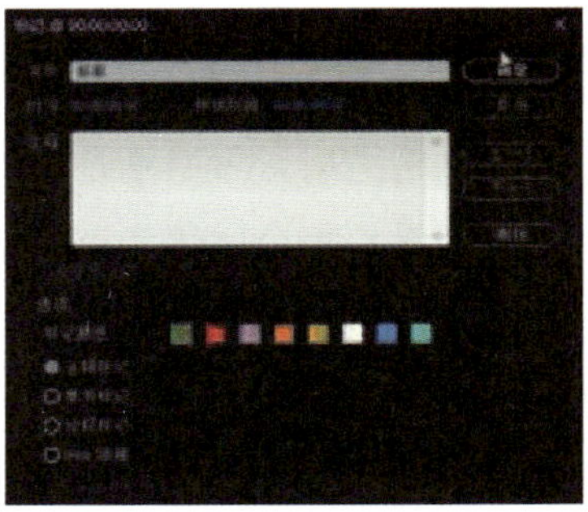</td></tr>
<tr><td>6</td><td>《舞者》有三个段落，可以用三种颜色进行显示，方便后续具体往这三个段落填充内容，最终呈现效果如右所示</td><td>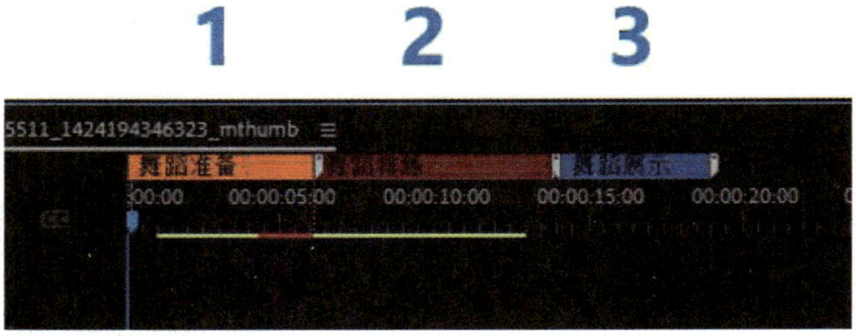
</td></tr>
</table>

3. 卡点剪辑中的素材筛选

混剪的快节奏会给观众带来视觉的刺激，然而其画面的时长较短，可能只有 1～2 秒，有时甚至需要按帧来计算。因此，在处理混剪视频时，需要大量的素材。为了避免出现前期素材充足，后面无素材可用的情况，需要根据前期画面拆分的结果，按照阶段和场景对素材进行分类。

当素材不充足时，可以上网搜索素材，素材的清晰度越高越好，1080P 是当前较为常见的高清分辨率。在使用网络素材时，务必确保所使用的素材是免费的或者已经获得了原作者的授权。

实操演练

素材清单：《舞者》素材 1 套、参考样片 1 个。

实操要求：参考样片，根据选定的主题，进行画面拆分，并为每个段落挑选合适的素材。

请将挑选的素材名称填入表 7-3。

表 7-3

序号	段落	素材名称
1	舞者准备	
2	舞者排练	
3	舞者展示	

扫描右侧二维码，可观看完整实操录屏。

镜头组接
实操录屏

任务评价

表 7-4 任务评价

评分项目			评分细则	配分	自我评价（20%）	小组互评（30%）	教师评价（50%）
素养评价（25 分）	课堂纪律（5 分）	不迟到，不早退	违反一次不得分	2			
		积极思考，回答问题	根据上课统计情况得分	3			
	职业道德（20 分）	具备审美意识	根据课堂头脑风暴得分	10			
		团结互助的团队精神	根据分组讨论情况得分	10			

续表

评分项目		评分细则	配分	自我评价（20%）	小组互评（30%）	教师评价（50%）
知识评价（30 分）	了解视频卡点的原因和卡点运用的场景	根据理论测试情况得分	30			
	了解视频剪辑的具体流程					
职业能力评价（45 分）	能根据视频素材进行结构设计、素材准备、粗剪、精剪、音乐音效和导出	根据任务训练情况得分	15			
	能根据视频卡点的依据利用快捷键 M 标记并进行卡点	根据任务训练情况得分	30			
总分						
最终得分						

知识拓展

扫描右侧二维码，阅读“镜头组接知识文档”，拓展知识储备。

镜头组接
知识文档

任务 2 节奏处理

学习目标

1. 知识目标

（1）了解节奏点选择原则，包括大鼓点和小鼓点的区别和应用场景。

（2）理解音乐对影片节奏的影响和作用。

2. 技能目标

（1）能够根据视频内容和需求选择合适的卡点音乐，包括大鼓点和小鼓点的使用。

（2）能够根据视频内容和目的选择不同风格的音乐进行节奏设计。

3. 素养目标

(1) 培养审美意识和创意思维，能够根据视频内容和目的选择合适的卡点音乐和视频特效。

(2) 培养观察力和分析能力，能够准确判断视频特效对画面表达的影响。

知识引导

请扫描右侧二维码，观看“节奏处理知识讲解”视频，思考并回答下列问题。

节奏处理
知识讲解

1. 请简述滤镜卡点的概念及制作方法。

2. 请简述音乐卡点的概念及制作方法。

知识储备

音乐作为卡点剪辑的灵魂，其选择与运用直接关系到整个作品的氛围营造与节奏把控。一首节奏鲜明、风格契合的背景音乐，能够为视频注入无限活力，使卡点之处更加精准有力。而视频特效则是卡点剪辑中锦上添花的妙笔，通过巧妙的转场、动态图形以及色彩调整，不仅能够强化视觉冲击力，还能让卡点瞬间更加生动炫目。接下来，我们将深入剖析如何在卡点剪辑中精选音乐，以及如何利用 Premiere 中的视频特效精准卡点，让短片在节奏与视觉两方面得以呈现。

1. 卡点音乐的选择

在卡点剪辑中，画面的卡点固然是技术上的挑战，但真正考验创作者的是如何为这些精准的卡点配上合适的音乐。在搜索卡点音乐时，可以选择“放克”“鼓点”“节奏”等关键词；同时，也可以通过音效设计创意卡点，以音效代替旋律的重音进行卡点。在对卡点进行处理时，有以下几点需要注意：

(1) 音乐有大鼓点和小鼓点之分

大鼓点指音乐中比较突出的变化，可以卡一些大的景别，或者做一些特殊效果的处理，能够给观众带来强烈的视觉冲击；小鼓点指音乐中比较细微的变化，比较适合一些小景别的硬切画面、颜色变化、内容信息相对单一的元素等。通过巧妙地运用大鼓点和小鼓点，可以让视频的节奏感更加丰富和多变。

(2) 控制卡点次数

虽然卡点技术能够增强视频的动感和节奏感，但过度使用也会让观众感到审美疲劳。因此，需要谨慎地控制卡点的次数，确保它们在视频中起到画龙点睛的作用，而不是喧宾夺主。

技巧始终只是表达内容的一种方式，真正重要的是如何通过这些技巧更好地传递视频的主题和情感。

2. 通过视频特效进行卡点的方法

在 Premiere 中，通过视频特效进行卡点的方法能极大地丰富视频的视觉表现力和节奏感。下面我们将详细介绍几种常用的特效及其卡点应用：

(1) 运动特效

系统默认添加的特效类型，包括位置、缩放和旋转等属性，利用它们可以改变图像或视频素材的位置、大小和角度等，并可制作相应的动画。在卡点剪辑中，可以利用运动特效来配合音乐的节奏，使画面元素随着音乐的鼓点进行精确的移动、缩放或旋转，营造出强烈的动感和节奏感。

(2) 不透明度特效

同样是系统默认添加的特效类型，用来改变图像或视频素材的不透明度，以制作视频的合成效果或渐入渐出的动画效果等。在卡点剪辑中，不透明度特效可以用来实现画面元素随着音乐节奏逐渐显现或消失的效果，从而增强视频的层次感和节奏感。

(3) 视频特效

视频特效包括变换类特效、图像控制类特效、颜色校正类特效和键控类特效等，可以应用于视频或图像素材。Premiere 在“效果”面板中为用户提供了变换、图像控制、实用程序、扭曲、时间、杂色与颗粒、模糊与锐化、生成、视频、调整、过渡、透视、通道、键控、颜色校正和风格化共 16 类视频特效。现在介绍两个常用的视频特效：

①变换类视频特效：变换类视频特效包括“垂直翻转”“水平翻转”“羽化边缘”“裁剪”等特效，利用此类视频特效可以令素材画面的形状产生变化。例如，利用“裁剪”视频特效可以对素材画面进行裁剪，去除不想要的部分，如图 7-1 所示。

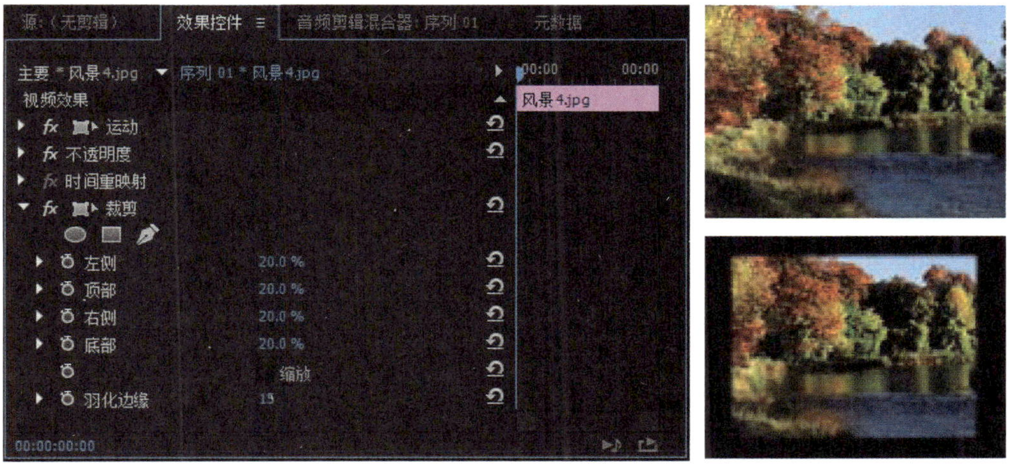

图 7-1 “裁剪”效果

②图像控制类视频特效：图像控制类视频特效包括“灰度系数校正”“颜色平衡(RGB)”“颜色替换”“颜色过滤”“黑白”等特效，主要作用是对素材画面的色调进行调整。例如，利用“灰度系数校正”视频特效可以在不改变素材画面高亮和低亮区域的情况下，使画面变亮或变暗，如图 7-2 所示。

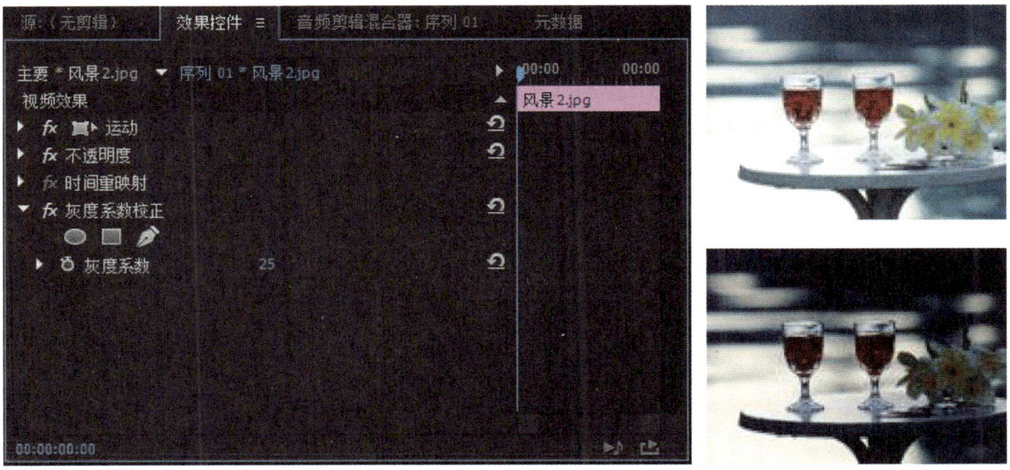

图 7-2 “灰度系数校正”效果

3. 视频特效卡点案例应用

(1) 图像控制类——滤镜卡点

滤镜卡点指通过给视频添加效果滤镜，并结合音乐的节奏点，创造出独特的视觉效果，具体做法如下：

①做标记：仔细听音乐，找出其中的重音部分。在每个重音位置，使用快捷键 M 在音乐轨道上做标记。这些标记将作为后续添加滤镜效果的参考点。

②新建调整图层：在视频的上一个轨道新建一个调整图层（新建图层—调整图层），这个调整图层将用于应用滤镜效果，添加各种视觉效果。

③调整图层分两段：第一段从第一个大鼓点开始，到第一个大鼓点结束。第二段从第二个小鼓点开始，到第二个小鼓点结束。

④调整图层颜色：打开颜色面板，将第一个调整图层颜色调亮，第二个调整图层调暗，这样使得两段之间形成对比，形成节奏。

（2）灯光卡点

灯光卡点指整体画面调整为灰白色调，只给局部着色，造成逐步点亮灯光的效果。这种技巧能够突出重点，增强视觉冲击力，并且使得视频更具动感和节奏感。其做法如下：

①复制图层：选择一个色彩丰富的视频，按住 Alt 键复制一层，这样我们就有了两个相同的视频图层，一个是底层，一个是上一层。

②将底层的视频调整为黑白颜色（在效果面板选择图像控制—黑白），调整参数设置，以获得满意的黑白效果。这一步的目的是突出后续的着色部分，使画面更具对比度。

③调整上一层的轨道素材长度和位置，根据音乐的节奏或者视频内容的节奏，对上一层素材进行时间的裁剪。每个裁剪的时间段应该与节奏的卡点相对应，这样在播放时，着色的部分就会随着节奏的变化而逐渐显现，形成灯光卡点的效果。

④添加不透明度的蒙版：针对上一个图层的素材，给需要显示的部分添加不透明度的蒙版，选择效果—不透明度—选择合适的蒙版路径添加。这样，在播放视频时，只有蒙版内的部分会显示为彩色，而其他部分则保持灰白色调。

实操演练

素材清单：《舞者》素材 1 套、参考样片 1 个。

实操要求：参考样片，为《舞者》选择合适的卡点音乐，并在卡点处添加合适的特效效果。

关键操作步骤如表 7-5 所示：

表 7-5　操作步骤

序号	操作步骤	参考画面
1	运用快捷键 M，在音乐的重音处做标记	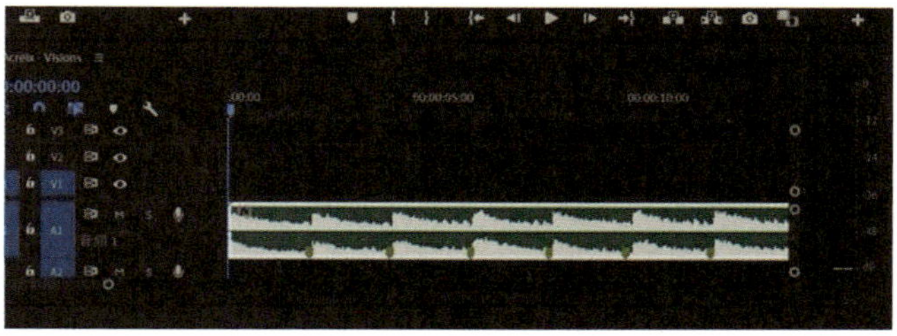

续表

序号	操作步骤	参考画面
2	拖动素材到时间轴的对应位置，根据重音标记，裁剪视频，使视频的切换在重音点上	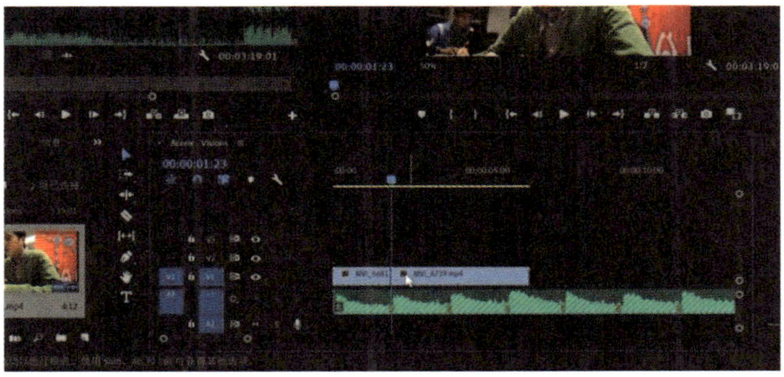

扫描右侧二维码，可观看完整实操录屏。

节奏处理
实操录屏

任务评价

表 7-6 任务评价

评分项目			评分细则	配分	自我评价（20%）	小组互评（30%）	教师评价（50%）
素养评价（25 分）	课堂纪律（5 分）	不迟到，不早退	违反一次不得分	2			
		积极思考，回答问题	根据上课情况统计得分	3			
	职业道德（20 分）	具备审美意识	根据课堂头脑风暴得分	10			
		团结互助的团队精神	根据分组讨论情况得分	10			
知识评价（30 分）	了解大鼓点和小鼓点的区别和应用场景		根据理论测试情况得分	30			
	掌握 Premiere 中的视频特效分类和使用方法，包括运动特效、不透明度特效、视频特效和变换类视频特效						
职业能力评价（45 分）	能够根据视频内容和需求选择合适的卡点音乐，包括大鼓点和小鼓点的使用		根据任务训练情况得分	20			
	能够使用滤镜和灯光来增强视频特效的效果		根据任务训练情况得分	25			
总分							
最终得分							

知识拓展

扫描右侧二维码，阅读“节奏处理知识文档”，拓展知识储备。

节奏处理
知识文档

任务 3 蒙版特效

学习目标

1. 知识目标

(1) 了解蒙版的概念和作用，以及蒙版工具的基本功能和使用方法。

(2) 了解蒙版的使用技巧，包括创建蒙版、调整蒙版应用效果。

2. 技能目标

(1) 能够熟练使用蒙版工具，包括创建蒙版、调整蒙版的形状和位置、应用蒙版效果等。

(2) 能够使用关键帧技术控制蒙版的运动和效果变化。

3. 素养目标

(1) 培养创新思维和拓展思维，将蒙版与其他视频特效结合使用，创造出更丰富的视觉效果。

(2) 培养观察力和分析能力，能够准确判断蒙版对画面表达的影响。

知识引导

请扫描右侧二维码，观看“蒙版特效知识讲解”视频，思考并回答下列问题。

蒙版特效
知识讲解

1. 蒙版是在图层上的________，它的作用是盖住某些区域，使图层能够________、________。

2. 在 Premiere 中，创建蒙版的工具有椭圆形蒙版工具、__________、__________。

3. 请判断下列描述的对错。

(1) 椭圆蒙版的形状无法改变为多边形。( )

(2) 调整蒙版大小时，光标将变为一个垂直的双向箭头；旋转蒙版时，光标将变为一个弯曲的双向箭头。( )

(3) 当拖动椭圆形状的蒙版顶点时，保持椭圆形状不变。( )

(4) 键盘上的箭头键可将所选控制点微移一个距离单位；按 Shift 键并使用箭头键可将所选控制点微移五个距离单位。( )

(5) 复制和粘贴含有蒙版的效果时，粘贴后的效果将包含同样的蒙版。( )

4. 请分析《舞者》视频的片头属于什么类型，运用了哪些效果。

____

____

____

5. 请简述“在效果之间复制和粘贴蒙版”的方法和步骤。

____

____

____

____

知识储备

片头作为作品的门面，承载着吸引观众注意力、奠定整体风格与基调的重任。一个精心设计的片头，能够在第一时间抓住观众的心，为后续的内容奠定良好的第一印象。片头的种类多样，从简约的文字动画到复杂的动态图形，每一种风格都有其独特的魅力与应用场景。而要实现这些令人瞩目的效果，蒙版技术无疑是一把利器。通过蒙版，我们可以灵活地控制图像的显示区域，创造出层次丰富、动态多变的视觉效果。

1. 片头的概念及赏析

片头指在影视作品正片内容开始前的一场戏或一系列画面，旨在引导观众对后续故事的兴趣。通过一定的叙述或剪接精彩片段，以故事大致情节为主，穿插自身特色，以吸引观众。

同样，Vlog 的片头也是出现在正片前，用于展示视频特色、增加视频趣味性、彰显作者个人特质以及吸引观众，下面介绍几种比较常见的片头形式。

(1) 简约文字片头

这是一种简洁而高效的片头形式，主要通过文字特效来快速传达视频的主题或核心内容。这种片头风格明快，能够迅速抓住观众的注意力，如图 7-3 所示。

图 7-3　简约文字片头

（2）AE 动画片头

AE 动画片头指利用 AE、3d Max 等软件制作的复杂动画片头。这类片头通常要求创作者具备一定的手绘基础和特效软件操作能力，能产生极具视觉冲击力的动态效果，如图 7-4 所示。

图 7-4　AE 动画片头

（3）动画片头

相较于 AE 动画片头，手绘动画片头更为亲民。动画片头可以简单应用平板电脑中的手绘软件绘制素材，将素材导入 Premiere 等视频编辑软件中制作成动画。现在市面上也有一些手机剪辑软件可以制作动画片头，降低了创作门槛，如图 7-5 所示。

图 7-5　动画片头

（4）分屏片头

分屏片头利用视频拼接的方式开场，这种形式可以结合文字和视频遮罩设计，创造出新颖独特的视觉效果，引导观众进入正片内容，如图 7-6 所示。

图 7-6　分屏片头

（5）电影拉开式片头

电影拉开式片头可以应用简单的蒙版动画实现，模仿了电影开场时幕布缓缓拉开的效果，制作简单，却极具电影感，能够迅速将观众带入影片氛围，如图 7-7 所示。

图 7-7　电影拉开式片头

（6）风格化片头

风格化片头是根据视频内容和创作者的个人风格，综合运用多种方法设计制作的一种片头。如图 7-8 所示，这个片头整体风格沉静，一下子就让观看者安静下来，该片头的制作结合了文字镜像、蒙版动画等方法。

图 7-8　风格化片头

2. 从蒙版到片头

在探讨了片头的概念和多种类型之后，我们不难发现，无论是简约的文字片头还是复杂的 AE 动画片头，其背后都运用了一种或多种视觉设计技巧来提升视觉效果。其中，蒙版技术作为一种重要的视觉设计工具，被广泛应用于各种片头制作中。蒙版不仅能够实现画面的局部显示与隐藏，还能创造出丰富的层次感和动态效果。

蒙版是在图层上的闭合路径，其作用是盖住某些区域，使图层能够局部显示、局部加效果。

在 Premiere 中，蒙版的绘制工具在效果控件的不透明度中，以绘制矩形为例，选框内的是可显示，选框外的是被隐藏，如图 7-9 所示。

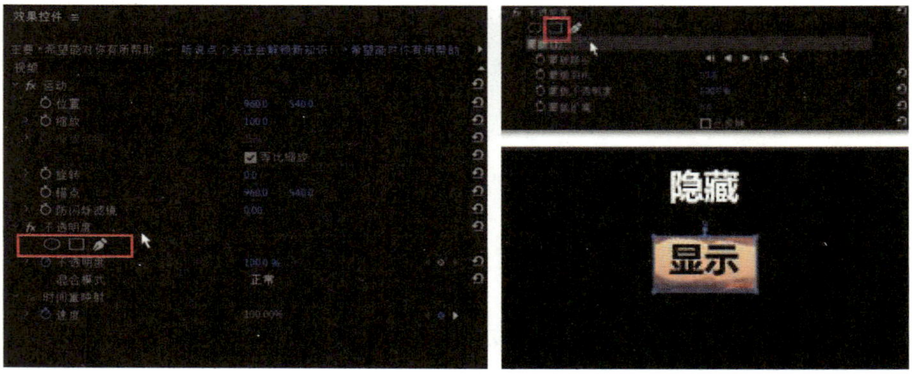

图 7-9　蒙版

(1) 蒙版工具介绍

①“创建椭圆形蒙版”按钮：可在“节目”监视器中所选剪辑对象处创建一个可编辑的椭圆形蒙版区域，如图 7-10 所示。

②“创建 4 点多边形蒙版”按钮：可在“节目”监视器中所选剪辑对象处创建一个可编辑的四边形蒙版区域，如图 7-11 所示。

③“自由绘制贝塞尔曲线”按钮：可在“节目”监视器中所选剪辑对象处使用钢笔工具绘制一个任意形状的蒙版区域，如图 7-12 所示。

图 7-10　椭圆形蒙版区域

图 7-11　四边形蒙版区域

图 7-12　任意形状蒙版区域

(2) 修改和移动蒙版

①拖动蒙版手柄，更改蒙版形状。

②将椭圆形蒙版的形状更改为多边形，按住 Alt 键并单击椭圆的任一顶点。

③调整蒙版大小，需将光标置于顶点之外并按住 Shift 键（光标将变为一个双向箭头），然后拖动光标。

④旋转蒙版，需将光标置于顶点之外（光标将变为一个弯曲的双向箭头），然后拖动即可。

⑤移动顶点，需使用选取工具拖动顶点。请注意，拖动椭圆形状的蒙版时，椭圆形状不会保持。

⑥添加顶点，需在按住 Ctrl 键（Win）或 Cmd 键（Mac）的同时，将光标置于蒙版边缘处。光标会变成带"+"号的钢笔形状。

⑦删除顶点，需按住 Ctrl 键（Win）或 Cmd 键（Mac）的同时，将光标置于该点处。光标会变成带"－"号的钢笔形状。

⑧使用键盘上的箭头键将所选控制点微移一个距离单位，按住 Shift 键并使用箭头键将所选控制点微移五个距离单位。

⑨要取消选择所有选定的控制点，需在当前活动的蒙版外单击。

⑩要禁用蒙版的直接操作功能，需在蒙版外单击，或者在序列中取消选择该剪辑；要删除某个蒙版，需在"效果控件"面板中选中该蒙版并按键盘上的 Delete 键。

(3) 调整蒙版设置

绘制蒙版之后，"效果控件"面板新增蒙版的调整参数，如图 7-13 所示，可以将蒙版羽化、扩展、更改不透明度，或者将蒙版反转以调整视频风格。

图 7-13　蒙版调整参数

①蒙版羽化：要羽化蒙版，需指定"蒙版羽化"的值。蒙版周围的羽化参考线显示为虚线。将手柄拖离羽化引导线可增加羽化，拖向羽化引导线可减少羽化。蒙版羽化手柄可直接在节目监视器的蒙版轮廓上控制羽化量。羽化之前和之后分别见图 7-14、图 7-15。

图 7-14　羽化之前

图 7-15　羽化之后

②调整蒙版不透明度：对蒙版应用不透明度时，会更改已裁剪素材的不透明度。要调整蒙版的不透明度，需指定“蒙版不透明度”值。使用滑块可控制蒙版不透明度。当值等于 100 时，蒙版完全不透明，并会遮挡图层位于其下方的区域，不透明度越小，蒙版下方的区域就越清晰可见。蒙版不透明度调整之前和调整为 50%之后分别见图 7-16、图 7-17。

图 7-16　调整之前

图 7-17　调整不透明度为 50%之后

③调整蒙版扩展：要扩展蒙版，需指定“蒙版扩展”的值。正值将边界外移，负值将边界内移。也可用手柄将扩展参考线向外拖动以扩展蒙版区域，或向内拖动以收缩蒙版区域。扩展之前和之后分别见图 7-18、图 7-19。

图 7-18　扩展之前

图 7-19　正值扩展之后

④反转蒙版选区：选择“反转”复选框，可交换蒙版区域和未蒙版区域。如要将某个区域保持原样，可将该区域蒙版，然后选择“反转”复选框将效果应用到未蒙版区域。反转之前和反转之后分别见图 7-20、图 7-21。

图 7-20　反转之前

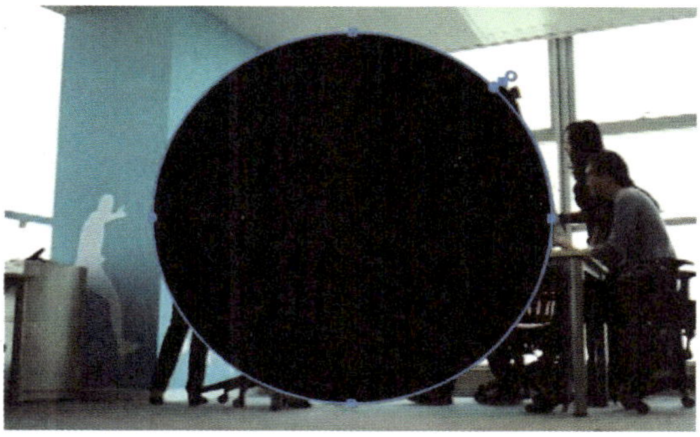

图 7-21　反转之后

(4) 复制和粘贴蒙版

在 Premiere 中，可在剪辑或效果之间轻松复制和粘贴蒙版。

①在剪辑之间复制和粘贴带蒙版的效果

复制和粘贴含有蒙版的效果时，粘贴后的效果将包含同样的蒙版。其操作步骤如下：

a. 在“时间轴”面板中，选择内含蒙版效果的剪辑；

b. 在“效果控件”面板中，选择要复制的效果；

c. 选择“编辑”→“复制”，或者使用键盘快捷键 Ctrl+C（Windows）或 Command+C（Mac OS）；

d. 在时间轴中选择要将蒙版粘贴到其中的另一个剪辑；

e. 选择编辑>粘贴，或者使用键盘快捷键 Ctrl+V（Windows）或 Command+V（Mac OS）。

②在效果之间复制和粘贴蒙版

a. 在效果控件面板中，单击三角形展开效果以显示已应用的蒙版；

b. 选择要复制的蒙版；

c. 选择“编辑”→“复制”，或者使用键盘快捷键 Ctrl+C（Windows）或 Command+C（Mac OS）；

d. 在“效果控件”面板中选择要粘贴蒙版的另一个效果；

e. 选择“编辑”→“粘贴”，或者使用键盘快捷键 Ctrl+V（Windows）或 Command+V（Mac OS）。

实操演练

素材清单：已完成前两个任务制作的工程文件 1 套、参考样片 1 个。

实操要求：参考样片的效果，完成视频花字的制作。

关键操作步骤如表 7-7 所示：

表 7-7 操作步骤

序号	操作步骤	参考画面
1	根据实际呈现效果，调整所用素材的上下位置	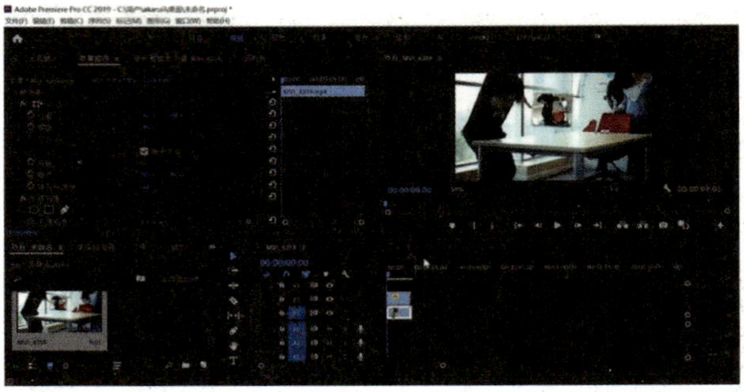
2	选中上方素材，根据实际需要，调整蒙版形状、大小等属性	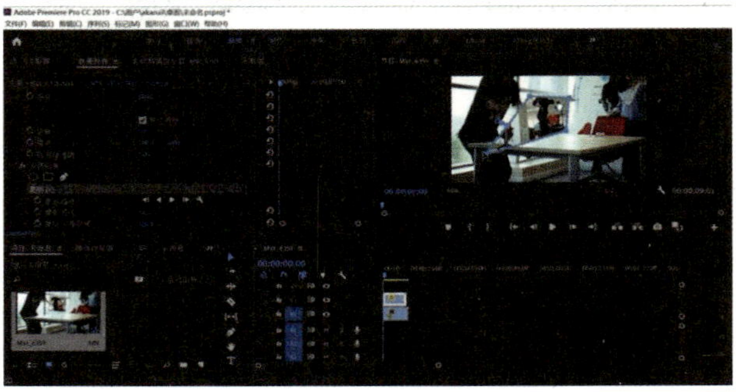
3	结合前面学习的关键帧动画知识，完成片头蒙版转场效果	

扫描右侧二维码，可观看完整实操录屏。

蒙版特效
实操录屏

任务评价

表 7-8 任务评价

评分项目			评分细则	配分	自我评价（20%）	小组互评（30%）	教师评价（50%）
素养评价（25 分）	课堂纪律（5 分）	不迟到，不早退	违反一次不得分	2			
		积极思考，回答问题	根据上课情况统计得分	3			
	职业道德（20 分）	具备审美意识	根据课堂头脑风暴得分	10			
		团结互助的团队精神	根据分组讨论情况得分	10			

续表

评分项目		评分细则	配分	自我评价（20%）	小组互评（30%）	教师评价（50%）
知识评价（30分）	了解片头的概念和不同类型的片头	根据理论测试情况得分	30			
	理解蒙版的概念和作用，以及蒙版工具的基本功能和使用方法					
职业能力评价（45分）	能够根据视频内容和需求选择合适的片头类型，并使用 Premiere 制作相应的片头效果	根据任务训练情况得分	20			
	能够熟练使用蒙版工具，包括创建蒙版、调整蒙版的形状和位置、应用蒙版效果等	根据任务训练情况得分	25			
总分						
最终得分						

知识拓展

扫描右侧二维码，阅读“蒙版特效知识文档”，拓展知识储备。

蒙版特效知识文档

AI 技术拓展

在当今的数字化时代，视频已经成为我们获取信息和娱乐的主要方式。然而，制作高质量的视频需要大量的时间和精力，这对于许多内容创作者来说是一个挑战。幸运的是，随着人工智能技术的发展，AI 视频生成工具的出现为我们提供了一种全新的解决方案。下面将详细介绍如何使用 AI 视频生成工具来提升内容创作的效率。

1. AI 视频生成工具原理

我们需要了解什么是 AI 视频生成工具。简单来说，这种工具是一种基于人工智能技术的自动化视频生成系统，它可以根据用户提供的文字描述、图像或者视频片段，自动生成相应的视频内容。这种工具的应用范围非常广泛，包括但不限于动画制作、短视频制作、富媒体内容制作等。

2. 常用 AI 视频工具介绍

（1）剪映：简易的剪辑工具软件剪辑软件，可用于游戏视频、影视作品和教学视频后期编辑，支持多个视频合并剪切，字幕、音乐、转场一键添加，多滤镜和片头任意使用。

（2）迅捷视频剪辑软件：是一款广受欢迎的视频剪辑工具，它提供了多种视频处理和编辑功能，包括视频压缩、合并、分割、画面调整等。

（3）智影：是百度推出的免费视频制作工具，可以轻松制作各种类型和风格的视频，包括短视频、宣传片、纪录片等。

（4）VideoLab：是一款基于人工智能技术的视频处理软件，可以自动识别人脸并进行各种美颜和滤镜处理，还可以进行视频剪辑和生成。

（5）Wanna Do Video：是一款韩国的视频编辑软件，提供了多种基于人工智能技术的视频处理功能，包括视频压缩、剪辑、滤镜、特效等。

3. AI 视频生成工具创作《鲁迅故居》纪录短片

素材清单：文本生成 AI 平台（如 ChatGPT）、AI 视频生成工具（如剪映）。

实操要求：利用“文本生成”和“视频生成”等效果，创作《鲁迅故居》纪录短片。

关键操作步骤如表 7-9 所示：

表 7-9　操作步骤

序号	操作步骤	参考画面
1	利用 ChatGPT 平台自动生成《鲁迅故居》文案	
2	打开剪映或其他智能剪辑平台，以剪映为例，点击“图文成片”	

续表

<table>
<tr><th>序号</th><th>操作步骤</th><th>参考画面</th></tr>
<tr><td>3</td><td>将 ChatGPT 生成的文案粘贴进文本框，并选择合适的朗读音色，点击“生成视频”按钮</td><td>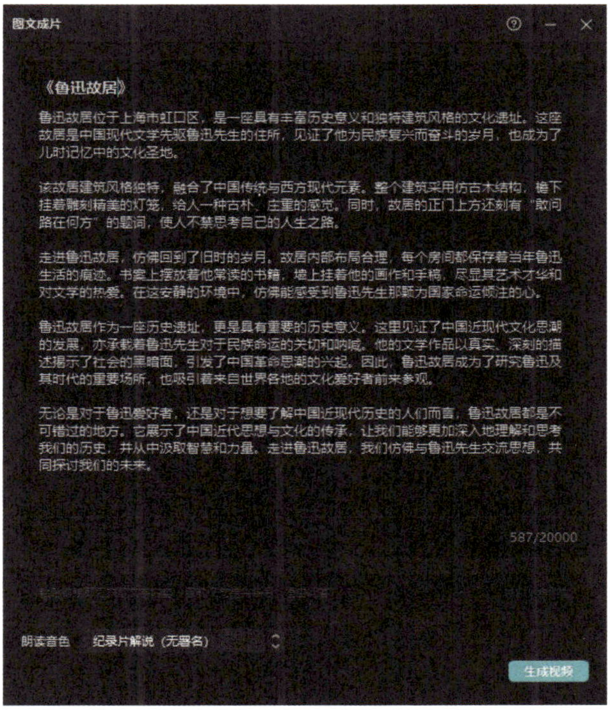
</td></tr>
<tr><td>4</td><td>等待智能剪辑平台自动生成视频</td><td>
</td></tr>
</table>

续表

序号	操作步骤	参考画面
5	检查视频质量，将部分不合适的内容进行人工修改，生成纪录短片	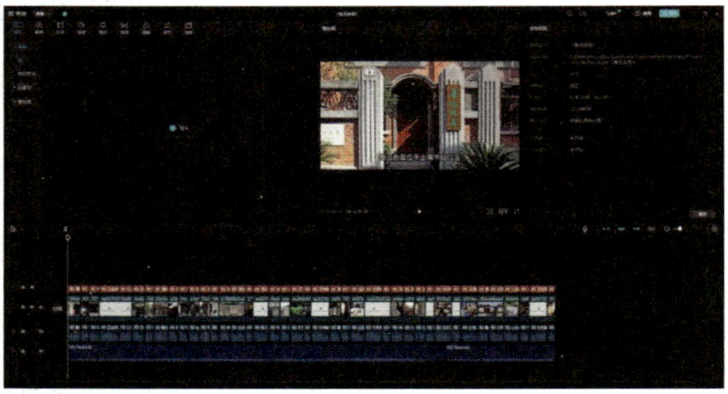

4. AI 工具的便捷与风险

如今，大量具有创作智能工具如雨后春笋般涌现，其普遍应用已经催生了新的生活方式和工作方式，对社会变革影响也逐渐显现。在国家大力推进数字化转型的背景下，我们要重点培养以下能力，成为 AI 时代的专业从业者。

（1）批判性思维和问题解决能力

面对海量的信息和复杂的问题，需要培养批判性思维，能够评估信息的可靠性，分析问题并找到有效的解决方案。这能够帮助大家在快速变化的环境中做出明智的决策。

（2）创造力和创新能力

AI 可以生成内容并进行复杂的计算，但创造力和创新是人类独有的优势。注重培养想象力和创新思维，使大家能够提出新颖的观点和解决方案。

（3）数据素养和技术应用能力

在 AI 时代，理解和使用数据变得尤为重要。需要掌握数据分析的基本技能，理解如何利用 AI 工具和技术进行数据处理和决策。

（4）跨学科思维和协作能力

AI 技术的发展推动了各学科之间的融合。跨学科的知识和技能变得越来越重要，需要培养团队协作能力，以应对复杂的现实问题。

项目验收单

表 7-10　项目验收单

<table>
<tr><th colspan="2">常出现问题</th><th>是否涉及</th><th>问题等级</th><th>扣分分值</th></tr>
<tr><td>输出参数</td><td>确保每个参数准确</td><td></td><td rowspan="15">A</td><td rowspan="15"></td></tr>
<tr><td>调色/位置/卡通人物</td><td>视频中的规定数值在不同位置要保持统一：
(同一个人设/卡通人物、同一个项目调色保持一致；位置保持一致；大小保持一致)
*若不是同一个人物（因人物身高不同，拍摄环境可能也不同），重新统一数值
*位置需注意：不可太靠边/不可挡着内容（如 PPT 排版原因导致的，重新调整排版）</td><td></td></tr>
<tr><td>片头/片尾</td><td>不可放错课程的片头、片尾</td><td></td></tr>
<tr><td>出镜/非出镜</td><td>根据客户要求呈现</td><td></td></tr>
<tr><td>姓名条</td><td>姓名条的位置大小要统一/样式要统一</td><td></td></tr>
<tr><td>标题页</td><td>同一个项目的标题页，停留的时间必须统一</td><td></td></tr>
<tr><td>视频
背景音乐</td><td>背景音的降调一定要统一，一般“－10～20 之间”（不可超过老师的声音）</td><td></td></tr>
<tr><td>动态背景</td><td>运动的速度要统一（不可快慢不一）</td><td></td></tr>
<tr><td rowspan="2">调色基本</td><td>肤色不可：过白/过黄/偏绿/偏蓝/偏红</td><td></td></tr>
<tr><td>画面整体不可：过亮/过暗</td><td></td></tr>
<tr><td>嘴型</td><td>卡通形象，嘴型要和人物语音保持一致</td><td></td></tr>
<tr><td>不雅动作</td><td>不可出现：吐舌、吧唧嘴、眨眼</td><td></td></tr>
<tr><td>卡屏</td><td>视频中不可出现：黑屏、绿屏、闪现、错误视频</td><td></td></tr>
<tr><td rowspan="2">录制</td><td>不要出现多余的内容或画面（如录制时多出的 360 旋转图标/鼠标箭头/录屏区域框）</td><td></td></tr>
<tr><td>比例不可大小不一/位置不同</td><td></td></tr>
<tr><td rowspan="2">语音</td><td>片头、片尾背景音里的 Logo 要去掉</td><td></td><td rowspan="3">A</td><td rowspan="3"></td></tr>
<tr><td>视频声音整体偏小，会影响消费者使用，需调整（调整时要适中，不可声音过大或过小）</td><td></td></tr>
<tr><td rowspan="3">剪辑</td><td>不可出现：音画、字幕不同步</td><td></td></tr>
<tr><td>转场效果不美观、不协调（如加了过场，导致画面播放时出现人物严重重叠）</td><td></td><td rowspan="2">B</td><td rowspan="2"></td></tr>
<tr><td>呈现的内容或者图片不可闪现一下就消失（如人物讲到看一下……或多图出现时……此处要多停留几秒）</td><td></td></tr>
</table>

续表

<table>
<tr><th colspan="2">常出现问题</th><th>是否涉及</th><th>问题等级</th><th>扣分分值</th></tr>
<tr><td rowspan="7">剪辑</td><td>视频中不能出现无关画面（如拍摄前后的准备工作、讲电话、与摄影师交流等）</td><td></td><td rowspan="5">A</td><td rowspan="5"></td></tr>
<tr><td>人物出镜时，如有指向性的动作，画面不可空白，要出现人物讲的对应内容</td><td></td></tr>
<tr><td>视频不能模糊不清</td><td></td></tr>
<tr><td>画面与画面的衔接处不要切换太快，间隔过短（在语音处理时就要注意）</td><td></td></tr>
<tr><td>人物出镜与不出镜切换时，内容和人物要一起消失</td><td></td></tr>
<tr><td>视频剪辑不能有掉帧情况（如视频画面静止不动亦无声音）</td><td></td><td rowspan="2">B</td><td rowspan="2"></td></tr>
<tr><td>人物讲题重复或说话重复，都需把不需要的一遍剪掉</td><td></td></tr>
<tr><td>后插入的视频/动画</td><td>根据脚本保证插入视频/动画的正确性（比较有针对性，如有不理解的请及时进行沟通并解决）</td><td></td><td>A</td><td></td></tr>
<tr><td rowspan="3">实操</td><td>需重点凸显内容时可以套用 AE 模板，排版呈现要美观，样式统一（如目录/大标题/小标题）</td><td></td><td>A</td><td rowspan="3"></td></tr>
<tr><td>过程中使用的器皿需呈现对应视频/图片和名称</td><td></td><td>A</td></tr>
<tr><td>重复操作需简化（注意不要把具体过程简化掉了）</td><td></td><td>A</td></tr>
<tr><td>排版</td><td rowspan="2">视频中插入的模板或者前期遗留的情况</td><td></td><td rowspan="2">B</td><td rowspan="2"></td></tr>
<tr><td>图片</td><td></td></tr>
<tr><td colspan="2">总体合格情况及分值</td><td colspan="3"></td></tr>
<tr><td colspan="5">注意：以上验收标准为通用标准，若视频制作项目中未涉及，请在“是否涉及”一栏中标注清楚</td></tr>
</table>

项目 8

【宣传片剪辑】网络大电影预告片剪辑

项目情景描述

预告片是电影宣传品中最富有吸引力的一种宣传工具。它的任务是把即将上映影片的大致轮廓介绍给观众，使观众对影片获得一个初步的印象，引起观众观看这部影片的兴趣。

预告片虽然是用影片中的一系列内容片段，通过剪辑手段，做一番新的组织、安排、裁剪而成的，但是预告片的成败关键，在于制作者在动手剪辑之前，是否有一个较为完整的艺术构思和结构设计。这种构思越是成熟、具体，未来的工作就越会得心应手，从而产生预期的艺术效果，深深地吸引观众，更好地完成影片的宣传任务。

在本项目中，我们将运用电影《我和我的父辈》剪辑案例，从结构分析、素材处理和声音效果三个方面学习网络大电影预告片的剪辑技巧。

任务分配表

表8-1　任务分配

任务序号	任务名称
1	结构分析
2	素材处理
3	声音效果

思政园地

缅怀革命先烈　坚定理想信念

据《党史纵横》刊载的《燕赵英雄马仁兴》记载，冀中骑兵团抗击日军侵华的态度十分坚决。在抗战最艰苦的1941年，28团在团长马仁兴的带领下率部起义，后改编为八路军晋察冀军区骑兵第2团，又称冀中骑兵团。

从冀中骑兵团攻克安平县城时娴熟的战术动作来看，冀中骑兵团是一支典型的枪骑兵，这也与八路军战史记载相符。枪骑兵有别于用马刀冲锋的方式杀伤敌人的轻骑兵，主要战术动作是乘马长途奔袭，下马隐蔽马匹并分兵看守，快速步行接敌解决战斗，战斗结束后迅速撤离，机动灵活。据《冀中党史大事记》记载，冀中骑兵团鼎盛时期，发展到1200人，战马1300匹，步枪700余支，轻机枪20挺，“八二”迫击炮两门，是一支令日军闻风丧胆的战斗力量。

缅怀革命先烈
思政视频

1942年5月12日，时任深北县三区小队二班副班长的李健所在的区小队掩护转移的群众奔向深县、武强、饶阳三县交界的大洼方向。5月20日左右在蠡县跑曲村与敌遭遇，部队有很大的伤亡，团长马仁兴之子马乘风牺牲。

父辈们用血肉之躯完成了他们的历史使命，为后人建立了一个和平安康的家园。新中国成立时，仅有名可查的革命先烈就有370多万，还有无数革命先烈留存于历史的记忆里。是他们在中华民族饱受屈辱、生死存亡的关键时刻，始终以坚定不移的革命信仰、矢志不渝的忠诚奉献、舍生忘死的顽强斗争，支撑起巍巍华夏屹立于世界的东方；是他们拼尽全力，用自己的流血牺牲，让中华民族重新焕发生机，走上伟大复兴之路。

项目思维导图

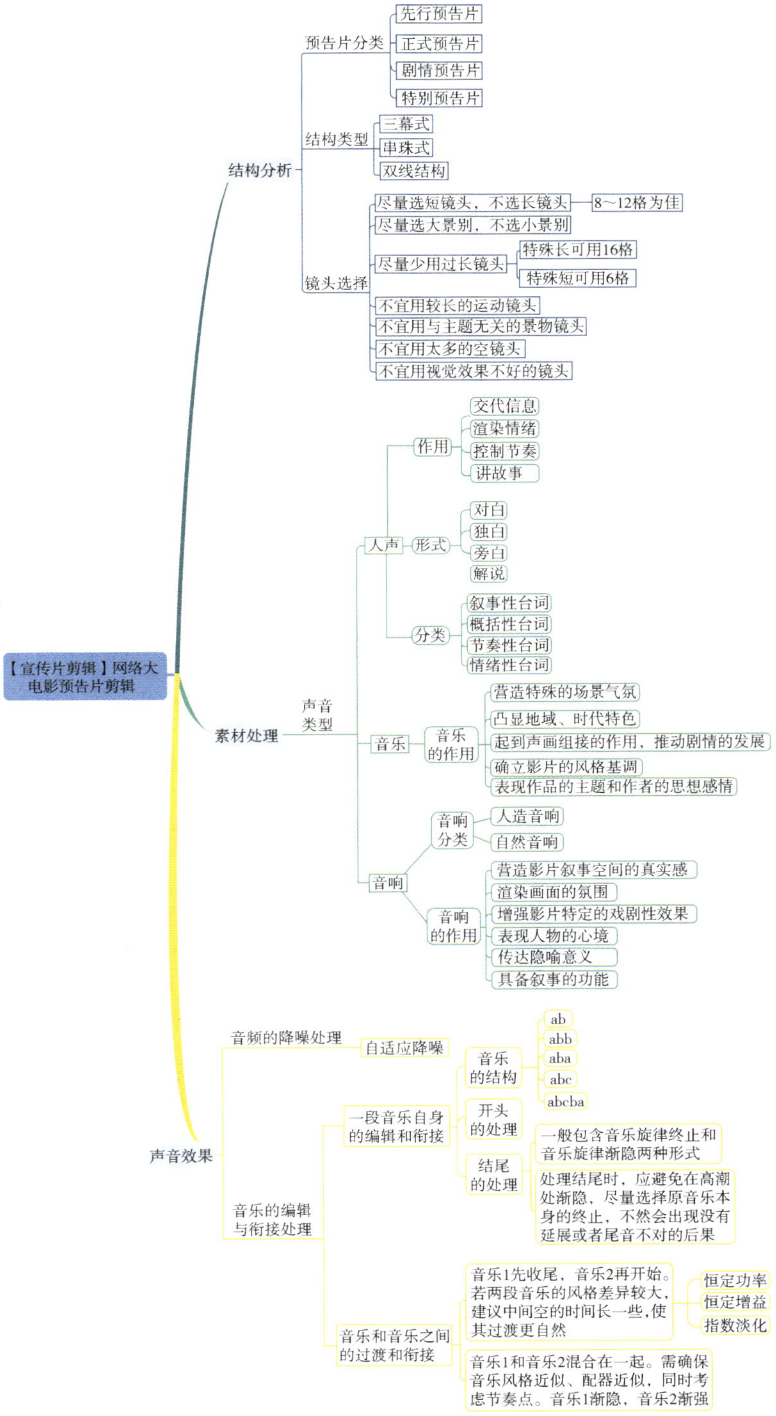
【宣传片剪辑】网络大电影预告片剪辑
结构分析
预告片分类
先行预告片
正式预告片
剧情预告片
特别预告片
结构类型
三幕式
串珠式
双线结构
镜头选择
尽量选短镜头，不选长镜头
8～12格为佳
尽量选大景别，不选小景别
尽量少用过长镜头
特殊长可用16格
特殊短可用6格
不宜用较长的运动镜头
不宜用与主题无关的景物镜头
不宜用太多的空镜头
不宜用视觉效果不好的镜头
素材处理
声音类型
人声
作用
交代信息
渲染情绪
控制节奏
讲故事
形式
对白
独白
旁白
解说
分类
叙事性台词
概括性台词
节奏性台词
情绪性台词
音乐
音乐的作用
营造特殊的场景气氛
凸显地域、时代特色
起到声画组接的作用，推动剧情的发展
确立影片的风格基调
表现作品的主题和作者的思想感情
音响
音响分类
人造音响
自然音响
音响的作用
营造影片叙事空间的真实感
渲染画面的氛围
增强影片特定的戏剧性效果
表现人物的心境
传达隐喻意义
具备叙事的功能
声音效果
音频的降噪处理
自适应降噪
音乐的编辑与衔接处理
一段音乐自身的编辑和衔接
音乐的结构
ab
abb
aba
abc
abcba
开头的处理
一般包含音乐旋律终止和音乐旋律渐隐两种形式
结尾的处理
处理结尾时，应避免在高潮处渐隐，尽量选择原音乐本身的终止，不然会出现没有延展或者尾音不对的后果
音乐和音乐之间的过渡和衔接
音乐1先收尾，音乐2再开始。若两段音乐的风格差异较大，建议中间空的时间长一些，使其过渡更自然
恒定功率
恒定增益
指数淡化
音乐1和音乐2混合在一起。需确保音乐风格近似、配器近似，同时考虑节奏点。音乐1渐隐，音乐2渐强

任务 1 结构分析

学习目标

1. 知识目标

(1) 了解宣传片的结构分类。

(2) 了解三幕式、串珠式以及双线式结构的特点。

2. 技能目标

(1) 能够为不同的宣传片选择合适的分类。

(2) 能够完成三幕式、串珠式以及双线式结构宣传片的制作。

3. 素养目标

培养剪辑师职业素养，树立严谨认真的工作态度。

知识引导

请扫描右侧二维码，观看“结构分析知识讲解”视频，思考并回答下列问题。

结构分析
知识讲解

1. 下面是《我和我的父辈》预告片中的镜头（见图 8-1、图 8-2、图 8-3），其预告片类型为________________。

图 8-1　电影《我和我的祖国》镜头 1

图 8-2　电影《我和我的家乡》镜头 2

图 8-3　电影《我和我的父辈》镜头 3

2. 在视频学习中，讲解了三幕式结构、串珠式结构和双线式结构三种结构形式，请根据你对电影《我和我的父辈》的理解，为其预告片选择合适的结构形式，描述选择的原因及具体的逻辑主线设计。

____

____

____

____

____

知识储备

预告片是指在影片上映之前，用该影片的内容展示出的精华片段，目的是为该影片做宣传，是一种有效且广泛应用的营销手段。它通过精心策划与刻意安排的剪辑，巧妙地将影片中的高潮情节、精彩瞬间、关键角色以及引人入胜的视觉效果进行整合与编排。这些片段通常经过精心挑选，旨在短时间内迅速引起观众的兴趣，制造出令人难忘的印象，激发观众对完整影片的好奇心和观看欲望，从而有效吸引观众的注意力并为影片的成功上映奠定坚实的基础。

1. 预告片的主要类型

预告片根据投放的时间和目的，可以分为以下几类：

(1) 先行预告片

先行预告片通常是投资较大的电影发行的一种非正式预告片，一般在电影上映前 3 至 4 个月甚至一年以上发行，时间短并且只告知演员、导演、改编小说或续集说明。这类预告片很少有大量影片镜头，更注重创造期待和引起观众兴趣。例如，电影《饥饿游戏：鸣鸟与蛇之歌》的先行预告片就是此类预告片的典型代表。

(2) 正式预告片

正式预告片是电影宣传中更为全面和深入的展示，通常发布于影片上映前 1 到 2 个月，一般持续 2～3 分钟，主要将影片的精华片段，经过特意剪辑安排，重新整合成一部短片，目的是吸引观众的全面关注。以电影《黑亚当》的正式预告片为例，它充分展示了电影的主要情节和视觉效果，以吸引观众走进影院观看电影。

(3) 剧情版预告片

剧情版预告片会把电影的故事脉络完整地呈现出来。这类预告片通常在电影上映前发布，有助于观众更好地理解故事走向和情节发展。有时，为了进一步增强观众的期待，还会推出剧情加强版预告片。例如，电影《侏罗纪公园 3》的剧情版预告片就成功地吸引了观众对电影故事情节的关注。

（4）特别预告片

特别预告片也是配合电影宣传的一种手段，它可以包括与其他作品或品牌的联动等多种形式，旨在创造更多的话题和关注度。这类预告片通常具有创新性和趣味性，能够引发观众的广泛讨论和期待。以影片《侏罗纪公园3》和小黄人的联动预告片为例，它通过巧妙的联动设计成功地吸引了观众的注意力。

预告片是电影营销的重要手段之一，通过精心设计和剪辑，能够有效地吸引观众并激发他们的观影欲望。不同类型的预告片针对不同的宣传目的和受众群体，共同构成了一部电影的全面宣传策略。

2. 预告片的常见结构

接下来我们探讨预告片的常见结构。预告片作为电影营销的重要手段，不仅要吸引观众眼球，还要能够精准地传达影片的核心信息。以下是几种常见的预告片结构：

（1）三幕式结构

这种结构通常分为三个部分来构建预告片的叙事框架：

第一幕：介绍影片的背景和主要人物，通过简短的镜头，向观众展示故事发生的环境和核心角色，为后续情节做铺垫。

第二幕：引入影片中最精彩的元素（如超炫酷的特效场景、极具冲击力的动作场面等），旨在激发观众的好奇心，让他们对电影充满期待。

第三幕：将第二幕的元素引向高潮，通过展现激烈的对抗情节或制造紧张的悬念，使观众的情感达到顶峰，从而留下深刻印象。

这里需要注意的是，预告片的高潮画面不一定是电影的高潮画面，而是特意挑选出来的以吸引观众的精彩瞬间。所以观众对预告片和正片常常产生较大的观影差别。

（2）串珠式结构

串珠式结构指用一个核心元素，如主要人物、关键字幕或画外音，来串联整个预告片。这种方法有助于增强预告片的整体感，并确保镜头之间的流畅过渡，避免重复和分割感。通过这样的结构设计，观众能够更清晰地捕捉到影片的主题和情感基调。

（3）双线式结构

双线式结构是一种更为复杂的叙述方式，它同时采用两条逻辑线来展开预告片的内容。常见的组合包括剧情线与线索线相结合、剧情线与访谈线相呼应，或是剧情线与时间线相交织。这种结构旨在通过多角度的叙述，使预告片内容更为丰富多元，情绪上也更具层次感。

预告片的结构设计非常重要，选择合适的结构不仅能提升预告片的吸引力，还能更有效地传达影片的核心理念。因此，在制作预告片时，应根据影片的风格和目标受众精心选择合适的剪辑结构。

3. 预告片的镜头选择

在选择预告片的镜头时，我们应当遵循以下关键原则，以确保剪辑效果引人入胜且信息量大：

(1) 尽量选短镜头，不选长镜头，以保持节奏紧凑且信息丰富；

(2) 尽量选大景别，不选小景别，以展现更广阔的视觉效果；

(3) 尽量少用过长镜头，以维持观众的兴趣和注意力；

(4) 不宜用较长的运动镜头，以避免预告片显得拖沓；

(5) 不宜用与主题无关的景物镜头，确保内容的连贯性和针对性；

(6) 不宜用太多的空镜头，以防止预告片过于空洞或缺乏实质性内容；

(7) 不宜用视觉效果不好的镜头，以保证整体视觉质量；

(8) 选用能够显示出影片题材风格的画面，增强影片的辨识度；

(9) 选用能反映时代背景、能代表原片中人物精神面貌和动作性强的画面，提升预告片的动态视觉冲击力；

(10) 聚焦于影片的核心剧情线，选择与之紧密相关的画面，使预告片内容更具吸引力；

(11) 在剪辑时，镜头的数量可以丰富，但单个镜头的时长应适中，避免冗长拖沓。

在设计预告片的画面长度时，一般以 8～12 格（1/3 秒或 1/2 秒）最为适宜，特殊长的，可用 16 格；特殊短的，可用 6 格，长的节奏缓慢，短的节奏紧凑。预告片的节奏与画面技巧的长度有密切的关系。预告片片头、片尾如用淡出、淡入，长度最多不超过 48 格，一般以 32 格为佳。

实操演练

素材清单：请观看《我和我的祖国》《我和我的家乡》《我和我的父辈》三部电影。

实操要求：根据前面对该预告片类型及结构的分析，选择合适的镜头，将表 8-2 填写完整。

表 8-2　素材清单

镜号	所处影片及时间	素材画面及目的描述
1		
2		
3		
4		
5		

续表

镜号	所处影片及时间	素材画面及目的描述
6		
7		
8		
9		
10		
11		
12		
13		
14		
15		

表格填写示例如表 8-3 所示：

表 8-3　表格填写示例

镜号	所处影片及时间	素材画面及目的描述
1	《我和我的祖国》01：35：21	画面：奥运鸟巢地标 目的：交代时代背景

扫描右侧二维码，可观看完整实操录屏。

结构分析
实操录屏

任务评价

表 8-4　任务评价

评分项目			评分细则	配分	自我评价（20%）	小组互评（30%）	教师评价（50%）
素养评价（20 分）	课堂纪律（5 分）	不迟到，不早退	违反一次不得分	2			
		积极思考，回答问题	根据上课情况统计得分	3			
	职业道德（15 分）	爱岗敬业	热爱专业	5			
		诚实守信	认真完成练习和作业	5			
		团结互助	根据分组讨论、交流表现得分	5			

续表

评分项目		评分细则	配分	自我评价（20%）	小组互评（30%）	教师评价（50%）
知识评价（30分）	了解宣传片的结构分类	根据理论测试情况得分	15			
	了解三幕式、串珠式以及双线式结构的特点		15			
职业能力评价（50分）	能够为不同的宣传片选择合适的分类	根据任务训练情况得分	20			
	模仿制作预告片并写明结构模式	根据任务训练情况得分	30			
总分						
最终得分						

知识拓展

扫描右侧二维码，阅读“结构分析知识文档”，拓展知识储备。

结构分析知识文档

任务2 素材处理

学习目标

1. 知识目标

（1）了解几种不同的声音类型。

（2）了解影视预告片中常用的声音表现形式以及效果。

2. 技能目标

（1）能够掌握不同声音效果的特点。

（2）能够根据影视预告片类型的不同，选择合适的声音表现形式。

3. 素养目标

培养审美意识和镜头感，能够做到音画合一，烘托影片氛围。

知识引导

请扫描右侧二维码，观看“素材处理知识讲解”视频，思考并回答下列问题。

素材处理
知识讲解

1. 请分析电影《1942》预告片中人声的运用。

2. 请分析电影《我和我的父辈》预告片中人声的运用。

3. 请分析电影《我和我的父辈》预告片中音乐的运用。

4. 请分析电影《复仇者联盟 3》预告片中的音乐和音响效果。

5. 请分析电影《我和我的父辈》预告片中音响的运用。

知识储备

声音作为预告片的灵魂之一，对于提升成片的叙事能力、整体质量及营造氛围和传递情感起着至关重要的作用。通过精心挑选和剪辑声音素材，可以为观众带来更加沉浸式的观影体验。

1. 声音的类型及作用

声音作为影视作品中不可或缺的组成部分，不仅丰富了叙事层次，还极大地增强了观众的沉浸感。从人声的对白、独白、旁白到环境音响的细腻描绘，再到背景音乐的情感渲染，每一种声音类型都以其独特的方式贡献于故事的讲述：

（1）人声

人声在影视作品中主要作用是传递信息，塑造人物性格，推动故事情节发展。人声主要可以分为两大类：一类是人物对白，另一类是画外音，包括独白、旁白和解说。它们以不同的方式揭示人物的内心世界、提供背景信息或进行评论。按照人声的作用，又可将其分为叙事性台词、概括性台词、节奏性台词和情绪性台词。

①对白，又称对话，是指影视作品中人物之间进行交流的语言。它多用于叙述事件，交代故事情节及信息，使观众自然地从对白中了解故事发生的原因和结果；有时还可以介绍故事的时代背景，以及错综复杂的人物关系。

此外，对白还可以渲染人物情绪、控制节奏、推动故事情节。例如，通过对白交代矛盾的原因，并进一步激化矛盾，使故事走向高潮，增强影片中故事情节的起伏，进而推动故事走向最后的结局。

②独白是影视作品中人物对自己内心活动的自我表述，是以非人类自然物体为交流对象的大段诉说，即“自言自语”。它是剧中人物产生于内心的一种反应，不仅是人物自己的声音，也是人物此时此刻的想法和心理过程，因此独白是揭示人物内心活动和刻画人物性格的重要手段。

③旁白是以画外音形式出现的第一人称自述及第三人称议论和评说。它是台词的画外运用，是叙事、抒情的重要手法。

按其性质，旁白分为作者的客观叙述及剧中人物的主观叙述两种表现形式，旁白没有与剧中人物交流的作用，只把观众作为交流对象，因而它不属于人物动作的范畴。它的基本功能有以下四个方面：

第一：介绍故事发生的时间、地点以及时代背景、社会环境等。

第二：结合人物首次出场的肖像造型，旁白可以对人物的姓名、职业、年龄以及重要前史做简要介绍，为人物性格和心理做必要的提示。

第三：塑造人物形象。

第四：议论、抒情。

④解说是影视作品中以客观叙述者的身份直接用语言来交代、介绍剧情或发表议论的一种方式，在纪录片和科教片中运用最为广泛。

通过以上的学习，可以将人声在影视作品中的作用概括如下：

a. 交代信息，描述故事情节，强化故事发生的时空背景，交代错综复杂的人物关系；

b. 有利于激化人际矛盾，把情节推向高潮；

c. 是导演塑造人物常用的艺术手段；

d. 有助于环境氛围的营造；

e. 提示主题思想。

（2）音乐

在影视作品的声音系统中，音乐作为非常重要的元素，具有多重作用：

①营造特殊的场景气氛；

②凸显地域、时代特色；

③推动剧情的发展；

④确立影片的风格基调；

⑤表现作品的主题和作者的思想感情；

⑥起到声画组接的作用。

（3）音响

音响是指除台词、音乐之外，影视作品中一切声音的统称，可分为自然音响和人造音响两类。自然音响指用录音设备对客观环境的原有音响进行实录后重放出来，可以说是客观环境的再现或复现；人造音响是工作人员（如拟音师）用一些独有的器具模拟出来的，凡是加工创作的人工音响，多半是自然界和生活中没有的或现实中不方便捕捉到的声音，例如电影《侏罗纪公园 3》中恐龙的叫声等。

在影视作品中，音响主要有以下作用：

①营造影片叙事空间的真实感；

②渲染画面的氛围；

③增强影片特定的戏剧性效果；

④表现人物的心境；

⑤具备叙事的功能；

⑥传达隐喻意义。

2. 影视预告片中的声音选择

预告片中的声音呈现主要涵盖三种艺术形态：一是以音乐与音响效果为主导，二是以音乐搭配旁白解说为核心，三是将人物对白、背景音乐及音响效果巧妙融合。这三种策略可依据影片的类型与内涵灵活选用，而通常采用对白、音乐与音响的综合运用方式，能够更为深刻地烘托人物情感，传达影片的主旨、情节及氛围，同时强化影片的节奏感。下面将分别讲解预告片中对白、音乐和音响的选择原则。

(1) 对白

预告片中对白的选择是剪辑过程中较为重要的一环。由于预告片的时长有限，不可能容纳冗长的对话，因此，应精选那些能够直接反映主题思想和人物思想感情的关键性语言。这些语言应简练、生动，并富含深意，避免使用大量非核心的对话。预告片的宣传效果主要通过丰富的视觉形象来实现，而精练的对白则能起到画龙点睛的作用，深化观众对影片的印象和理解。

(2) 音乐

音乐在预告片的声音中占有主要地位，其决定了预告片的整体节奏，同时也是表达影片风格、样式最有力的手段。因此，在选择音乐时，必须确保其与影片的风格、氛围等要素相契合。音乐能够激发观众的情感共鸣，引导他们更好地融入影片的世界。合适的音乐选择能够极大地提升预告片的感染力和吸引力。

(3) 音响

合适的音响能够进一步渲染影片的氛围，增加影片的真实感与节奏感。因此，在选择音响时，应使其与影片的氛围和人物的情感相匹配。音响的运用不仅能够丰富影片的听觉层次，还能够为观众营造更为沉浸式的观影体验。

对白、音乐、音响三者在预告片中的运用，应该如同原片的声音处理一样构成一个有机的完整听觉形象。要通过声音的运用显示出原片的内容、风格和特色。三者的结合，关系着画面内容的生动感人以及声音与画面有机配合的节奏感，对反映影片的主题思想、风格特色等起到重要作用。

实操演练

素材清单：请上网搜索《我和我的祖国》《我和我的家乡》《我和我的父辈》三部电影的有关资料。

实操要求：请选择合适的声音素材，并完成《我和我的父辈》预告片声音素材的导入与剪辑，最后形成一个完整的预告片视频。

扫描右侧二维码，可观看完整实操录屏。

素材处理
实操录屏

任务评价

表 8-5　任务评价

<table>
<tr><th colspan="3">评分项目</th><th>评分细则</th><th>配分</th><th>自我评价（20%）</th><th>小组互评（30%）</th><th>教师评价（50%）</th></tr>
<tr><td rowspan="5">素养评价（20 分）</td><td rowspan="2">课堂纪律（5 分）</td><td>不迟到，不早退</td><td>违反一次不得分</td><td>2</td><td></td><td></td><td></td></tr>
<tr><td>积极思考，回答问题</td><td>根据上课情况统计得分</td><td>3</td><td></td><td></td><td></td></tr>
<tr><td rowspan="3">职业道德（15 分）</td><td>爱岗敬业</td><td>热爱专业</td><td>5</td><td></td><td></td><td></td></tr>
<tr><td>诚实守信</td><td>认真完成练习和作业</td><td>5</td><td></td><td></td><td></td></tr>
<tr><td>团结互助</td><td>分组讨论、交流，表现得分</td><td>5</td><td></td><td></td><td></td></tr>
<tr><td rowspan="2">知识评价（30 分）</td><td colspan="2">了解几种不同的声音类型</td><td rowspan="2">根据理论测试情况得分</td><td>15</td><td></td><td></td><td></td></tr>
<tr><td colspan="2">了解影视预告片中常用的声音表现形式以及效果</td><td>15</td><td></td><td></td><td></td></tr>
<tr><td rowspan="2">职业能力评价（50 分）</td><td colspan="2">能够掌握不同声音效果的特点</td><td>根据任务训练情况得分</td><td>20</td><td></td><td></td><td></td></tr>
<tr><td colspan="2">能够根据影视预告片类型的不同，选择合适的声音表现形式</td><td>根据任务训练情况得分</td><td>30</td><td></td><td></td><td></td></tr>
<tr><td colspan="5">总分</td><td></td><td></td><td></td></tr>
<tr><td colspan="5">最终得分</td><td colspan="3"></td></tr>
</table>

知识拓展

扫描右侧二维码，阅读“素材处理知识文档”，拓展知识储备。

素材处理知识文档

任务 3 声音效果

学习目标

1. 知识目标

(1) 了解噪声的定义。

(2) 了解降噪的基本原理。

2. 技能目标

(1) 能够利用 Premiere 软件进行降噪。

(2) 能够根据具体情况，调整降噪参数。

3. 素养目标

培养声音辨别感和敏感度，提升剪辑专业素养。

知识引导

请扫描右侧二维码，观看“声音效果知识讲解”视频，思考并回答下列问题。

声音效果知识讲解

1. 在 Premiere 中，常用的音频过渡效果包括________、________。

2. 频谱衰减率过短时，会产生________效果；过长时，会产生________效果。

3. 当一首音乐的结构是 abb 式时，需要对其长度进行精简，尽量精简成________或________，而不要精简成________。

4. 请判断下列描述的对错。

(1) 降噪幅度确定降噪的级别。(　　)

(2) 若需减少发泡背景效果，降噪幅度建议输入较高值。(　　)

(3) 当音乐结构为 abb 式时，可通过复制（剪辑）b 段增长或缩短音乐。(　　)

(4) 在一首音乐中，一般每个段落的开头都可以作为整个音乐的开头。(　　)

知识储备

声音技术处理在影视制作中占据着举足轻重的地位。通过对音频的精细处理，不仅能够提升影片的音质，还能够深化观众的情感体验。接下来我们具体讲解 Premiere 中的技术处理方法。

1. 音频的降噪处理

Premiere 中的“降噪”（旧版为“自适应降噪”）可快速去除变化的宽频噪声，如背景声音、隆隆声和风声等。点击【自定义设置】旁的编辑按钮，即可弹出音频设置对话框，可在预设中选择弱降噪、强降噪或消除单个源的混响；并进行参数的设置，也可直接在效果控件中进行参数的设置。“降噪”效果包含以下参数：

（1）降噪幅度：确定降噪的级别。一般来说，值设置在 6～30 dB 能够取得较好的降噪效果。若需要减少发泡背景效果，建议输入较低的数值，以避免过度处理导致音质损失。

（2）噪声量：反映了原始音频中包含噪声的比例，通过调整此值，可以更精确地控制降噪处理的程度，确保在去除噪声的同时保留音频的原始质量。

（3）微调噪声基准：将噪声基准手动调整到自动计算的噪声基准之上或之下，这有助于在复杂音频环境中更准确地识别并处理噪声。

（4）信号阈值：可以手动调整此阈值，以决定哪些音频信号应被视为有效信号而保留，哪些应被视为噪声而去除。这有助于在保留重要音频细节的同时，更有效地消除背景噪声。

（5）频谱衰减率：缩短降噪与允许听到噪声之间的延迟，具体来说，它影响噪声处理下降 60 dB 所需的时间。微调该设置可实现更大程度的降噪且失真更少。值设置得过短可能会产生发泡效果，过长的值会产生混响效果。

（6）宽频保留：保留介于指定的频段与找到的失真之间的所需音频。例如，设置为 100 Hz 可确保不会删除高于 100 Hz 或低于找到失真的任何音频。更低设置可去除更多噪声，但可能引入可听见的处理效果。

（7）FFT 大小：确定分析单个频段的数量。选择高设置可提高频率分辨率，选择低设置可提高时间分辨率。高设置适用于持续时间长的失真（如吱吱声或电线嗡嗡声），而低设置更适合处理瞬时失真（如咔嗒声或爆音）。

2. 音乐的编辑与衔接处理

在电影预告片剪辑中，常常要对电影中的音乐进行编辑和调整，使单段音乐既能独立成章，又能与画面完美契合，同时确保不同音乐段落间无缝衔接，形成连贯的音乐叙事，避免突兀感，从而让观众在短暂的预告片时间内，经历一场流畅而深刻的视听盛宴。

（1）一段音乐的处理

在对一段音乐进行处理时，通常会从音乐的结构、开头的处理和结尾的处理三个方面进行考虑，以确保音乐与视觉内容的无缝融合。

①音乐的结构。音乐或歌曲往往构建于多样化的结构之上，如 ab、abb、aba、abc、abcba 等，这些结构中蕴含着丰富的重复与微妙变化。重复部分，如歌词的多次咏唱，为剪辑提供了灵活的素材；而微调之处，如音调的升降、速度的缓急、配器的增减，则需在剪辑中细致捕捉与巧妙利用。对于结构简洁的音乐（如 abb 式），可通过复制 b 段灵活调整音

乐长度；面对复杂结构或变调音乐，需精心匹配各段落间的调性与乐器编配，确保过渡自然流畅。特别在处理如 abcb 结构中 c 段的变调时，直接连接 a 与 c 可能导致听觉上的突兀，因此需细致调试，寻求最佳组接方案。

一段音乐中的一个结构段落可能时长在几十秒甚至几分钟，若对音乐的需求为 10 秒以内，就要进行音乐小节的拼接。一段音乐中，除了有大结构上的重复以外，还有小结构上的重复，比如当一首歌的一到四句和五到八句“旋律”近似甚至完全一样时，在剪辑的时候完全可以把一二句和七八句的旋律剪辑在一起，这样既确保了音乐顺畅也精简了时长，甚至可以做更大胆的尝试，比如一个 abb 结构的音乐，两个 b 段都是 8 小节，4 小节一重复，音乐配器和音调都近似，那么完全可以把第一 b 段的前 2 小节和第二 b 段的后 2 小节连接到一起，当以小节为单位的时候，就能以更高的精准度来控制音乐的时长，让其与画面时长匹配。

②开头的处理。音乐的开头是吸引听众的关键，几乎任何结构段落的起始都能作为整首音乐的开场，关键在于通过渐强的音量处理，平滑地引领听众进入音乐世界。特别是前奏后的首段落，即便是非传统结构起点，也能通过延长音量渐强过程，创造出和谐的开场效果。

③结尾的处理。结尾处理关乎音乐的完整性与听众的听觉体验，主要分为旋律终止与渐隐两种方式。处理结尾时，应避免在高潮处渐隐，尽量选择原音乐本身的终止，确保音乐的延展性与尾音的和谐，比如一个音乐的结构是 abca，当需要精简时长时，在音乐的音调配器等方面因素都合适的情况下，尽量精简成 aba 或者 aca，而不要精简成 abc。因为一段音乐的收尾通常是很讲究的，你很难拿这段音乐的其他段落的结尾作为整支音乐的结尾。

（2）音乐与音乐之间的处理

当多首音乐进行拼接时，通常有以下三种方法：

①顺序过渡：首先让第一段音乐完整收尾，然后再开始播放第二段音乐。若两段音乐的风格差异较大，建议中间空的时间长一些，使其过渡更自然。

②混合过渡：将两段风格相近、配器相似的音乐混合在一起。通过让第一段音乐渐隐，同时让第二段音乐渐强，可以创造出平滑的过渡效果。在此过程中，需要密切关注节奏点，以确保两段音乐的节奏能够相互匹配。

③硬接：在某些情况下，两段音乐的旋律可能允许直接连接。特别是当一段音乐的开头非常强烈，能够覆盖或掩盖前一段音乐的结尾时，硬接可以成为一个有效的选择。然而，这种方法应用相对较少且需要谨慎使用，以确保不会破坏音乐的整体流畅性和和谐感。

3. 常用的音乐过渡效果

在影视剪辑中，音乐过渡的流畅与否对于整体观影体验有着关键作用。Premiere 提供了丰富的过渡特效工具，使得音乐之间的衔接更加自然、和谐。这些过渡特效不仅能够消除音乐切换时的突兀感，还能够根据影片的节奏和情感需求，创造出恰到好处的听觉效果。在 Premiere 中，常用的音乐过渡效果包括恒定功率、恒定增益和指数淡化。

(1) 恒定功率

恒定功率是 Premiere 默认的音频过渡方式，它可以在两个剪辑之间创建一种平滑的渐变过渡。其工作方式类似于视频过渡中的溶解效果，在中间不会出现明显的电平下降，比较适合音乐类的音频剪辑之间的过渡。此效果首先缓慢降低第一个剪辑的音频，然后快速接近过渡的末端。对于第二个剪辑，则首先快速增加音频，然后缓慢地接近过渡的末端。

(2) 恒定增益

恒定增益指的是在剪辑之间过渡时以恒定速率更改音频进出。此效果会导致音频电平轻微下降，而且可能听起来较生硬。

(3) 指数淡化

指数淡化指使用对数曲线进行交叉淡化，用于在两个音频剪辑之间创建非常平滑的先快后慢的过渡。比较适合于音乐风格相关且较大的音频剪辑之间的过渡，也比较适合做单侧过渡。

实操演练

素材清单：请上网搜索《我和我的祖国》《我和我的家乡》《我和我的父辈》三部电影的相关视频素材。

实操要求：结合前两个任务的成果，将预告片的声音效果进行处理，完成最终的预告片制作。

关键操作步骤如表 8-6 所示：

表 8-6　操作步骤

序号	操作步骤	参考画面
1	降噪： 选中需降噪的音频，在音频效果中找到“降噪”，并将其拖至时间轴的音频上	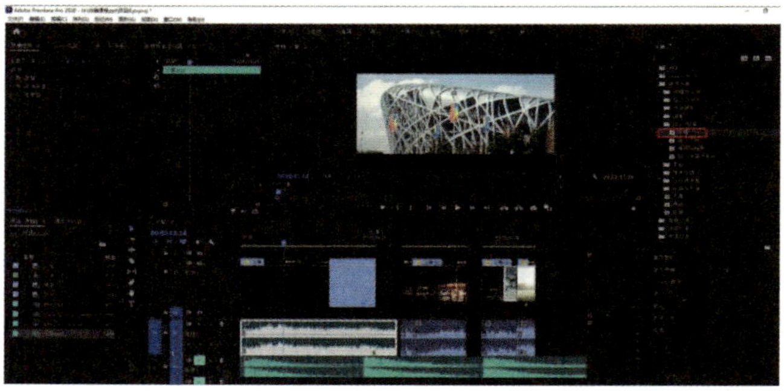

续表

序号	操作步骤	参考画面
2	降噪： 在效果控件中，对其参数进行调整，点击自定义设置的“编辑”按钮，即可弹出参数修改窗口，根据实际需求，修改参数设置即可	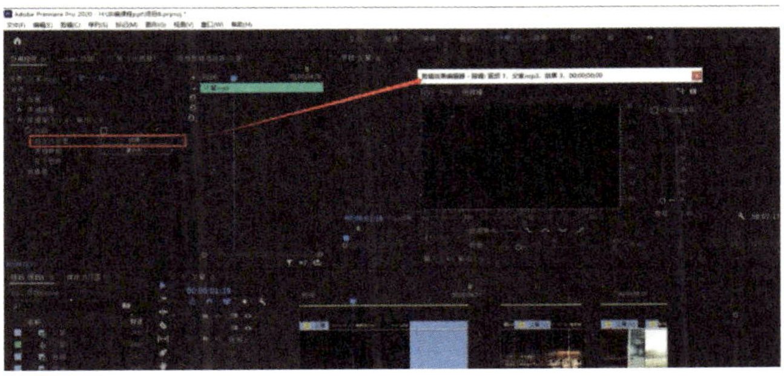
3	音乐的组接： 选择两段音乐中的相似波峰进行组接	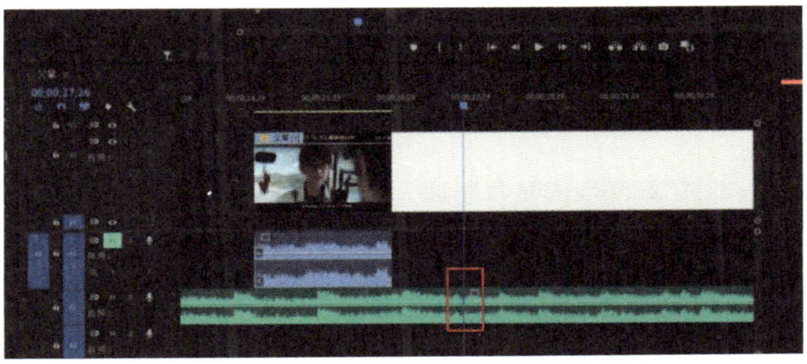
4	音乐的组接： 选择音乐过渡效果中的“恒定功率”（最为常用），将其拖至音乐接口处，并根据实际情况对其进行调整	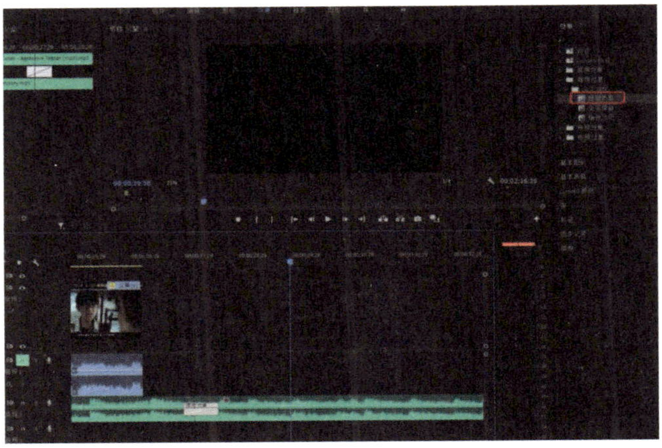

扫描右侧二维码，可观看完整实操录屏。

声音效果
实操录屏

任务评价

表 8-7 任务评价

评分项目			评分细则	配分	自我评价（20%）	小组互评（30%）	教师评价（50%）
素养评价（20 分）	课堂纪律（5 分）	不迟到，不早退	违反一次不得分	2			
		积极思考，回答问题	根据上课情况统计得分	3			
	职业道德（15 分）	爱岗敬业	热爱专业	5			
		诚实守信	认真完成练习和作业	5			
		团结互助	分组讨论、交流，表现得分	5			
知识评价（30 分）	了解噪声的定义		根据理论测试情况得分	15			
	了解降噪的基本原理			15			
职业能力评价（50 分）	能够利用 Premiere 软件进行降噪		根据任务训练情况得分	20			
	能够根据具体情况，调整降噪参数		根据任务训练情况得分	30			
总分							
最终得分							

知识拓展

扫描右侧二维码，阅读“声音效果知识文档”，拓展知识储备。

声音效果
知识文档

项目验收单

表 8-8　项目验收单

<table>
<tr><th colspan="2">常出现问题</th><th>是否涉及</th><th>问题等级</th><th>扣分分值</th></tr>
<tr><td>输出参数</td><td>确保每个参数准确</td><td></td><td rowspan="14">A</td><td rowspan="14"></td></tr>
<tr><td>调色/位置/卡通人物</td><td>视频中的规定数值在不同位置要保持统一：
(同一个人设/卡通人物、同一个项目调色保持一致；位置保持一致；大小保持一致)
＊若不是同一个人物（因人物身高不同，拍摄环境可能也不同），重新统一数值
＊位置需注意：不可太靠边/不可挡着内容（如 PPT 排版原因导致的，重新调整排版）</td><td></td></tr>
<tr><td>片头/片尾</td><td>不可放错课程的片头、片尾</td><td></td></tr>
<tr><td>出镜/非出镜</td><td>根据客户要求呈现</td><td></td></tr>
<tr><td>姓名条</td><td>姓名条的位置大小要统一/样式要统一</td><td></td></tr>
<tr><td>标题页</td><td>同一个项目的标题页，停留的时间必须统一</td><td></td></tr>
<tr><td>视频背景音乐</td><td>背景音的降调一定要统一，一般“－10～20 之间”（不可超过老师的声音）</td><td></td></tr>
<tr><td>动态背景</td><td>运动的速度要统一（不可快慢不一）</td><td></td></tr>
<tr><td rowspan="2">调色基本</td><td>肤色不可：过白/过黄/偏绿/偏蓝/偏红</td><td></td></tr>
<tr><td>画面整体不可：过亮/过暗</td><td></td></tr>
<tr><td>嘴型</td><td>卡通形象，嘴型要和人物语音保持一致</td><td></td></tr>
<tr><td>不雅动作</td><td>不可出现：吐舌、吧唧嘴、眨眼</td><td></td></tr>
<tr><td>卡屏</td><td>视频中不可出现：黑屏、绿屏、闪现、错误视频</td><td></td></tr>
<tr><td rowspan="2">录制</td><td>不要出现多余的内容或画面（如录制时多出的 360 旋转图标/鼠标箭头/录屏区域框）</td><td></td></tr>
<tr><td>比例不可大小不一/位置不同</td><td></td><td>B</td><td></td></tr>
<tr><td rowspan="2">语音</td><td>片头、片尾背景音里的 Logo 要去掉</td><td></td><td rowspan="3">A</td><td rowspan="3"></td></tr>
<tr><td>视频声音整体偏小，会影响消费者使用，需调整（调整时要适中，不可声音过大或过小）</td><td></td></tr>
<tr><td rowspan="3">剪辑</td><td>不可出现：音画、字幕不同步</td><td></td></tr>
<tr><td>转场效果不美观、不协调（如加了过场，导致画面播放时出现人物严重重叠）</td><td></td><td rowspan="2">B</td><td rowspan="2"></td></tr>
<tr><td>呈现的内容或者图片不可闪现一下就消失（如人物讲到看一下……或多图出现时……此处要多停留几秒）</td><td></td></tr>
</table>

续表

<table>
<tr><th colspan="2">常出现问题</th><th>是否涉及</th><th>问题等级</th><th>扣分分值</th></tr>
<tr><td rowspan="7">剪辑</td><td>视频中不能出现无关画面（如拍摄前后的准备工作、讲电话、与摄影师交流等）</td><td></td><td rowspan="5">A</td><td rowspan="5"></td></tr>
<tr><td>人物出镜时，如有指向性的动作，画面不可空白，要出现人物讲的对应内容</td><td></td></tr>
<tr><td>视频不能模糊不清</td><td></td></tr>
<tr><td>画面与画面的衔接处不要切换太快，间隔过短（在语音处理时就要注意）</td><td></td></tr>
<tr><td>人物出镜与不出镜切换时，内容和人物要一起消失</td><td></td></tr>
<tr><td>视频剪辑不能有掉帧情况（如视频画面静止不动亦无声音）</td><td></td><td rowspan="2">B</td><td rowspan="2"></td></tr>
<tr><td>人物讲题重复或说话重复，都需把不需要的一遍剪掉</td><td></td></tr>
<tr><td>后插入的视频/动画</td><td>根据脚本保证插入视频/动画的正确性（比较有针对性，如有不理解的请及时进行沟通并解决）</td><td></td><td>A</td><td></td></tr>
<tr><td rowspan="3">实操</td><td>需重点凸显内容时可以套用 AE 模板，排版呈现要美观，样式统一（如目录/大标题/小标题）</td><td></td><td>A</td><td rowspan="3"></td></tr>
<tr><td>过程中使用的器皿需呈现对应视频/图片和名称</td><td></td><td>A</td></tr>
<tr><td>重复操作需简化（注意不要把具体过程简化掉了）</td><td></td><td>A</td></tr>
<tr><td>排版</td><td rowspan="2">视频中插入的模板或者前期遗留的情况</td><td></td><td rowspan="2">B</td><td rowspan="2"></td></tr>
<tr><td>图片</td><td></td></tr>
<tr><td colspan="2">总体合格情况及分值</td><td colspan="3"></td></tr>
<tr><td colspan="5">注意：以上验收标准为通用标准，若视频制作项目中未涉及，请在“是否涉及”一栏中标注清楚</td></tr>
</table>

项目9 【广告片剪辑】电商广告片剪辑

项目情景描述

电商广告片是集影像、声音、文字于一体的综合信息载体，能够把产品的细节、外观质感和卖点，完整地传递给屏幕另一端的消费者。它是一种为了特定商业需要，通过传播媒介，公开而广泛地向公众传递商业信息的影片，是信息高度集中、高度浓缩的节目，是视听兼备、声画统一的一种广告形式。广告片兼有报纸、广播和电影的视听特色，以声、像、色兼备，听、视、读并举为特点。一个宣传片如果做得足够好，不仅能够提高销量，还能提升公司的形象，从而挖掘出更多潜在客户。

在本项目中，我们将运用《品牌猪肉》剪辑案例，从素材校色、后期调色和图层遮罩三个方面学习电商广告片的剪辑技巧。

任务分配表

表9-1　任务分配

任务序号	任务名称
1	素材校色
2	后期调色
3	图层遮罩

思政园地

科技带动农牧，创造幸福生活

中华人民共和国成立后，我国猪肉生产经历了从以养肥猪为主的小农生产阶段到引进瘦肉型猪种与地方品种杂交提高瘦肉率的阶段，再到商业化瘦肉型猪品种持续选育与集约化生产阶段，产能大幅增加。

第一阶段是以养肥猪为主的小农生产阶段。解放初期，以农户散养为主的养殖模式，所养猪种基本是没有经过选育的地方猪，瘦肉率低、肥肉多、生长慢。

科技带动农牧
思政视频

第二阶段是引进瘦肉型猪种与地方品种杂交提高瘦肉率的阶段。随着人民生活水平提高，对猪肉需求量加大，光靠养殖地方猪种不能满足猪肉供应。1979 年前后，自主培育了三江白猪、湖北白猪等新品种。与纯地方猪相比，显著提高了瘦肉率。

第三阶段是商业化瘦肉型猪品种持续选育与集约化生产阶段。随着人口增加和动物产品刚性需求的不断增长，我国面临的饲料资源压力越来越大，猪肉生产模式转向国际通用的商业化瘦肉型猪品种杂交生产，集约化程度越来越高。瘦肉型猪具有高效、节粮的特点，产肉效率高，目前占全国生猪养殖的 90%以上。

经过上述三个阶段，我国猪肉产能大幅增加，生猪年出栏量从 1950 年的 6000 万头增长至目前的近 7 亿头，占居民肉类消费的 60%，为提升居民生活水平作出了巨大贡献。

我国是世界上生猪生产与猪肉消费第一大国。生猪产业是我国畜牧乃至农业的支柱产业。良种是保障生猪产业健康发展的重要基础。历经几十年发展，我国生猪种业自主创新能力持续提高，良种供给能力不断增强，夯实了生猪产业发展根基，保障了居民“肉篮子”供应。我国生猪种业完成了从引进吸收、改良提升向创新追赶、自主选育的转变，具备了从基础研究、技术创新、应用研究到成果推广的创新能力。在育种技术方面，与国际水平基本并跑，部分领域国际领先，有了与国际先进水平同台竞技的基础。种猪性能持续提升，目前自给率达到 80%以上。

也正是一代又一代科研人员的不懈努力，才为我们今天的小康生活夯实了基础；也正是一代又一代劳动人民的辛勤付出，才有了我们今天的美好新生活。

项目思维导图

- 【广告片剪辑】电商广告片剪辑
  - 素材校色
    - 颜色模式
      - RGB模式
        - 红（R）
        - 绿（G）
        - 蓝（B）
      - CMYK模式
        - C代表青色（Cyan）
        - M代表品红色（Magenta）
        - Y代表黄色（Yellow）
        - K代表黑色（Black）
      - HSL模式
        - H色相（Hue）
        - S饱和度（Saturation）
        - L亮度（Lightness）
    - 校色方法
      - Lumetri颜色效果
      - 颜色模式
  - 后期调色
    - 曲线
      - RGB曲线
        - 一般情况下，需要配合波形图来进行处理
        - 按住Ctrl键点击，可删除控制点
        - 双击空白处，可重置曲线
        - 主曲线（白色）控制亮度，还可以单独调整红、绿、蓝通道曲线
      - 色相饱和度曲线
        - 分类
          - 色相与饱和度
          - 色相与色相
          - 色相与亮度
          - 亮度与饱和度
          - 饱和度与饱和度
        - 方法
          - 按下Shift键可将控制点锁定，使其只能上下移动
          - 按Ctrl并单击控制点，可将其删除
          - 可选择其中一段添加控制点，进行单独调节
          - 也可用吸管工具吸取颜色，自动生成控制点
    - 滤镜（LUT）
      - 输入LUT
        - 可以点击浏览，添加电脑中自己制作的LUT
        - 在“基本校正”中，有“输入LUT”的选项框，点击后，可看到Premiere自带的LUT
  - 图层遮罩
    - Alpha遮罩
      - 遮罩层透明度100%–最终可见度100%
      - 遮罩层透明度50%–最终可见度50%
      - 遮罩层透明度0–最终可见度0
    - 亮度遮罩
      - 黑色–最终可见度100%
      - 灰色–最终可见度50%
      - 白色–最终可见度0

任务 1 素材校色

学习目标

1. 知识目标

（1）了解常用的色彩模式。

（2）了解校色的基本原理。

2. 技能目标

（1）能够利用白平衡方法进行校色。

（2）能够利用 Premiere 中的 Lumetri 颜色对视频素材进行校色。

3. 素养目标

具备良好的艺术感受力，能够根据影片的风格和需求，调整色彩以达到预期的视觉效果。

知识引导

请扫描右侧二维码，观看“素材校色知识讲解”视频，思考并回答下列问题。

素材校色
知识讲解

1. RGB 色彩模式用________来表示不同等级光线的强度。

2. 在 CMYK 色彩模式中，C 代表________色，M 代表________色，Y 代表________色，K 代表________色。

3. 在 HSL 色彩模式分别代表色相（Hue）、饱和度（Saturation）和亮度（Lightness），H 代表色相环一周上的不同颜色，S 表示颜色的________，L 表示颜色的________。

知识储备

在广告片中，色彩的运用是非常重要的手段。色彩不仅能够为广告片注入鲜明的视觉冲击力，更是传递品牌理念、营造氛围和调动观众情感的关键要素。通过巧妙的色彩搭配，广告片能够在短短的时间内迅速抓住观众的注意力，进而提升品牌形象，加深观众对产品的印象。

为了更好地理解和应用色彩，我们需要深入了解并掌握常用的色彩模式，这将有助于我们更加精准地运用色彩，为广告片增添独特的魅力。接下来，我们将详细探讨这些色彩模式，以便在实际剪辑过程中能够更加得心应手地运用色彩，打造出引人入胜的广告作品。

1. 常用的色彩模式

(1) 加色模式（RGB）

RGB 色彩模式是一种颜色标准，是通过对红（R）、绿（G）、蓝（B）三个颜色通道的变化以及它们相互之间的叠加来得到各式各样颜色的，RGB 即代表红、绿、蓝三个通道的颜色，这个模式几乎包括了人类视力所能感知的所有颜色，是应用最广的颜色系统之一。

RGB 色彩模式可以用 0～255 的数值来表示不同等级光线的强度，任意色彩都是由不同强度等级的红（R）、绿（G）、蓝（B）三种颜色叠加而成，这就是把 RGB 色彩模式称为加色模式的原因。

(2) 减色模式（CMYK）

CMYK 代表印刷上用的四种颜色，C 代表青色（Cyan），M 代表品红色（Magenta），Y 代表黄色（Yellow），K 代表黑色（Black）。因为在实际应用中，青色、品红色和黄色很难叠加形成真正的黑色，最多不过是褐色而已，所以才引入了 K（黑色）。黑色的作用是强化暗调，加深暗部色彩。

(3) 色相/饱和度（HSL）

H 色相（Hue）对应色相环一周 360°上的不同颜色，用 0°～360°表示，S 饱和度（Saturation）表示颜色的纯度，L 亮度（Lightness）表示颜色的亮度，用 0%～100%表示。

2. Premiere 中的校色方法

校色的目的是准确还原人眼在实际拍摄现场所感受到的色调，确保颜色能够更加贴近真实的肉眼观察效果。在进行广告片的校色时，我们不仅会致力于还原真实的色彩，还会根据广告的需求，对色彩进行一定的增强和调整，使其更加鲜艳、吸引人，从而达到预期的广告效果。通过精细的校色处理，广告片中的色彩将更加生动、富有层次，进而提升观众的视觉体验，增强广告的传播效果和品牌形象。下面将介绍 Premiere 中的两种校色方法。

方法一：

(1) 在效果面板的视频效果中，选择“颜色校正－Lumetri 颜色”，并将其拖拽添加到需要调色的视频或调整图层上，如图 9-1 所示。

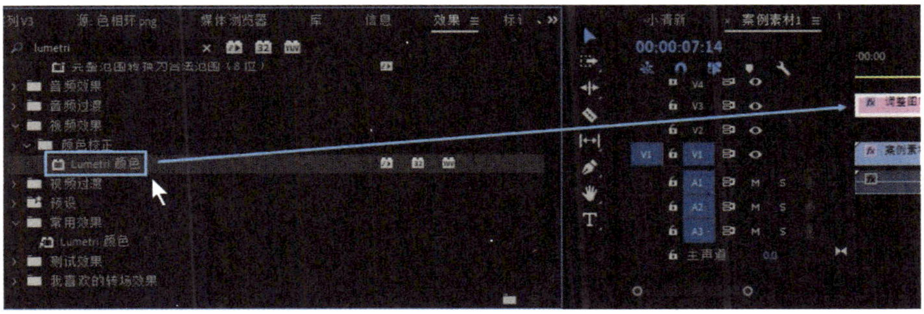

图 9-1 效果面板 1

（2）选中已添加“Lumetri 颜色”效果的视频或调整图层，即可在效果控件中找到“Lumetri 颜色”的调整窗口，这时就可以在基本校正中对视频的白平衡和色调进行校正了，如图 9-2 所示。

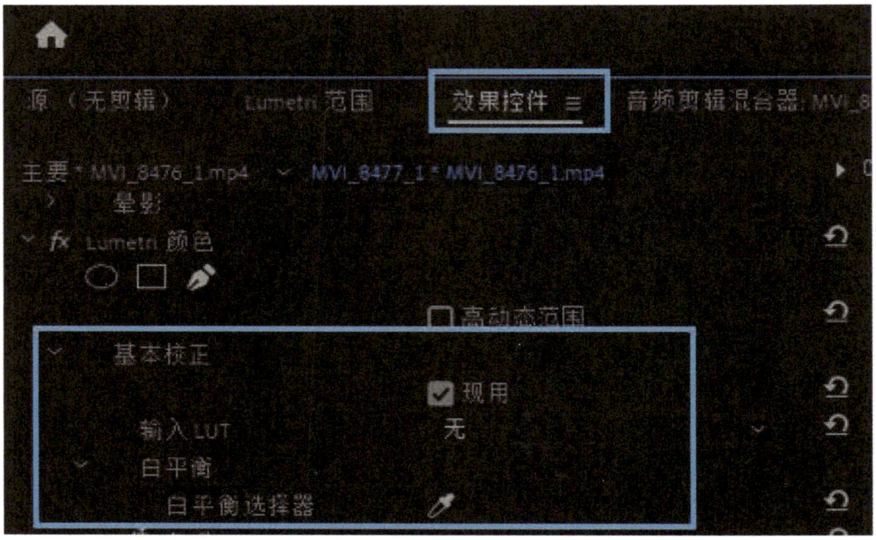

图 9-2　效果面板 2

方法二：

直接选择界面最上方的“颜色”模式，界面右侧会直接出现“Lumetri 颜色”窗口，找到基本校正，即可进行白平衡和色调的校正，如图 9-3 所示。

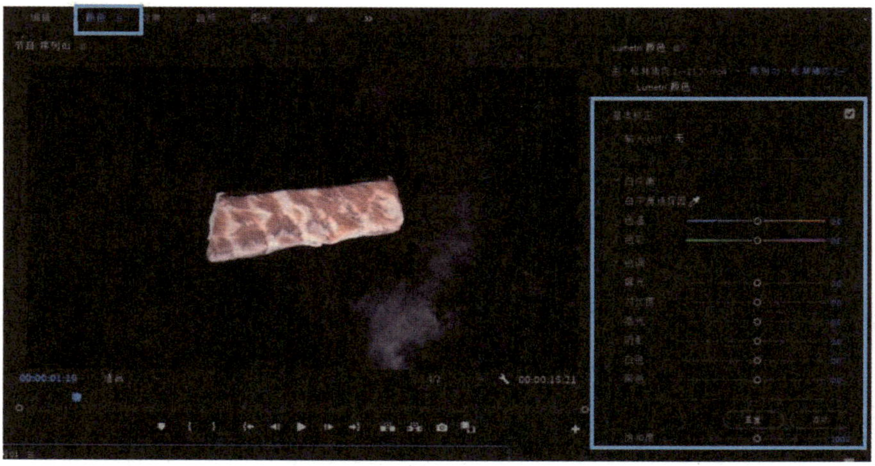

图 9-3　效果面板 3

实操演练

素材清单：“品牌猪肉”素材一套、参考样片一个。

实操要求：根据前几个项目学习的知识，参考样片，对素材进行粗剪；根据本节课内容，对粗剪视频进行基本校色处理。

关键操作步骤如表 9-2 所示：

表 9-2　操作步骤

序号	操作步骤	参考画面
1	选择上方导航栏中的“颜色”按钮，调整工作区	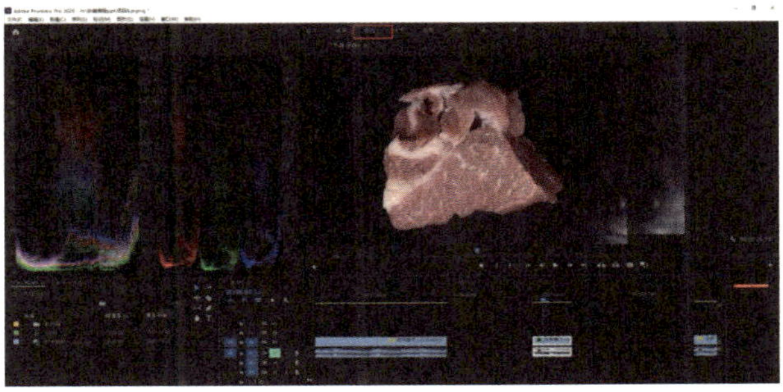
2	在“Lumetri 范围”中右击，可根据实际情况调整实际显示效果	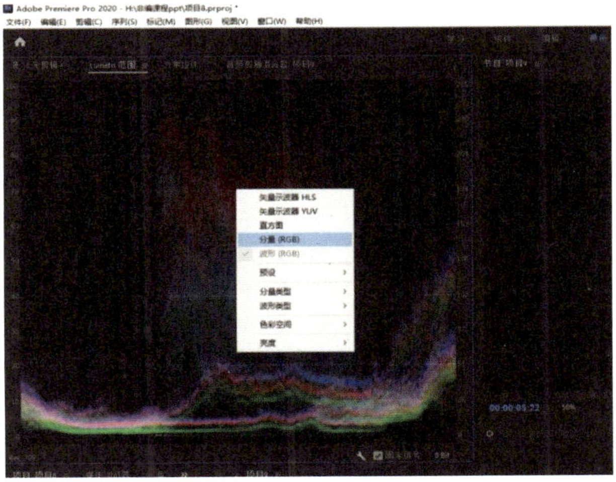
3	在右侧窗口根据实际情况调整白平衡（首先需用吸管工具吸取画面中白色区域作为参照）和色调参数	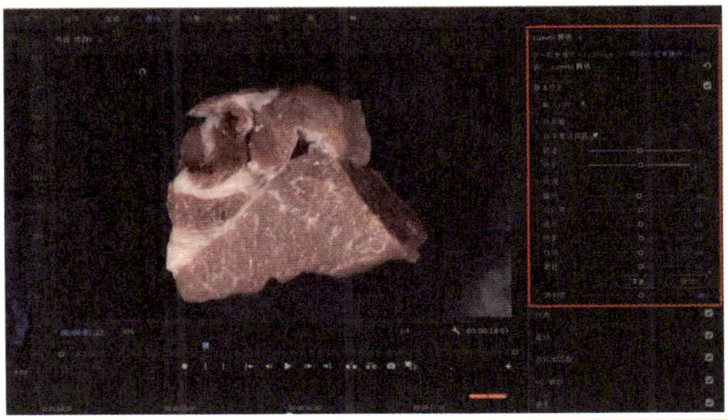

扫描右侧二维码，可观看完整实操录屏。

素材校色
实操录屏

任务评价

表 9-3　任务评价

评分项目			评分细则	配分	自我评价（20%）	小组互评（30%）	教师评价（50%）
素养评价（20 分）	课堂纪律（5 分）	不迟到，不早退	违反一次不得分	2			
		积极思考，回答问题	根据上课情况统计得分	3			
	职业道德（15 分）	爱岗敬业	热爱专业	5			
		诚实守信	认真完成练习和作业	5			
		团结互助	分组讨论、交流，表现得分	5			
知识评价（30 分）	了解常用的色彩模式		根据理论测试情况得分	15			
	了解校色的基本原理			15			
职业能力评价（50 分）	能够利用白平衡方法进行校色		根据任务训练情况得分	20			
	能够利用 Premiere 中 Lumetri 颜色对视频素材进行校色		根据任务训练情况得分	30			
总分							
最终得分							

知识拓展

扫描右侧二维码，阅读“素材校色知识文档”，拓展知识储备。

素材校色
知识文档

任务 2 后期调色

学习目标

1. 知识目标

(1) 了解几种色彩曲线的概念。

(2) 了解后期调色的基本原则。

2. 技能目标

(1) 能够利用色彩曲线进行调色。

(2) 能够利用滤镜（LUT）进行调色。

3. 素养目标

培养对色彩管理、色彩校正和色彩风格有深入的理解和应用能力。

知识引导

请扫描右侧二维码，观看“后期调色知识讲解”视频，思考并回答下列问题。

后期调色知识讲解

1. 请简述 RGB 曲线的特点及使用方法。

____

____

____

____

____

2. 在 Premiere 中的“色相饱和度曲线”下，有哪些分项曲线，其调节的特点是什么？

____

____

____

____

知识储备

在 Premiere 提供的各种调色工具中，曲线和滤镜（LUT）是两种常用的方法。通过这两种方法，我们可以根据广告片的主题和氛围需求进行个性化的色彩调整，从而打造出引人入胜的视觉体验。接下来，我们将深入探讨在 Premiere 中如何使用曲线和滤镜（LUT）进行调色。

1. 通过曲线进行调色

使用曲线模块可以快速而精确地调整颜色，以获得自然的外观效果，并能解决一些棘手的调色问题。

（1）RGB 曲线

RGB 曲线的主曲线（白色）控制亮度，还可以单独调整红、绿、蓝通道曲线（见图 9-4）。按住 Ctrl 键点击，可删除控制点。一般情况下，需要配合波形图来进行处理。

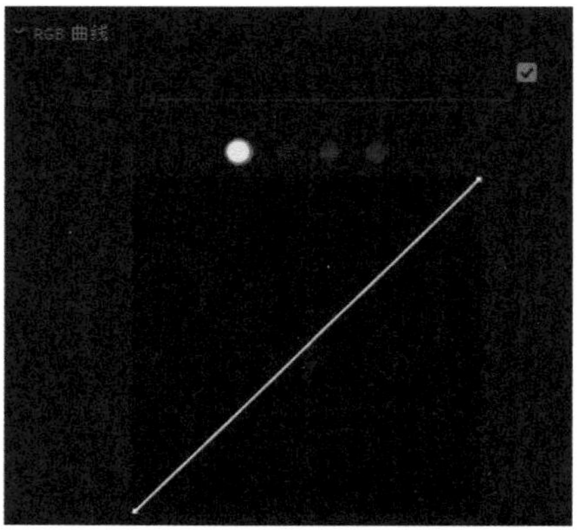

图 9-4　RGB 曲线

（2）色相饱和度曲线

在色相饱和度曲线中，分为色相与饱和度、色相与色相、色相与亮度、亮度与饱和度、饱和度与饱和度五种调节曲线。色相与饱和度曲线指选择色相范围并调整其饱和度水平（见图 9-5）；色相与色相曲线指选择色相范围并将其更改为另一色相（见图 9-6）；色相与亮度曲线指选择色相范围并调整其亮度（见图 9-7）；亮度与饱和度曲线指选择亮度范围并调整其饱和度（见图 9-8）；饱和度与饱和度曲线指选择饱和度范围并提高或降低其饱和度（见图 9-9）。

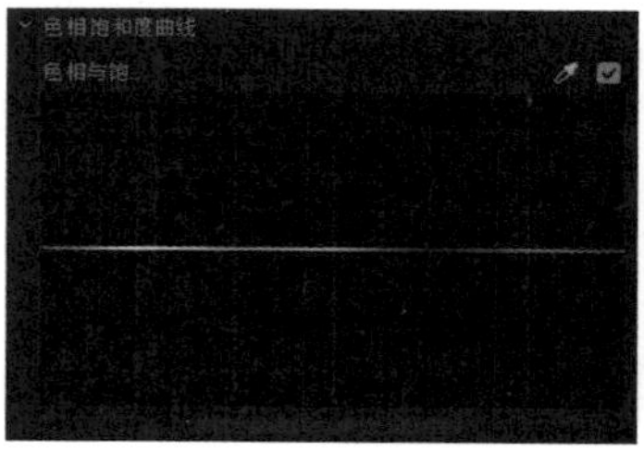

图 9-5　色相与饱和度

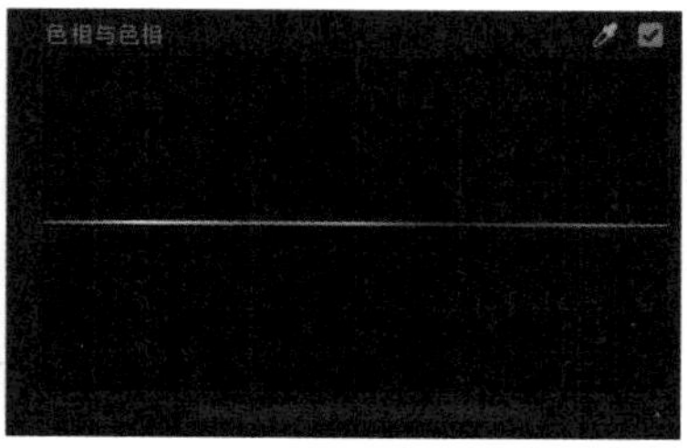

图 9-6　色相与色相

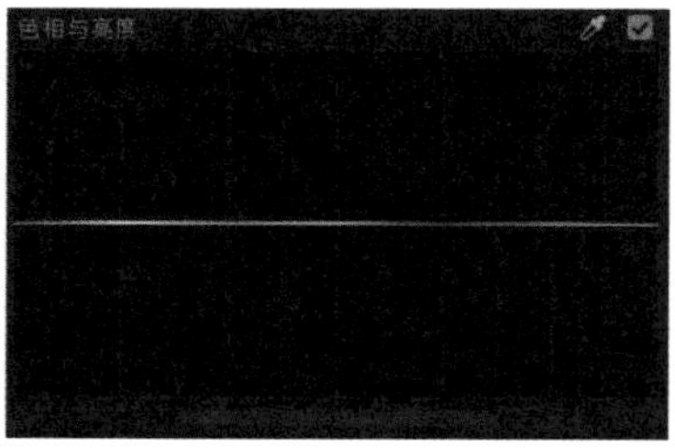

图 9-7　色相与亮度

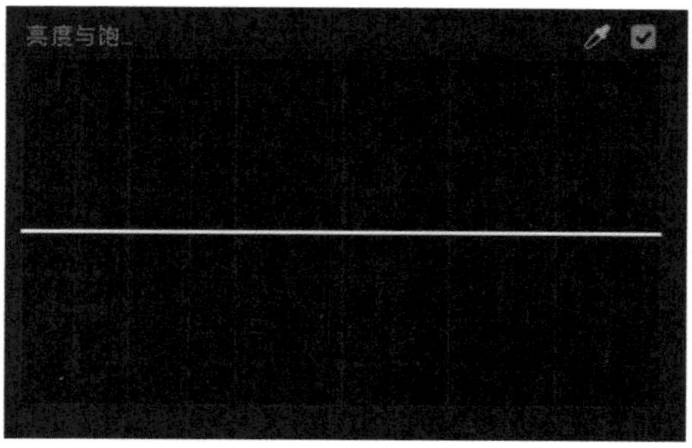

图 9-8　亮度与饱和度

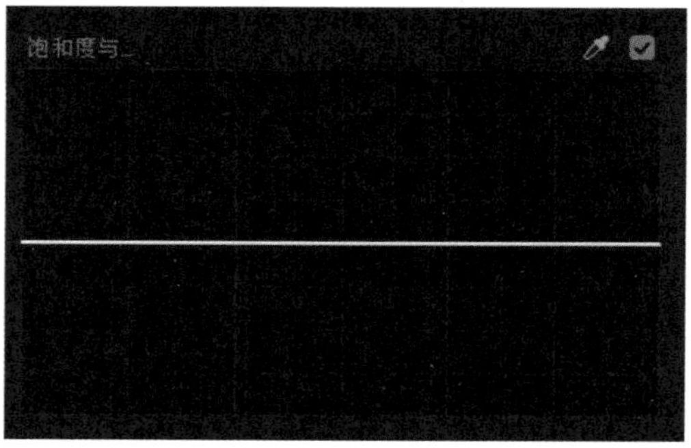

图 9-9　饱和度与饱和度

在调节时，可选择其中一段添加控制点，进行单独调节；也可用吸管工具吸取颜色，自动生成控制点；按住 Shift 键可将控制点锁定，使其只能上下移动；按住 Ctrl 键并单击控制点，可将其删除；双击空白处，可重置曲线。

2. 通过滤镜（LUT）进行调色

滤镜（LUT）指的是加载预先制作好的调色文件，从而快速地为视频应用一种特定的色彩风格。但需要明确的是，LUT 的使用并不是调色的终点，而是作为一个起点或底色，为后续更精细的调色工作奠定基础，进而降低调色的整体难度。

在 Premiere 软件中，LUT 的添加有两种主要形式：“输入 LUT”和“Look”。在“基本校正”面板中，用户可以找到“输入 LUT”的选项框。点击该选项后，系统会展示一系列 Premiere 自带的 LUT 供用户选择。此外，用户还可以通过点击“浏览”按钮，加载自己电脑中存储的自定义 LUT 文件，这为专业调色师提供了极大的灵活性和便利性。

另一种添加 LUT 的方式是通过“创意”选项下的“Look”功能。与“输入 LUT”不同的是，在“Look”中加载 LUT 后，用户还可以进一步调整 LUT 的强度，这一特性使得调色过程更加精细可控。通过调节 LUT 的强度，用户可以根据视频内容和表达需求，微调色彩风格的效果，从而达到更为理想的视觉呈现。

实操演练

素材清单：“品牌猪肉”素材一套、参考样片一个。

实操要求：参考样片，根据本节课内容，对已完成基本校色的视频进行合适的风格化调色处理。

关键操作步骤如表 9-4 所示：

表 9-4　操作步骤

序号	操作步骤	参考画面
1	在右侧窗口的“Lumetri 颜色”中运用曲线及 LUT 工具对视频进行合适调色处理	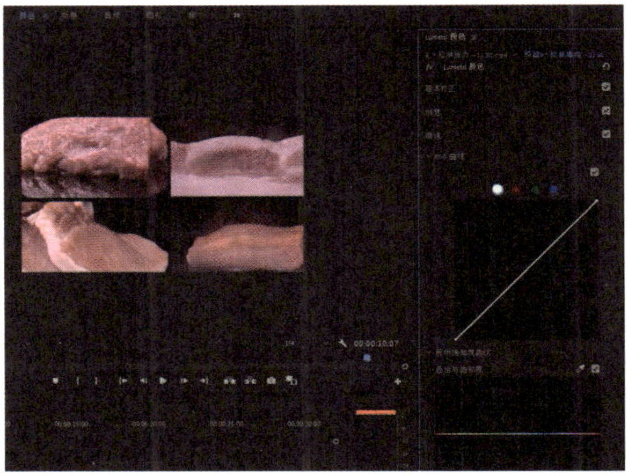

扫描右侧二维码，可观看完整实操录屏。

后期调色
实操录屏

任务评价

表 9-5 任务评价

评分项目			评分细则	配分	自我评价（20%）	小组互评（30%）	教师评价（50%）
素养评价（20 分）	课堂纪律（5 分）	不迟到，不早退	违反一次不得分	2			
		积极思考，回答问题	根据上课情况统计得分	3			
	职业道德（15 分）	爱岗敬业	热爱专业	5			
		诚实守信	认真完成练习和作业	5			
		团结互助	分组讨论、交流，表现得分	5			
知识评价（30 分）	了解几种色彩曲线的概念		根据理论测试情况得分	15			
	了解后期调色的基本原则			15			
职业能力评价（50 分）	能够利用色彩曲线进行调色		根据任务训练情况得分	20			
	能够利用 LUT 滤镜进行调色		根据任务训练情况得分	30			
总分							
最终得分							

知识拓展

扫描右侧二维码，阅读“后期调色知识文档”，拓展知识储备。

后期调色
知识文档

任务 3

图层遮罩

学习目标

1. 知识目标

(1) 了解 Alpha 遮罩的概念。

(2) 了解亮度遮罩的概念。

2. 技能目标

能够利用 Alpha 遮罩完成相关效果。

3. 素养目标

培养创意和审美能力，熟悉遮罩视觉特效的制作方法和技巧。

知识引导

请扫描右侧二维码，观看“图层遮罩知识讲解”视频，思考并回答下列问题。

请根据自己的理解，分别简述 Alpha 遮罩和亮度遮罩的特点及作用。

图层遮罩知识讲解

知识储备

遮罩（Matte）即遮挡、遮盖，遮挡部分图像内容，并显示特定区域的图像内容，相当于一个窗口。如果把蒙版想象成剪纸，那么遮罩就是透明纸，遮罩至少需要遮罩层和被遮罩层两个图层才可以使用，即遮罩是用遮罩层的某个区域去盖住被遮罩层。遮罩主要分为 Alpha 遮罩和亮度遮罩两种类型。

1. Alpha 遮罩

Alpha 遮罩是用上方图层的透明度区域对下方图层进行遮盖。它读取的是遮罩层的不透明度信息，使用 Alpha 遮罩之后，遮罩的透明程度受到自身不透明度影响，但不受亮度影响。不透明度越高，图片越清晰；不透明度越低，图片越模糊，如图 9-10 所示。

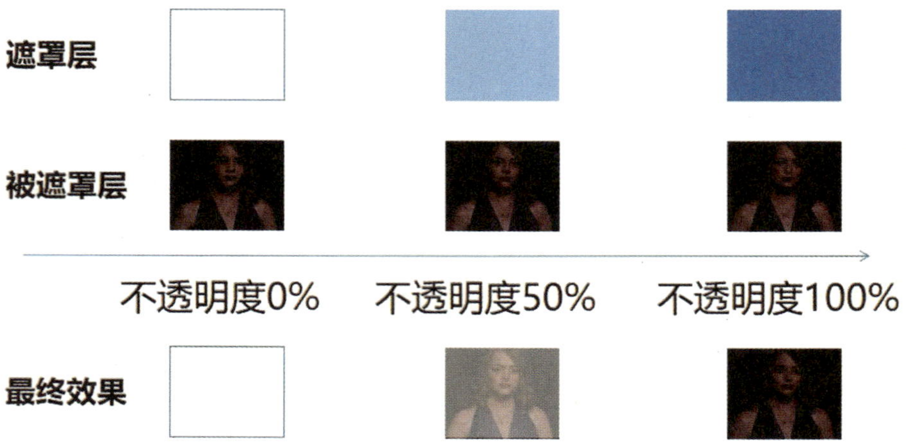

图 9-10　Alpha 遮罩

2. 亮度遮罩

亮度遮罩是用上方图层的亮度信息对下方图层进行遮盖。它用图层的亮度（黑、白、灰）来控制遮罩的不透明度，遵循“黑透白不透”的规律，灰色为半透明，如图 9-11 所示。

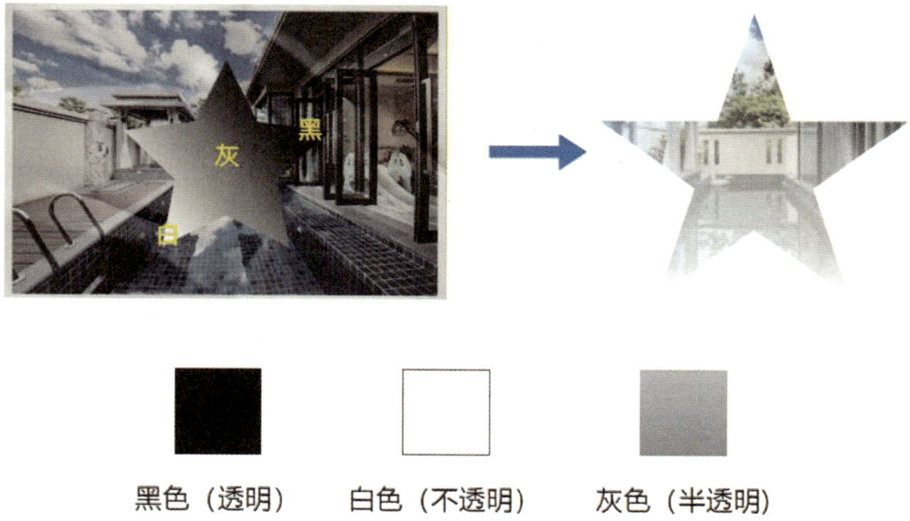

图 9-11　亮度遮罩

实操演练

素材清单：“品牌猪肉”素材一套、参考样片一个。

实操要求：参考样片，根据本节课内容，对视频中的 Logo 进行遮罩处理，丰富视频的视觉效果。

关键操作步骤如表 9-6 所示：

表 9-6 操作步骤

序号	操作步骤	参考画面
1	在效果中，找到“设置遮罩”效果，并将其拖动到时间线的对应素材上	
2	根据实际需求，在效果控件中，对遮罩属性进行调整	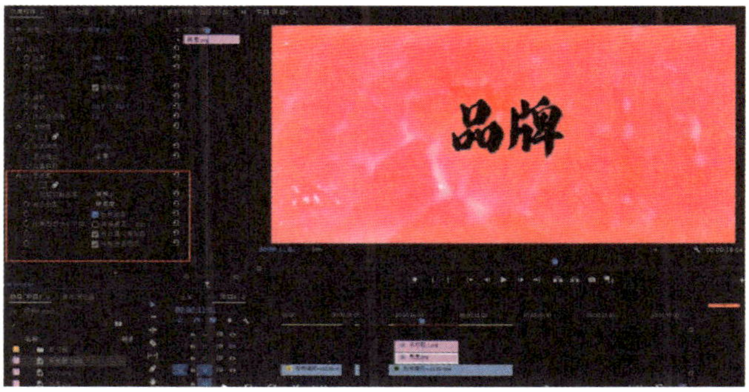

扫描右侧二维码，可观看完整实操录屏。

图层遮罩
实操录屏

任务评价

表 9-7　任务评价

评分项目			评分细则	配分	自我评价（20%）	小组互评（30%）	教师评价（50%）
素养评价（20 分）	课堂纪律（5 分）	不迟到，不早退	违反一次不得分	2			
		积极思考，回答问题	根据上课情况统计得分	3			
	职业道德（15 分）	爱岗敬业	热爱专业	5			
		诚实守信	认真完成练习和作业	5			
		团结互助	分组讨论、交流，表现得分	5			
知识评价（30 分）	了解 Alpha 遮罩的概念		根据理论测试情况得分	15			
	了解亮度遮罩的概念			15			
职业能力评价（50 分）	能够利用 Alpha 遮罩完成相关效果		根据任务训练情况得分	20			
	能够利用亮度遮罩完成相关效果		根据任务训练情况得分	30			
总分							
最终得分							

知识拓展

扫描右侧二维码，阅读“图层遮罩知识文档”，拓展知识储备。

图层遮罩
知识文档

项目验收单

表 9-8 项目验收单

常出现问题		是否涉及	问题等级	扣分分值
输出参数	确保每个参数准确		A	
调色/位置/卡通人物	视频中的规定数值在不同位置要保持统一：(同一个人设/卡通人物、同一个项目调色保持一致；位置保持一致；大小保持一致) * 若不是同一个人物（因人物身高不同，拍摄环境可能也不同），重新统一数值 * 位置需注意：不可太靠边/不可挡着内容（如 PPT 排版原因导致的，重新调整排版）			
片头/片尾	不可放错课程的片头、片尾			
出镜/非出镜	根据客户要求呈现			
姓名条	姓名条的位置大小要统一/样式要统一			
标题页	同一个项目的标题页，停留的时间必须统一			
视频背景音乐	背景音的降调一定要统一，一般在 −10～−20 之间(不可超过老师的声音)			
动态背景	运动的速度要统一（不可快慢不一）			
调色基本	肤色不可：过白/过黄/偏绿/偏蓝/偏红			
	画面整体不可：过亮/过暗			
嘴型	卡通形象，嘴型要和人物语音保持一致			
不雅动作	不可出现：吐舌、吧唧嘴、眨眼			
卡屏	视频中不可出现：黑屏、绿屏、闪现、错误视频			
录制	不要出现多余的内容或画面（如录制时多出的 360 旋转图标/鼠标箭头/录屏区域框）			
	比例不可大小不一/位置不同		B	
语音	片头、片尾背景音里的 Logo 要去掉		A	
	视频声音整体偏小，会影响消费者使用，需调整（调整时要适中，不可声音过大或过小）			
剪辑	不可出现：音画、字幕不同步			
	转场效果不美观、不协调（如加了过场，导致画面播放时出现人物严重重叠）		B	
	呈现的内容或者图片不可闪现一下就消失（如人物讲到看一下……或多图出现时……此处要多停留几秒）			

续表

常出现问题		是否涉及	问题等级	扣分分值
剪辑	视频中不能出现无关画面（如拍摄前后的准备工作、讲电话、与摄影师交流等）		A	
	人物出镜时，如有指向性的动作，画面不可空白，要出现人物讲的对应内容			
	视频不能模糊不清			
	画面与画面的衔接处不要切换太快，间隔过短（在语音处理时就要注意）			
	人物出镜与不出镜切换时，内容和人物要一起消失			
	视频剪辑不能有掉帧情况（如视频画面静止不动亦无声音）		B	
	人物讲题重复或说话重复，都需把不需要的一遍剪掉			
后插入的视频/动画	根据脚本保证插入视频/动画的正确性（比较有针对性，如有不理解的请及时进行沟通并解决）		A	
实操	需重点凸显内容时可以套用 AE 模板，排版呈现要美观，样式统一（如目录/大标题/小标题）		A	
	过程中使用的器皿需呈现对应视频/图片和名称		A	
	重复操作需简化（注意不要把具体过程简化掉了）		A	
排版	视频中插入的模板或者前期遗留的情况		B	
图片				
总体合格情况及分值				
注意：以上验收标准为通用标准，若视频制作项目中未涉及，请在“是否涉及”一栏中标注清楚				

项目10 【广告片剪辑】公益广告片剪辑

项目情景描述

公益广告由画面、声音、文字等多元的美学要素组成，对促进社会主流文化发展具有非常重要的作用，这就要求公益广告要贴近生活和受众，能够正面引领社会风尚。

“青春环游记”是共青团北京市委员会和北京共青团新媒体中央厨房联合出品的一次沉浸式城市漫游活动，该活动以“百年青运　青春北京”为主题，以线上线下结合的形式，沿着五四运动的足迹，介绍北大红楼、五四大街、新青年编辑部旧址以及中法大学旧址等多处地标性建筑。在重走五四爱国运动路线的同时，铭记历史、凝聚青春力量。

在本项目中，我们将以《青春环游记》为剪辑案例，从影像设计、图层样式和画面剪辑三个方面学习公益广告片的剪辑技巧。

任务分配表

表10-1　任务分配

任务序号	任务名称
1	影像设计
2	图层样式
3	画面剪辑

思政园地

弘扬五四精神　永葆爱国情怀

100 多年前，北平爱国学生在民族存亡的危难时刻，毅然举起爱国主义的旗帜，树立了青春的标杆。爱国、进步、民主、科学的口号启蒙着人们的思想，推动了马克思主义在中国的传播……五四运动唤起了民族的觉醒，拉开了新民主主义革命的序幕，是深刻推动了中国历史发展中的重大里程碑。100 多年来，中国青年满怀对祖国和人民的赤子之心，积极投身党领导的革命、建设、改革伟大事业，为人民战斗、为祖国献身、为幸福生活奋斗，把最美好的青春献给祖国和人民，谱写了一曲又一曲壮丽的青春之歌。历史证明，一代又一代的中国青年在中国社会的伟大变革和发展进步中创造了永载史册的光荣业绩，不愧为中国革命、建设、改革的生力军和突击队。

弘扬五四精神
思政视频

习近平总书记在纪念五四运动 100 周年大会上强调："五四运动，爆发于民族危难之际，是一场以先进青年知识分子为先锋、广大人民群众参加的彻底反帝反封建的伟大爱国革命运动，是一场中国人民为拯救民族危亡、捍卫民族尊严、凝聚民族力量而掀起的伟大社会革命运动，是一场传播新思想新文化新知识的伟大思想启蒙运动和新文化运动，以磅礴之力鼓舞了中国人民和中华民族实现民族复兴的志向和信心。"

弘扬五四精神，永葆爱国情怀。重温百年前这段激情燃烧的岁月，可以从历史中汲取前行的力量，让我们前进的步伐更加坚定。五四运动所体现的百折不挠、自强不息的民族精神和救亡图存、振兴中华的爱国主义精神永不过时。习近平总书记强调："五四运动，孕育了以爱国、进步、民主、科学为主要内容的伟大五四精神，其核心是爱国主义精神。爱国主义是我们民族精神的核心，是中华民族团结奋斗、自强不息的精神纽带……历史深刻表明，爱国主义自古以来就流淌在中华民族血脉之中，去不掉，打不破，灭不了，是中国人民和中华民族维护民族独立和民族尊严的强大精神动力，只要高举爱国主义的伟大旗帜，中国人民和中华民族就能在改造中国、改造世界的拼搏中迸发出排山倒海的历史伟力！"

爱国，不能停留在口号上，而是要把自己的理想同祖国的前途，把自己的人生同民族的命运紧密联系在一起，扎根人民，奉献国家。作为新时代的青年，更要培育爱国情、激发爱国志、引领报国行，以实现中华民族伟大复兴为己任，不辜负党的期望、人民期待、民族重托，不辜负我们这个伟大的时代。

项目思维导图

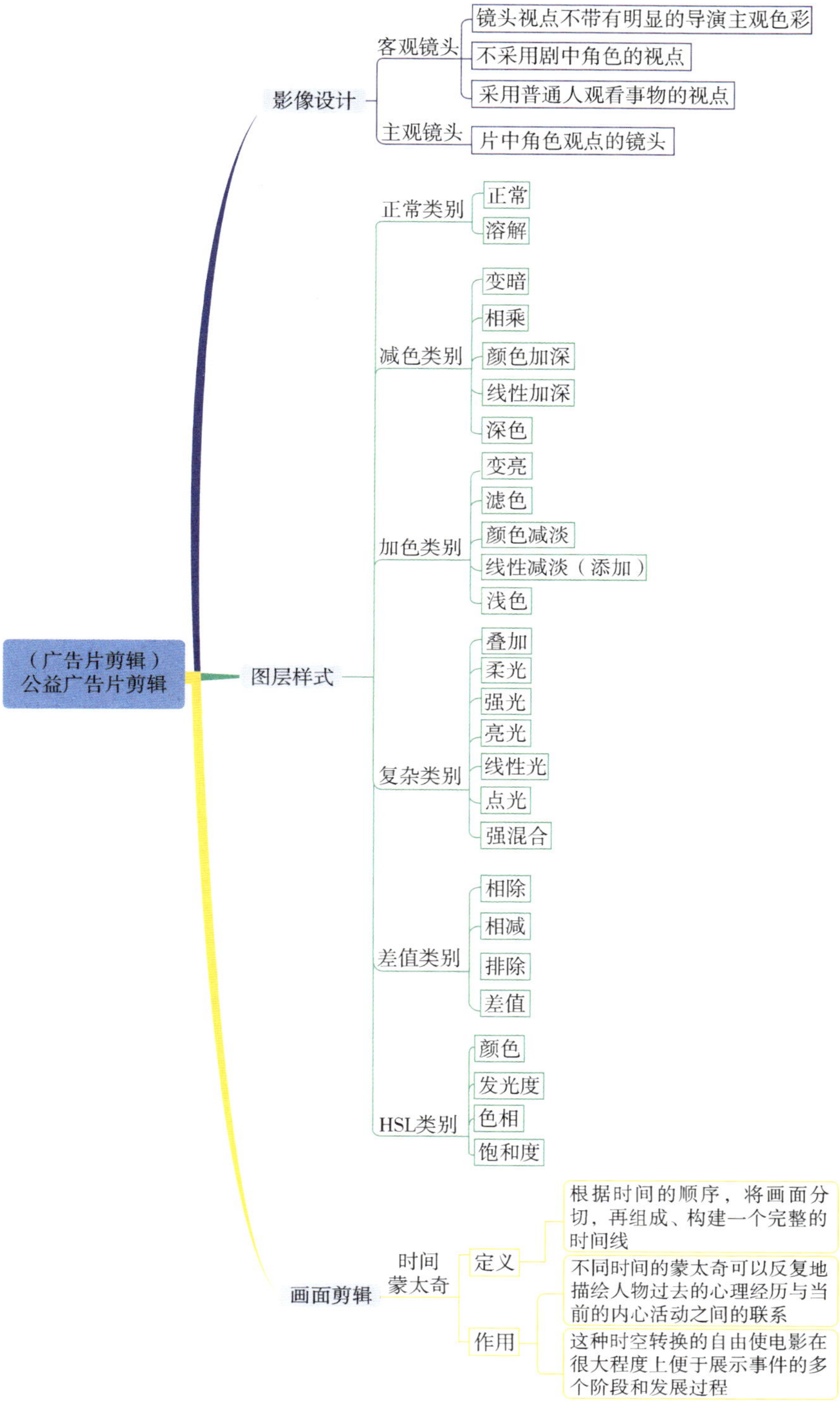
（广告片剪辑）
公益广告片剪辑
影像设计
客观镜头
镜头视点不带有明显的导演主观色彩
不采用剧中角色的视点
采用普通人观看事物的视点
主观镜头
片中角色观点的镜头
图层样式
正常类别
正常
溶解
减色类别
变暗
相乘
颜色加深
线性加深
深色
加色类别
变亮
滤色
颜色减淡
线性减淡（添加）
浅色
复杂类别
叠加
柔光
强光
亮光
线性光
点光
强混合
差值类别
相除
相减
排除
差值
HSL类别
颜色
发光度
色相
饱和度
画面剪辑
时间
蒙太奇
定义
根据时间的顺序，将画面分切，再组成、构建一个完整的时间线
作用
不同时间的蒙太奇可以反复地描绘人物过去的心理经历与当前的内心活动之间的联系
这种时空转换的自由使电影在很大程度上便于展示事件的多个阶段和发展过程

任务1 影像设计

学习目标

1. 知识目标

(1) 了解主观镜头和客观镜头的定义。

(2) 了解主观镜头和客观镜头的作用。

2. 技能目标

(1) 能将拍摄的素材进行合理的剪辑和组合。

(2) 能够通过镜头语言引导观众的情感体验。

3. 素养目标

(1) 培养观察力和创意能力，具备敏锐的观察力，捕捉细节和情感。

(2) 培养创意能力，能够以创新和独特的表现方式来传达信息和情感。

知识引导

请扫描右侧二维码，观看“影像设计知识讲解”视频，思考并回答下列问题。

影像设计
知识讲解

1. 请简述公益广告片的类型。

____

____

____

____

____

2. 请分析《青春环游记》中客观镜头与主观镜头的运用。

____

____

____

____

____

知识储备

在影视创作中，镜头的运用是构建故事世界和传递情感的重要手段。从视点角度来说，镜头可以分为两大类：主观镜头和客观镜头，它们在视觉表达上各有特点和作用。

客观镜头，顾名思义，是指以尽可能客观的方式展现事物的镜头。这种镜头的视点不带有明显的导演主观色彩，也不采用剧中角色的视点，而是尽力模拟普通人观看事物的角度和方式。客观镜头在电影中占据主导地位，它以冷静、中立的视角记录下场景、人物和事件，为观众提供一个相对客观的观察窗口。通过这种镜头，观众能够像旁观者一样，清晰地看到故事的发展，感受到角色的情感和动作，而不会被导演的主观意图所左右。

与客观镜头不同，主观镜头则致力于表达片中角色的主观视点。当角色在场景中扫视或走动时，摄影机就像角色的双眼一样，捕捉并展示出角色所看到的景象。这种镜头让观众能够身临其境地感受到角色的视觉体验，从而更深入地理解角色的内心世界和情感状态。主观镜头的运用往往能带来强烈的视觉冲击和画面效果，为观众带来一种独特的、不同于以往的视觉体验。

虽然客观镜头和主观镜头在视觉表达上有所不同，但它们在电影中并不是孤立存在的。一部成功的电影往往会根据情节需要和角色塑造，灵活地运用这两种镜头，以达到最佳的叙事效果。例如，在紧张刺激的追逐戏中，主观镜头的运用可以让观众更加直观地感受到角色的紧张和焦虑；而在展现宏大场景或美丽风光时，客观镜头则能更好地展现出画面的壮观和美感。例如在《让山里孩子的才华被看见》的广告片中，其镜头的运用就非常巧妙（见图 10-1、图 10-2）。

图 10-1　客观镜头

图 10-2　主观镜头

实操演练

素材清单：“青春环游记”素材一套、参考样片一个。

实操要求：将素材中的主观镜头与客观镜头进行合理组接，并完成表 10-2 的填写。

表 10-2　镜头组接

镜头地点	镜头画面	镜头组接目的及作用

扫描右侧二维码，可观看完整实操录屏。

影像设计
实操录屏

任务评价

表 10-3　任务评价

<table>
<tr><th colspan="3">评分项目</th><th>评分细则</th><th>配分</th><th>自我评价（20%）</th><th>小组互评（30%）</th><th>教师评价（50%）</th></tr>
<tr><td rowspan="5">素养评价（20 分）</td><td rowspan="2">课堂纪律（5 分）</td><td>不迟到，不早退</td><td>违反一次不得分</td><td>2</td><td></td><td></td><td></td></tr>
<tr><td>积极思考，回答问题</td><td>根据上课情况统计得分</td><td>3</td><td></td><td></td><td></td></tr>
<tr><td rowspan="3">职业道德（15 分）</td><td>爱岗敬业</td><td>热爱专业</td><td>5</td><td></td><td></td><td></td></tr>
<tr><td>诚实守信</td><td>认真完成练习和作业</td><td>5</td><td></td><td></td><td></td></tr>
<tr><td>团结互助</td><td>分组讨论、交流，表现得分</td><td>5</td><td></td><td></td><td></td></tr>
<tr><td rowspan="2">知识评价（30 分）</td><td colspan="2">了解主观镜头和客观镜头的定义</td><td rowspan="2">根据理论测试情况得分</td><td>15</td><td></td><td></td><td></td></tr>
<tr><td colspan="2">了解主观镜头和客观镜头的作用</td><td>15</td><td></td><td></td><td></td></tr>
<tr><td rowspan="2">职业能力评价（50 分）</td><td colspan="2">能够在公益广告片中正确使用主观镜头</td><td>根据任务训练情况得分</td><td>20</td><td></td><td></td><td></td></tr>
<tr><td colspan="2">能够在公益广告片中正确使用客观镜</td><td>根据任务训练情况得分</td><td>30</td><td></td><td></td><td></td></tr>
<tr><td colspan="5">总分</td><td></td><td></td><td></td></tr>
<tr><td colspan="5">最终得分</td><td colspan="3"></td></tr>
</table>

知识拓展

扫描右侧二维码，阅读“影像设计知识文档”，拓展知识储备。

影像设计知识文档

任务2 图层样式

学习目标

1. 知识目标

(1) 了解图层样式的分类。

(2) 了解各图层样式的特点。

2. 技能目标

(1) 能够根据各图层样式特点，正确使用图层样式。

(2) 能够使用图层样式的效果制作怀旧风格的画面。

3. 素养目标

培养观察力和逻辑能力，实现细腻的视觉效果。

知识引导

请扫描右侧二维码，观看“图层样式知识讲解”视频，思考并回答下列问题。

图层样式知识讲解

1. “正常”混合模式的结果颜色为________。

2. “溶解”混合模式的结果颜色为________或________。

3. “变暗”混合模式的每个结果颜色通道值是源颜色通道值和相应基础颜色通道值之间的________。

4. “线性加深”混合模式的结果颜色比源颜色________。

5. “变亮”混合模式的每个结果颜色通道值为源颜色通道值和相应基础颜色通道值之间的________。

6. 在“颜色减淡”和“线性减淡”混合模式中，如果源颜色为纯黑色，则结果颜色为________。

7. “叠加”混合模式根据基础颜色是否比________亮，对输入颜色通道值进行相乘或滤色。

8. 请判断下列描述的对错。

(1)“溶解”混合模式的结果颜色为源颜色的概率取决于源的不透明度。(　　)

(2)“相乘”混合模式的结果颜色绝不会比原始颜色亮。(　　)

(3)“颜色加深”混合模式原始图层中的纯白色会轻微改变基础颜色。(　　)

(4) 在混合模式中，“深色”与“变暗”相似，但“深色”对单个颜色通道不起作用。(　　)

(5)“滤色”混合模式的结果颜色绝不会比任一输入颜色暗。(　　)

(6) 在混合模式中，“浅色”类似于“变亮”，且“浅色”对单个颜色通道也起一定作用。(　　)

9. 如果两个图层具有相同的可视元素要进行对齐，请简述怎样运用“差值”混合模式达到效果。

____

____

____

____

10. 请简述“色相”和“饱和度”混合模式结果颜色的特点。

____

____

____

____

知识储备

在后期制作领域，不同类型的后期软件采用了不同的编辑模式。一些软件采用“层叠加”的形式，允许用户像堆叠纸片一样将多个图层叠加在一起，每个图层都可以独立编辑。而另一些软件则使用“节点式”编辑，它更像是一个复杂的网络，每个节点代表一个处理步骤，这种模式提供了更高的灵活性和强大的自定义能力。Premiere 作为一款广泛使用的视频编辑软件，其图层样式的应用正是基于“层叠加”的编辑理念。通过图层样式，我们可以轻松地对视频进行多层次的叠加与调整，实现丰富的视觉效果。

在 Premiere 的时间轴中选择对应的视频素材，激活“效果控件”面板后，可在不透明度中选择需使用的混合模式，此图层的混合模式可分为正常类别、减色类别、加色类别、复杂类别、差值类别和 HSL 类别六大类（见图 10-3）。

1. 正常类别

正常类别中包含正常和溶解两种选项。除非不透明度小于源图层的 100%，否则像素的结果颜色不受基础像素颜色的影响。“溶解”混合模式会将源图层的一些像素变成透明。

(1) 正常

结果颜色为源颜色，此模式忽略基础颜色，正常是默认模式。

(2) 溶解

每个像素的结果颜色为源颜色或基础颜色。结果颜色为源颜色的概率取决于源的不透明度，如果源的不透明度为 100%，则结果颜色为源颜色；如果源的不透明度为 0%，则结果颜色为基础颜色。

2. 减色类别

减色类别中包含变暗、相乘、颜色加深、线性加深和深色五种选项。这些混合模式往往会使颜色变暗，一些模式采用的颜色混合方式与绘画中混合彩色颜料的方式大致相同。

(1) 变暗

每个结果颜色通道值是源颜色通道值和相应基础颜色通道值之间的较小值（较暗的一个）。

(2) 相乘

对于每个颜色通道，将源颜色通道值与基础颜色通道值相乘，并根据项目的颜色深度除以 8bpc、16bpc 或 32bpc 像素的最大值。结果颜色绝不会比原始颜色亮。如果任一输入颜色为黑色，则结果颜色为黑色；如果任一输入颜色为白色，则结果颜色为其他输入颜色。此混合模式与使用多个标记笔在纸上绘图或在光前放置多个滤光板的效果相似。当与黑色或白色以外的其他颜色混合时，带有此混合模式的每个图层或绘画描边会产生更暗的颜色。

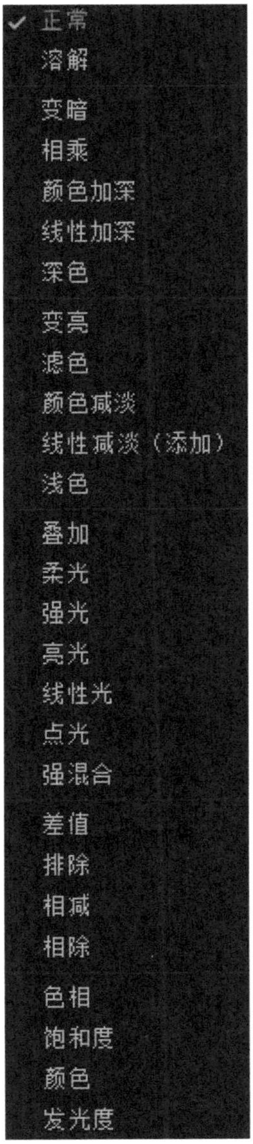

图 10-3 混合模式选项

(3) 颜色加深

结果颜色比源颜色暗，以通过提高对比度来反映基础图层颜色。原始图层中的纯白色不会改变基础颜色。

(4) 线性加深

结果颜色比源颜色暗，以反映基础颜色。纯白色不发生变化。

(5) 深色

每个结果像素的颜色为源颜色值与相应基础颜色值中的较暗者。“深色”与“变暗”相似，但“深色”对单个颜色通道不起作用。

3. 加色类别

加色类别包含变亮、滤色、颜色减淡、线性减淡（添加）和浅色五种选项。这些混合模式往往会使颜色变亮，一些模式采用的颜色混合方式与混合投影光的方式大致相同。

(1) 变亮

每个结果颜色通道值为源颜色通道值和相应基础颜色通道值之间的较高者（较亮者)。

(2) 滤色

将通道值的补色相乘，然后获取结果的补色。结果颜色绝不会比任一输入颜色暗。“滤色”模式的效果类似于将多个摄影幻灯片同时投影到单个屏幕上。

(3) 颜色减淡

结果颜色比源颜色亮，以通过减小对比度反映出基础图层颜色。如果源颜色为纯黑色，则结果颜色为基础颜色。

(4) 线性减淡（添加)

结果颜色比源颜色亮，以通过增加亮度来反映基础颜色。如果源颜色为纯黑色，则结果颜色为基础颜色。

(5) 浅色

每个结果像素的颜色为源颜色值与相应基础颜色值中的较亮者。“浅色”类似于“变亮”，但“浅色”对单个颜色通道不起作用。

4. 复杂类别

复杂类别中包含叠加、柔光、强光、亮光、线性光、点光和强混合七种选项。这些混合模式会根据某种颜色是否比 50%灰色亮，对源颜色和基础颜色执行不同的操作。

(1) 叠加

根据基础颜色是否比 50%灰色亮，对输入颜色通道值进行相乘或滤色。结果保留基础图层的高光和阴影。

(2) 柔光

根据源颜色，使基础图层的颜色通道值变暗或变亮。结果类似于漫射聚光灯照在基础图层上。对于每个颜色通道值，如果源颜色比 50%灰色亮，则结果颜色比基础颜色亮，就像被减淡了一样；如果源颜色比 50%灰色暗，则结果颜色比基础颜色暗，就像被加深了一样；带纯黑色或纯白色的图层会明显变暗或变亮，但不会变成纯黑色或纯白色。

(3) 强光

根据原始源颜色，对输入颜色通道值进行相乘或滤色。结果类似于耀眼的聚光灯照在图层上。对于每个颜色通道值，如果基础颜色比 50%灰色亮，则图层将变亮，就像滤色后的效果；如果基础颜色比 50%灰色暗，则图层将变暗，就像被相乘后的效果，此模式适用于在图层上创建阴影外观。

（4）亮光

根据基础颜色增加或减小对比度，以使颜色加深或减淡。如果基础颜色比 50%灰色亮，则图层将变亮，因为对比度减小了；如果基础颜色比 50%灰色暗，则图层将变暗，因为对比度增加了。

（5）线性光

根据基础颜色减小或增加亮度，以使颜色加深或减淡。如果基础颜色比 50%灰色亮，则图层将变亮，因为亮度增加了。如果基础颜色比 50%灰色暗，则图层将变暗，因为亮度减小了。

（6）点光

根据基础颜色替换颜色。如果基础颜色比 50%灰色亮，则比基础颜色暗的像素将被替换，而比基础颜色亮的像素保持不变。如果基础颜色比 50%灰色暗，则比基础颜色亮的像素将被替换，而比基础颜色暗的像素保持不变。

（7）强混合

增强源图层蒙版下方的可见基础图层的对比度。蒙版大小决定了对比区域，反转源图层决定了对比区域的中心。

5. 差值类别

差值类别中包含差值、排除、相减和相除四个选项。这些混合模式会根据源颜色和基础颜色值之间的差值创建颜色。

（1）差值

对于每条颜色通道，从颜色较亮的输入值中减去颜色较暗的输入值。用白色绘画可反转背景颜色，用黑色绘画不会发生变化。

如果两个图层具有相同的可视元素要进行对齐，可将一个图层放在另一个图层之上，并将上面图层的混合模式设置为“差值”。然后，可移动其中一个图层，直到要对齐的可见元素的像素全部为黑色，即各像素之间的差值为零，因而元素完全堆叠在一起。

（2）排除

结果类似于“差值”模式，但对比度比差值模式低。如果源颜色为白色，则结果颜色为基础颜色的补色；如果源颜色为黑色，则结果颜色为基础颜色。

（3）相减

从底色中减去源文件。如果源颜色为黑色，则结果颜色为基础颜色；在 32bpc 项目中，结果颜色值可小于 0。

（4）相除

基础颜色除以源颜色。如果源颜色为白色，则结果颜色为基础颜色；在 32bpc 项目中，结果颜色值可大于 1。

6. HSL 类别

HSL 类别中包含色相、饱和度、颜色和发光度四种选项。这些混合模式会将颜色的 HSL 表示形式（色相、饱和度和发光度）中的一个或多个分量从基础颜色转换为结果颜色。

术语补充说明：

源颜色：应用混合模式图层的颜色。

基础颜色：“时间轴”面板中位于源图层下方的合成图层的颜色。

结果颜色：混合操作的输出，即合成的颜色。

实操演练

素材清单：“青春环游记”素材一套、图层样式素材一套、参考样片一个。

实操要求：参考样片，根据本节课内容，利用“混合模式”的方法为视频添加适当的图层样式。

扫描右侧二维码，可观看完整实操录屏。

图层样式
实操录屏

任务评价

表 10-4　任务评价

评分项目			评分细则	配分	自我评价（20%）	小组互评（30%）	教师评价（50%）
素养评价（20 分）	课堂纪律（5 分）	不迟到，不早退	违反一次不得分	2			
		积极思考，回答问题	根据上课情况统计得分	3			
	职业道德（15 分）	爱岗敬业	热爱专业	5			
		诚实守信	认真完成练习和作业	5			
		团结互助	分组讨论、交流，表现得分	5			
知识评价（30 分）	了解图层样式的分类		根据理论测试情况得分	15			
	了解各图层样式的特点			15			

续表

评分项目		评分细则	配分	自我评价（20%）	小组互评（30%）	教师评价（50%）
职业能力评价（50分）	能够根据各图层样式特点，正确使用图层样式	根据任务训练情况得分	20			
	能够使用图层样式的效果制作怀旧风格的画面	根据任务训练情况得分	30			
总分						
最终得分						

知识拓展

扫描右侧二维码，阅读“图层样式知识文档”，拓展知识储备。

图层样式知识文档

任务3 画面剪辑

学习目标

1. 知识目标

（1）了解蒙太奇的概念。

（2）了解时间蒙太奇的特点和表现手法。

2. 技能目标

（1）能够掌握时间蒙太奇的正确使用方法。

（2）能够在公益广告片中正确使用时间蒙太奇，展示时间变迁。

3. 素养目标

培养影视创作能力，能够剪辑不同的时间片段，形成独特的时空体验。

知识引导

请扫描右侧二维码，观看“画面剪辑知识讲解”视频，思考并回答下列问题。

在你以往观看的影视作品中，有哪些影片的时间蒙太奇运用给你留下了深刻的印象？请至少列举一个例子，说明时间蒙太奇在影片中的运用方法及作用。

画面剪辑
知识讲解

知识储备

在前面的内容中，我们已经初步接触了蒙太奇的概念。在电影艺术范畴内，蒙太奇被赋予了更为丰富的含义，它不仅仅是一种技术手段，更是一种艺术思维方式。具体来说，蒙太奇指的是通过不同的镜头剪接，按照特定的逻辑和目的进行排列组合，从而达到某种表达效果的手法。这种手法能够引导观众理解剧情，增强叙事的连贯性和表现力，是影视作品创作中不可或缺的组成部分。

在蒙太奇的众多表现形式中，时间蒙太奇是一种独特而重要的技巧。它通过精准地操控时间顺序和画面的组合方式，为观众构建出一种独特而富有深度的观影体验。

时间蒙太奇，简而言之，就是根据时间顺序或并行状态，将画面进行分切与再组合的过程。这种技巧的特点在于其能够灵活地处理时间元素，打破传统的线性叙事结构，让电影在时空转换上获得更大的自由度。通过时间蒙太奇，不同时间点的情节和场景可以交替出现，形成一种跨越时空的叙事效果。

时间蒙太奇在展现人物心理方面具有显著的优势。通过交替呈现人物过去的心理经历和当前的内心活动，时间蒙太奇能够深刻地揭示出人物性格的演变、情感的变化以及内心世界的复杂性。这种手法使得电影在表现人物心理时更加细腻、真实，让观众能够更深入地理解角色的情感和动机。

时间蒙太奇是一种强大的叙事工具。它可以帮助导演更加灵活地掌控故事节奏，创造出丰富多样的视觉效果。通过巧妙地编织不同时间点的情节，时间蒙太奇能够让故事更加引人入胜，增强观众的观影体验。同时，这种手法还能够拓展故事的内涵和外延，使观众在有限的时间内感受到更为广阔和深刻的故事世界。

在实际的短片制作中，时间蒙太奇的运用需要导演和剪辑师具备高超的技巧和敏锐的洞察力。他们需要准确地把握每个画面的时间点和情感色彩，以及画面之间的内在联系和逻辑关系。只有这样，才能确保时间蒙太奇的效果得到充分发挥，为观众带来一场视觉与心灵的盛宴。

不同时间的蒙太奇可以反复地描绘人物过去的心理经历与当前的内心活动之间的联系。这种时空转换的自由使电影在很大程度上取得了小说家表现生活的自如。下面举两个例子。

例 1：在央视公益广告《爱是我们一生的课程》中，利用相同场景的现在与过去的时间对比，诠释广告片主题（见图 10-4、图 10-5）。

图 10-4　现在

图 10-5　过去

例 2：在央视公益广告《无声世界》中，根据时间顺序，以听障儿童从出生到重获新声的过程为素材进行剪辑，缩短了时空的距离（见图 10-6）。

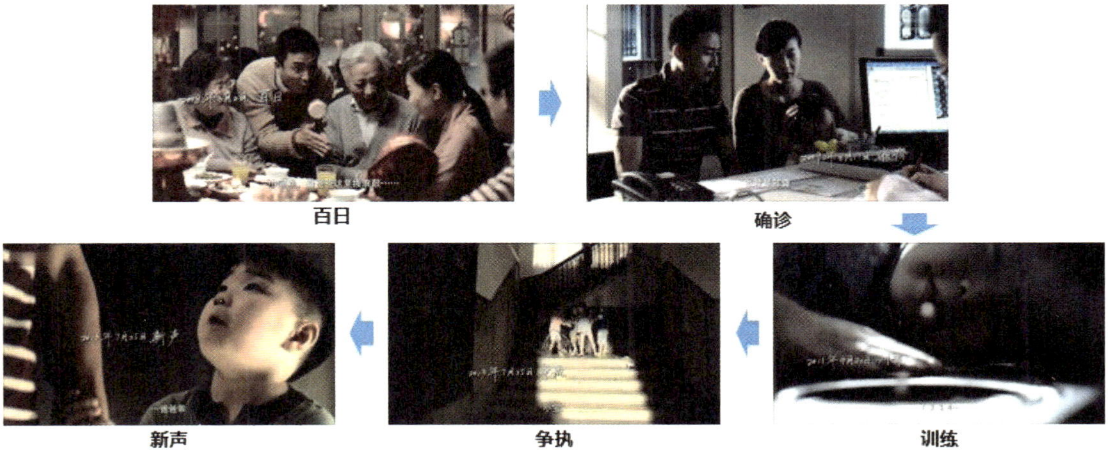

图 10-6　《无声世界》镜头

实操演练

素材清单：“青春环游记”素材一套、参考样片一个。

实操要求：参考样片，根据本节课内容，运用时间蒙太奇技巧，将视频进行剪辑，最终形成一个完整的视频文件，并将你的设计思路写在下方横线上。

扫描右侧二维码，可观看完整实操录屏。

画面剪辑
实操录屏

任务评价

表 10-5　任务评价

评分项目			评分细则	配分	自我评价（20%）	小组互评（30%）	教师评价（50%）
素养评价（20 分）	课堂纪律（5 分）	不迟到，不早退	违反一次不得分	2			
		积极思考，回答问题	根据上课情况统计得分	3			
	职业道德（15 分）	爱岗敬业	热爱专业	5			
		诚实守信	认真完成练习和作业	5			
		团结互助	分组讨论、交流，表现得分	5			
知识评价（30 分）	了解蒙太奇的概念		根据理论测试情况得分	15			
	了解时间蒙太奇的特点和表现手法			15			
职业能力评价（50 分）	能够掌握时间蒙太奇的正确使用方法		根据任务训练情况得分	20			
	能够在公益广告片中正确使用时间蒙太奇，展示时间变迁		根据任务训练情况得分	30			
总分							
最终得分							

知识拓展

扫描右侧二维码，阅读“画面剪辑知识文档”，拓展知识储备。

画面剪辑
知识文档

项目验收单

表 10-6　项目验收单

<table>
<tr><th colspan="2">常出现问题</th><th>是否涉及</th><th>问题等级</th><th>扣分分值</th></tr>
<tr><td>输出参数</td><td>确保每个参数准确</td><td></td><td rowspan="14">A</td><td rowspan="14"></td></tr>
<tr><td>调色/位置/卡通人物</td><td>视频中的规定数值在不同位置要保持统一：
(同一个人设/卡通人物、同一个项目调色保持一致；位置保持一致；大小保持一致)
＊若不是同一个人物（因人物身高不同，拍摄环境可能也不同），重新统一数值
＊位置需注意：不可太靠边/不可挡着内容（如 PPT 排版原因导致的，重新调整排版）</td><td></td></tr>
<tr><td>片头/片尾</td><td>不可放错课程的片头、片尾</td><td></td></tr>
<tr><td>出镜/非出镜</td><td>根据客户要求呈现</td><td></td></tr>
<tr><td>姓名条</td><td>姓名条的位置大小要统一/样式要统一</td><td></td></tr>
<tr><td>标题页</td><td>同一个项目的标题页，停留的时间必须统一</td><td></td></tr>
<tr><td>视频背景音乐</td><td>背景音的降调一定要统一，一般在－10～20 之间（不可超过老师的声音）</td><td></td></tr>
<tr><td>动态背景</td><td>运动的速度要统一（不可快慢不一）</td><td></td></tr>
<tr><td rowspan="2">调色基本</td><td>肤色不可：过白/过黄/偏绿/偏蓝/偏红</td><td></td></tr>
<tr><td>画面整体不可：过亮/过暗</td><td></td></tr>
<tr><td>嘴型</td><td>卡通形象，嘴型要和人物语音保持一致</td><td></td></tr>
<tr><td>不雅动作</td><td>不可出现：吐舌、吧唧嘴、眨眼</td><td></td></tr>
<tr><td>卡屏</td><td>视频中不可出现：黑屏、绿屏、闪现、错误视频</td><td></td></tr>
<tr><td rowspan="2">录制</td><td>不要出现多余的内容或画面（如录制时多出的 360 旋转图标/鼠标箭头/录屏区域框）</td><td></td></tr>
<tr><td>比例不可大小不一/位置不同</td><td></td><td>B</td><td></td></tr>
<tr><td rowspan="2">语音</td><td>片头、片尾背景音里的 Logo 要去掉</td><td></td><td rowspan="3">A</td><td rowspan="3"></td></tr>
<tr><td>视频声音整体偏小，会影响消费者使用，需调整（调整时要适中，不可声音过大或过小）</td><td></td></tr>
<tr><td rowspan="3">剪辑</td><td>不可出现：音画、字幕不同步</td><td></td></tr>
<tr><td>转场效果不美观、不协调（如加了过场，导致画面播放时出现人物严重重叠）</td><td></td><td rowspan="2">B</td><td rowspan="2"></td></tr>
<tr><td>呈现的内容或者图片不可闪现一下就消失（如人物讲到看一下……或多图出现时……此处要多停留几秒）</td><td></td></tr>
</table>

续表

常出现问题		是否涉及	问题等级	扣分分值
剪辑	视频中不能出现无关画面（如拍摄前后的准备工作、讲电话、与摄影师交流等）		A	
	人物出镜时，如有指向性的动作，画面不可空白，要出现人物讲的对应内容			
	视频不能模糊不清			
	画面与画面的衔接处不要切换太快，间隔过短（在语音处理时就要注意）			
	人物出镜与不出镜切换时，内容和人物要一起消失			
	视频剪辑不能有掉帧情况（如视频画面静止不动亦无声音）		B	
	人物讲题重复或说话重复，都需把不需要的一遍剪掉			
后插入的视频/动画	根据脚本保证插入视频/动画的正确性（比较有针对性，如有不理解的请及时进行沟通并解决）		A	
实操	需重点凸显内容时可以套用 AE 模板，排版呈现要美观，样式统一（如目录/大标题/小标题）		A	
	过程中使用的器皿需呈现对应视频/图片和名称		A	
	重复操作需简化（注意不要把具体过程简化掉了）		A	
排版	视频中插入的模板或者前期遗留的情况		B	
图片				
总体合格情况及分值				
注意：以上验收标准为通用标准，若视频制作项目中未涉及，请在“是否涉及”一栏中标注清楚				

项目11 【创作剪辑】纪录片剪辑

项目情景描述

纪录片是以真实生活为创作素材，以真人真事为表现对象，并对素材进行艺术加工与展现，以展现真实为本质，并用真实引发人们思考的电影或电视艺术形式，其核心为真实。

纪录片反映生活、记录历史、传播知识，纪录片的创作者具有强烈的社会责任感和对社会现实的关注，纪录片角度的选择、结构的安排、再现的方式、表现的形式、细节的捕捉、节奏的把握、意境的创造等都体现在创作者对人物和事件的叙述中。

本项目将以纪录片《鲁迅故居》为例，带领大家认识纪录片的创作背景，学习纪录片的创作与剪辑。

任务分配表

表11-1　任务分配

任务序号	任务名称
1	纪录片的创作模式
2	纪录片的拍摄
3	剪辑包装

思政园地

弘扬鲁迅文化，打造精神家园

——上海鲁迅故居红色旅游案例

从百草园到三味书屋，鲁迅故居给人们留下了太多关于童趣的印迹。故居始终致力于促进非遗与旅游的融合发展，通过不断实践，借助鲁迅故居的知名度和号召力，探索出一条有效推进非遗项目传承、传播的新途径。

弘扬鲁迅文化
思政视频

鲁迅故居是位于山阴路的一栋三层红砖楼房，1933—1936 年，鲁迅先生一直在这里居住和工作，直到离世。如今故居内还原了鲁迅先生居住时的情景，屋内陈列着他生前用过的珍贵物品，其中绝大部分是原物。

鲁迅故居不大，屋前有小花圃，栽种着几株树木，屋内的陈设朴实而简单。底层前间是客厅，放有书橱和书桌。后间是餐室，放着西式衣帽架。

图 11-1　鲁迅故居 1

二楼的前间是鲁迅的卧室兼书斋，摆放着铁床、衣柜、茶几、镜台等家具，镜台上放着外国版画。南窗糊着彩色玻璃纸，窗下的书桌上放着文具、烟具和花器。窗边壁上的日历维持着原状：1936 年 10 月 19 日，镜台上的闹钟指针停在凌晨 5 时 25 分，是鲁迅先生逝世的日期和时间。

三楼前间有阳台，这里有鲁迅之子周海婴的卧室，除一张大床外，其他陈设都极为简单。后间的客房放着简单的卧具、桌椅和书橱。

图 11-2　鲁迅故居 2

离故居不远处的鲁迅纪念馆里，大家可以欣赏先生的手稿。“喜欢就拍照，这都是最近 140 周年活动才展出的。”展厅的保安大哥如数家珍，“你看这个《故事新编》，保存得最好……”离开展厅时，我看到墙上印着纪念诗。“有的人死了，他还活着……”“他活着为了多数人更好地活着的人，群众把他抬举得很高，很高。”

图 11-3 上海鲁迅纪念馆

上海，是中国共产党的诞生地、中国革命的摇篮，有着深厚的文化底蕴和红色资源；上海，也是中国工人阶级的发祥地、中国改革开放的前沿阵地，有着光荣的革命传统和优秀的历史传承。上海鲁迅纪念馆是中华人民共和国成立后建成的第一座人物类纪念馆，同时负责管理全国重点文物保护单位“鲁迅墓”和上海市文物保护单位“上海鲁迅故居”，被评为首批“国家一级博物馆”。

踏上新的赶考之路，更加需要我们传承红色基因、赓续红色血脉，把伟大建党精神融入党的建设全过程。把丰富的红色资源作为矢志不渝地践行伟大建党精神的生动教材，作为全域“大思政课”的鲜活场景，在这片红色的土地上，讲述好红色故事，弘扬好红色文化，让初心薪火相传，把使命勇担在肩。

项目思维导图

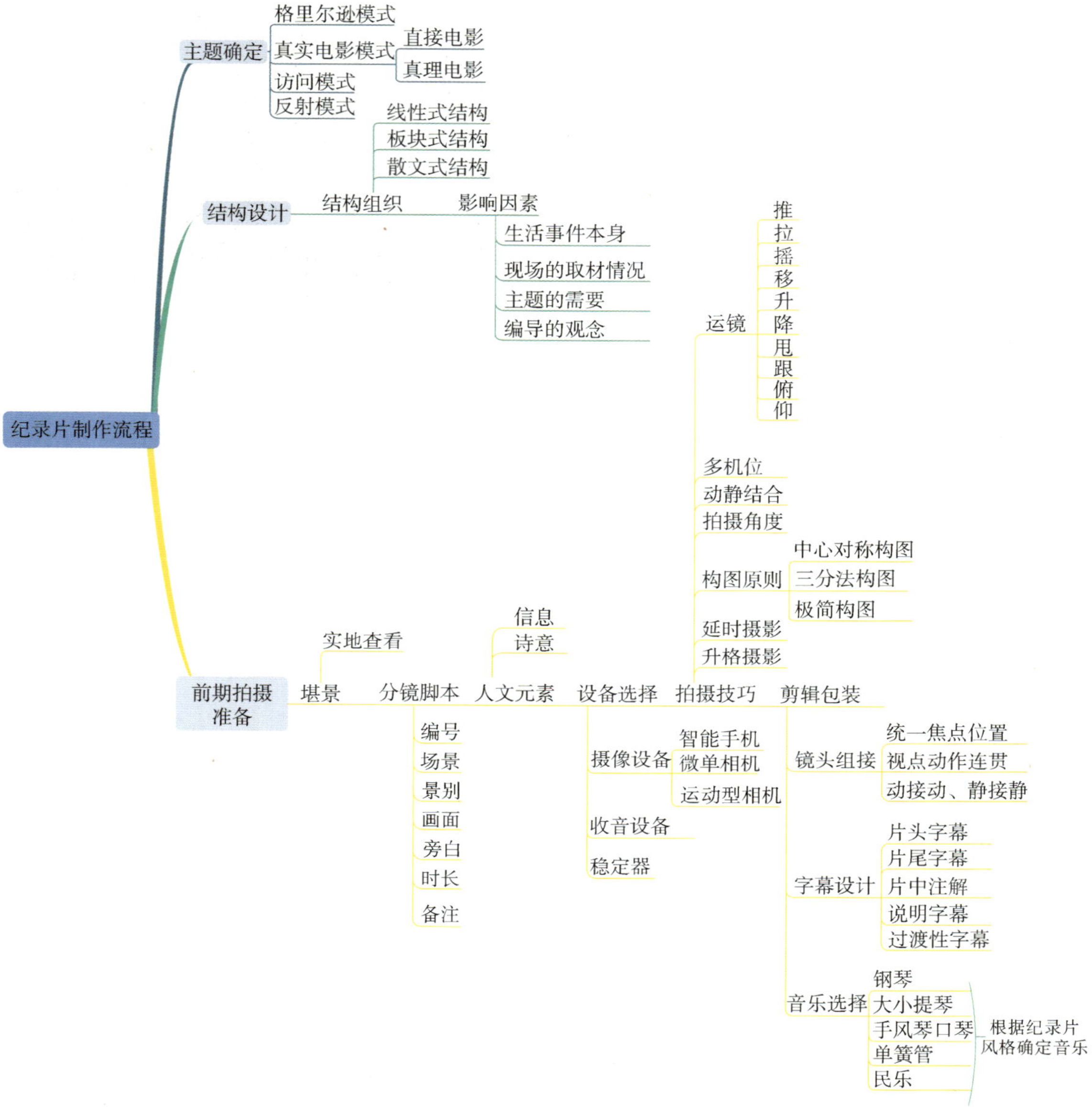
纪录片制作流程
主题确定
格里尔逊模式
真实电影模式
直接电影
真理电影
访问模式
反射模式
结构设计
结构组织
线性式结构
板块式结构
散文式结构
影响因素
生活事件本身
现场的取材情况
主题的需要
编导的观念
前期拍摄准备
堪景
实地查看
分镜脚本
编号
场景
景别
画面
旁白
时长
备注
人文元素
信息
诗意
设备选择
摄像设备
智能手机
微单相机
运动型相机
收音设备
稳定器
拍摄技巧
运镜
推
拉
摇
移
升
降
甩
跟
俯
仰
多机位
动静结合
拍摄角度
构图原则
中心对称构图
三分法构图
极简构图
延时摄影
升格摄影
剪辑包装
镜头组接
统一焦点位置
视点动作连贯
动接动、静接静
字幕设计
片头字幕
片尾字幕
片中注解
说明字幕
过渡性字幕
音乐选择
钢琴
大小提琴
手风琴口琴
单簧管
民乐
根据纪录片风格确定音乐

任务1 纪录片的创作模式

学习目标

1. 知识目标

(1) 了解纪录片的含义。

(2) 了解纪录片的四种创作模式。

2. 技能目标

(1) 能够辨别纪录片四种创作模式的异同。

(2) 能够模仿创作模式，构思纪录片脚本。

3. 素养目标

(1) 通过赏析优秀纪录片，培养审美意识。

(2) 通过小组讨论法，培养团结互助的团队精神。

知识引导

请扫描右侧二维码，观看“纪录片的创作模式知识讲解”视频，思考并回答下列问题。

纪录片的创作模式知识讲解

1. 真实电影是对20世纪60年代出现于欧美等国的____________和____________的统称。

2. 访问模式的纪录片全都由________和________组成。

3. 请判断下面描述的对错。

(1) 格里尔逊对纪录片形式上的主张就是画面加解说的模式。(　　)

(2) 真理电影是20世纪60年代出现于法国电影银幕上的关注社会问题的影片。(　　)

(3) 在反射模式中，创作者成为事件的见证人或参与者。(　　)

4. 请简述直接电影与真理电影的区别。

____

____

知识储备

纪录片是一种描述、记录或研究现实世界的电影类型。它不需要演员来表演，而是展现真实的人物、地点和情况。这种电影形式以其真实性、生活性和艺术性，能够深深地影响、激励和启迪观众。

纪录片包含格里尔逊、真实电影、访问和反射四种创作模式。

1. 格里尔逊模式

格里尔逊模式起源于 1928 年，由英国著名纪录片导演约翰·格里尔逊（John Grierson）所创立。当时，格里尔逊进入英国政府新设置的帝国市场委员会，负责领导该委员会的电影部。其任务是用电影的手段宣传政府的相关政策，该组织召集了一批年轻的艺术家和电影工作者，拍摄了 300 多部影片，形成了较大规模的纪录电影运动。这一运动不仅推动了英国纪录片的发展，还孕育出了独特的格里尔逊模式，对后来的纪录片创作产生了深远的影响。

格里尔逊模式的核心特点主要体现在两个方面：题材选择和形式表现。在题材上，该模式主张将人们的视线从遥远的天涯海角转移到现实生活，尤其是那些发生在自己家门口、与自己息息相关的事情。这种关注现实、贴近生活的题材选择，使得格里尔逊式的纪录片更容易引起观众的共鸣和思考。在形式上，格里尔逊式则主张采用画面加解说的方式来进行表现。这种方式通过生动的画面和翔实的解说，为观众提供了丰富的视听体验，同时也使得影片在传达信息时更加明确和直接。

谈到格里尔逊式模式的代表作品，不得不提的是 1936 年的《夜邮》（见图 11-4）。这部影片以伦敦开往苏格兰的邮政专列为背景，生动展示了夜间邮件收发的全过程。通过细腻的画面和感人的解说，《夜邮》不仅展现了邮政工人辛勤工作的场景和敬业精神，更让观众深刻感受了纪录片所传达的人文关怀和社会责任。这部作品不仅成为格里尔逊式模式的经典之作，更在纪录片历史上留下了浓墨重彩的一笔。

图 11-4 《夜邮》镜头

格里尔逊模式对中国纪录片的影响较为深远。从中华人民共和国成立之初到改革开放，它都是中国纪录片的主流模式，直接导致了中国特有的专题片的诞生。

如今，虽然时代在变迁、技术在进步，但格里尔逊模式所倡导的关注现实、贴近生活的创作理念以及承担社会责任的精神内核依然被广大纪录片创作者所传承和发扬。

2. 真实电影模式

真实电影是对 20 世纪 60 年代出现于欧美等国的直接电影和真理电影的统称，它认为纪录片应该是对现实的客观展示。

(1) 直接电影

直接电影是美国 20 世纪 60 年代初纪录片制作中一次独具风格的电影运动。它主张摄影机和拍摄人员应该像墙上的苍蝇一样，这种形式的核心理念在于真实记录，避免任何可能干扰或改变被拍摄对象行为的因素。例如罗伯特·德鲁（Robert L. Drew）的《初选》就是直接电影的典型作品，该片真实记录了1960年冬天汉弗莱与肯尼迪在威斯康星州的竞选实况，为观众呈现了政治竞选的真实面貌（见图11-5）。

（2）真理电影

与直接电影不同，真理电影是20世纪60年代在法国兴起的电影模式。它主张真理藏在生活的背后，承认摄像机的存在可以对现实产生影响。在真理电影的形式中，纪录片的制作者不再是摄影机后面的局外人，而是要积极地参与被拍摄者在被拍摄的那一刻的生活，促使他们说出不太轻易说出的话或者不太轻易做出的事情。让·鲁什（Jean Rouch）拍摄的纪录片《夏日纪事》就是其中的典型代表（见图11-6）。

图11-5 《初选》镜头

图11-6 《夏日纪事》镜头

直接电影和真理电影都是以追求真实为目的，都是在同期录音的技术基础上发展起来的，但是两者还是有明显的区别。前者认为纪录电影应该是对现实的纯粹记录，是在被动状态下捕捉真实，反对在纪录片中使用虚构的手法；而后者认为，记录电影不应该纯粹地记录现实，而应该主动地去挖掘真实，不排除在纪录片中采用虚构的策略。

3. 访问模式

访问模式的纪录片全部由访问和谈话组成。它的形式是一个访问接着一个访问，事件的见证人或者参与者直接站在摄像机前讲述自身的经历，时而做令人深省的揭露，时而做只言片语的佐证。形成了当代纪录片的一种标准模式。

《HUMAN》这部纪录片就是其中的经典代表，它历经三年，采访了2000多位不同种族、不同性别、不同年龄的人（见图11-7）。这些人在镜头前诉说自己的故事，导演有意隐去了一切有关这些人物的背景信息，旨在

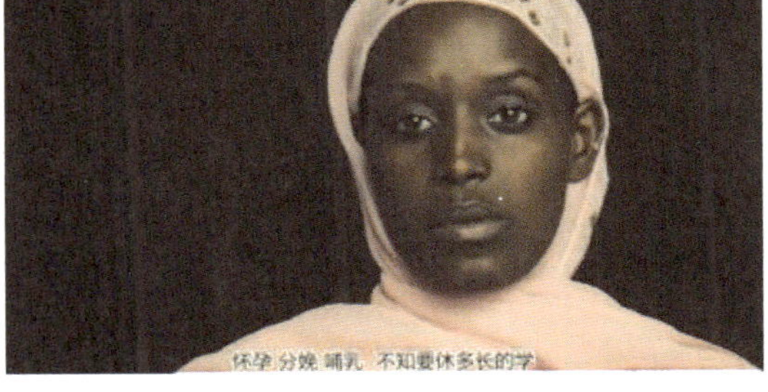
图11-7 《HUMAN》镜头

表现出大家都是同属人类大家庭的一员。

4. 反射模式

反射模式指在拍摄的过程中把拍摄者与被拍摄者之间如何运作、如何互动的关系呈现出来。它混合了前面几种模式中观察、访问、摄影机前后人物的互动等多种记录方式，创作者成为事件的见证人或者参与者，并且将自己的观点、看法以及情绪传递给观众。麦克·摩尔(Michael Moore)的《华氏 911》就是其中的典型代表，在这部纪录片中，导演经常出现在画面中，表达自己的观点与看法（见图 11-8）。

图 11-8　《华氏 911》镜头

创作实践

作品要求：模仿真实电影模式或格里尔逊模式（画面加解说的形式），从身边的生活中寻找主题，比如以身边的公园、自己的家人为对象，尝试拍摄纪录片。

作品形式：该作品为个人创作作品，请选择纪录片的创作类型，设计分镜脚本，完成《鲁迅故居》或其他场地的纪录片前期准备。

任务评价

表 11-2　任务评价

<table>
<tr><th colspan="3">评分项目</th><th>评分细则</th><th>配分</th><th>自我评价（20%）</th><th>小组互评（30%）</th><th>教师评价（50%）</th></tr>
<tr><td rowspan="4">素养评价（30 分）</td><td rowspan="2">课堂纪律（10 分）</td><td>不迟到，不早退</td><td>违反一次不得分</td><td>5</td><td></td><td></td><td></td></tr>
<tr><td>积极思考，回答问题</td><td>根据上课情况统计得分</td><td>5</td><td></td><td></td><td></td></tr>
<tr><td rowspan="2">职业道德（20 分）</td><td>具备审美意识</td><td>根据课堂头脑风暴得分</td><td>10</td><td></td><td></td><td></td></tr>
<tr><td>团结互助的团队精神</td><td>根据分组讨论情况得分</td><td>10</td><td></td><td></td><td></td></tr>
<tr><td rowspan="2">知识评价（30 分）</td><td colspan="2">了解纪录片的含义</td><td rowspan="2">根据理论测试情况得分</td><td rowspan="2">30</td><td></td><td></td><td></td></tr>
<tr><td colspan="2">了解纪录片的四种创作模式</td><td></td><td></td><td></td></tr>
<tr><td rowspan="2">职业能力评价（40 分）</td><td colspan="2">辨别纪录片四种创作模式的异同</td><td>根据任务训练情况得分</td><td>20</td><td></td><td></td><td></td></tr>
<tr><td colspan="2">模仿创作模式构思纪录片脚本</td><td>根据任务训练情况得分</td><td>20</td><td></td><td></td><td></td></tr>
<tr><td colspan="5">总分</td><td></td><td></td><td></td></tr>
<tr><td colspan="5">最终得分</td><td colspan="3"></td></tr>
</table>

知识拓展

扫描右侧二维码，阅读“纪录片的创作模式知识文档”，拓展知识储备。

纪录片的创作模式知识文档

任务2 纪录片的拍摄

学习目标

1. 知识目标

（1）了解纪录片的结构设计。

（2）了解拍摄纪录片的准备工作。

2. 技能目标

（1）能够利用结构对选题纪录片进行设计。

（2）能够编写分镜脚本，掌握拍摄技巧。

3. 素养目标

（1）通过项目实践，培养发现问题和解决问题的能力。

（2）通过了解《鲁迅故居》，激发爱国主义文化热情。

知识引导

请扫描右侧二维码，观看“纪录片的拍摄知识讲解”视频，思考并回答下列问题。

纪录片的拍摄知识讲解

1. 纪录片包含________、________和________三种结构。

2. 板块式结构是由一个一个的________组成的。

3. 堪景的时候会根据________、________、________拍摄照片和视频，以此为依据进行分镜头脚本的设计。

4. 请判断下面描述的对错。

（1）线性式结构通常只有一条贯穿全片的线索。（　　）

（2）纪录片的所有题材都有中心线。（　　）

(3) 散文式结构凸显行散而神不散的特征。( )

5. 请简述诗意型纪录片的特点。

6. 请从生活事件本身、现场的取材情况、主题的需要和编导的观念四个方面概括《鲁迅故居》纪录片的结构选择。

知识储备

在探讨纪录片创作时，我们不得不提及纪录片结构的重要性。结构，作为纪录片的骨架，不仅支撑着整部影片的叙事框架，更在剪辑过程中发挥着举足轻重的作用。一个合理的结构能够帮助剪辑师更好地组织素材，突出主题，引导观众的观看体验。

1. 纪录片的结构

纪录片的结构分为线性式结构、板块式结构和散文式结构三种。

(1) 线性式结构

线性式结构最主要的特点就是有一条乃至多条贯穿全片的线索。这个线索可以是内在的，如《远去的村庄》中的缺水问题，也可以是外在的、形式上的，如《龙脊》中村口的大槐树。

当然，并非所有的题材都有中心线。弥补的方法除了后期强加一个象征性的元素外，采访的介入也是一个重要的手段，用采访作为结构因素，更多是在前期构思的时候就要有所考虑。例如，《美国工厂》的主线就是美国工人与中资老板的矛盾，双方就员工福利展开了激烈的冲突（见图 11-9）。

图 11-9 《美国工厂》镜头

(2) 板块式结构

板块式结构是由一个一个的故事组成的，目前这种纪录片的结构比较普遍。《舌尖上的中国》《人生一串》《我从新疆来》等纪录片都是板块式结构的典型代表。例如，《我从新疆来》“创业哪能不艰辛”这集，讲述了三个新疆人分别在金华、深圳、上海艰难创业的故事（见图 11-10）。

图 11-10 《我从新疆来》镜头

（3）散文式结构

散文式结构是采用散文的结构方式，将生活的碎片穿缀起来，凸显形散而神不散的特征。比如《幼儿园》这部纪录片，它没有一个贯穿全片的人物，也没有一个起承转合的故事，而是将生活碎片编织成了孩子们的世界，从而引发人们的思考——“我们究竟要给孩子们一个怎样的童年”（见图 11-11）。

其中，诗意型纪录片就是采用散文结构的一种纪录片类型，其最大的特点就是“诗意”二字，不强调叙事，而更注重节奏韵律的展现，目的在于传递情绪与思想，或是将哲理真实作为其对于纪录片真实性的表达。

例如：伊文思（Joris Ivens）的《雨》就是如此，以“雨”为线索，带着观众透过摄影机的“眼睛”，去领略 1929 年的一场都市雨景，记录“现在”，成为“历史”。正因为有着这样的历史责任与历史态度，在时隔近百年后的我们，依旧可以领略那一场 1929 年的都市雨景（见图 11-12）。

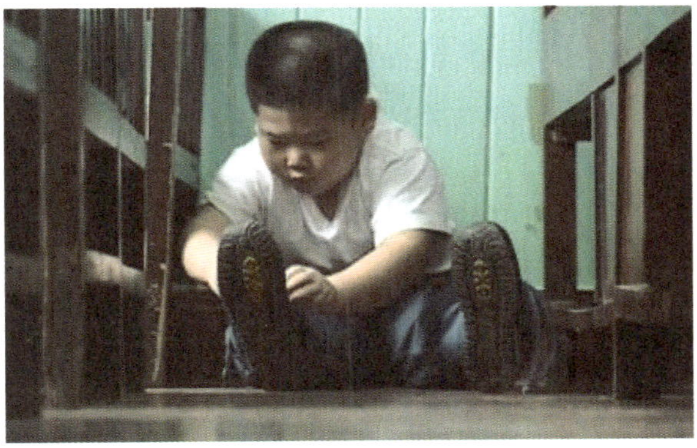

图 11-11 《幼儿园》镜头

图 11-12 《雨》镜头

2. 纪录片《鲁迅故居》的结构选择

在深入探讨纪录片结构的设定时，我们必须认识到，结构的选择并非孤立存在，而是受到多重因素的影响。

（1）影响结构选择的四个因素

生活事件本身：结构受生活事件本身自然流程的制约，也就是生活的逻辑，包括事件的时间流程、事件的发生发展过程、人物命运的变化和结果、人物成长的历史等等。

现场的取材情况：取决于编导在现场根据自己的经验所获取素材的可编辑性。

主题的需要：生活的头绪万千，纪录片所截取的片段主要是为故事的主题服务。

编导的观念：编导采用什么样的结构，取决于其价值观以及审美观。

在理解和分析纪录片结构时，我们必须将这些因素纳入考量，以更全面地把握结构背后的深层逻辑和创作意图。

(2)《鲁迅故居》结构选择

正如前文所述，生活事件本身的逻辑、现场取材的实际情况、主题表达的需要以及编导个人的观念和审美，都是塑造纪录片结构的重要因素。这些因素相互交织，共同决定了纪录片的叙事框架和表现方式。现在，我们将这些因素具体应用到《鲁迅故居》这部纪录片中，来详细探讨其结构选择的背后逻辑和考量。

生活事件本身：作为一个观察者，以鲁迅故居为轴心，不采用解说词，用客观镜头记录下鲁迅故居周遭街道、内外部环境、房间、生活细节、参观的游人、附近的居民等等。也可以根据时间线，从早到晚为中心组织内容，展现鲁迅故居和周围的生活。

现场的取材情况：前期调研可以取景拍摄的内容加实地勘景。

主题的需要：以鲁迅故居为中心，记录下 2022 年的鲁迅故居及周围居民的生活。从导演的视角去呈现后疫情时代下，曾经游人如织的鲁迅故居现在的样子。我们会发现，虽然游客少了，但是鲁迅故居还在那里，周围居民的生活还在继续，大家都在努力生活。很多时候，我们并不能意识到，这美好的一切正时时刻刻地发生在我们身边。

编导的观念：最终采用散文形式的叙事结构来拍摄一部诗意型纪录片。

3. 拍摄的前期准备工作

在确定了纪录片的结构和拍摄内容后，接下来的关键步骤就是进行详尽的前期准备工作。这一阶段对于整个拍摄过程的顺利进行至关重要，它涉及对拍摄地点的深入了解、剧本的细致规划、文化元素的巧妙融入，以及摄影设备和技术的精心选择。具体来说，前期准备工作主要包括勘景、分镜脚本编写、人文元素植入、设备选择以及拍摄技巧的准备等。这些环节相互关联，共同构成了纪录片拍摄前的全面筹划，为后续的实地拍摄打下了坚实的基础。

(1) 勘景

“勘景”指的是制作人员亲自前往拍摄场地进行实地考察，以评估和选择适合拍摄的场景。这一过程中，制作人员会仔细考察场地的各个角落，根据不同景别、焦距和角度拍摄照片和视频，这些素材将成为后续分镜头脚本设计的重要依据。

在勘景过程中，制作人员需要从以下几个方面进行思考。

场景选择：寻找那些能够突出主题、符合剧情需要的场景，并考虑如何利用这些空间进行拍摄。

设备选择：根据场地的实际情况，考虑使用什么样的摄影设备进行拍摄，以确保画面达到预期效果。

运镜方式：在不同的场景中如何运用推、拉、摇、移等运镜技巧，以增强画面的动感和表现力。

天气考虑：天气状况对拍摄效果有着重要影响，因此在勘景时也需考虑在什么样的天气条件下进行拍摄最为合适。

此外，堪景还是一次全面的风险评估和问题解决的过程。制作人员需要留意场地中可能存在的安全隐患，并设法避免或解决这些问题。同时，他们还会与场地管理者或业主进行沟通，确保拍摄过程中能够得到必要的支持和配合。

（2）分镜脚本编写

分镜脚本的编写是影视制作中极为关键的一环。在拍摄和剪辑之前，将拍摄思路通过分镜脚本的方式详细写下来，能够帮助制作团队细化拍摄画面，并确定清晰的拍摄目标。这一过程不仅为摄影师、演员和剪辑师等团队成员提供了明确的指导，还确保了影片制作的顺利进行。图 11-3 为脚本的内容样例，可供参考。

镜号	场景	景别	画面	旁白	时长（秒）	备注
1						
2						
3						
4						
5						

图 11-13　分镜脚本

分镜脚本的详细程度直接影响拍摄的顺利进行。脚本写得越详细，越能为团队成员提供清晰的指导，减少拍摄过程中的不确定性和误解。这不仅提高了拍摄效率，还保证了影片的最终质量。

在编写分镜脚本时，可以参考优秀的影片和剧本，学习如何合理地安排镜头顺序和节奏。同时，也可以借助专业的软件和工具，以提高编写效率和准确性。

（3）人文元素植入

在纪录片《鲁迅故居》的拍摄过程中，编导采用了散文结构进行设定，这种结构初学者很容易把片子拍得平淡，这里我们介绍一个可以给视频增色的方法——植入人文元素。

人文元素就是在某个事物中添加以人为出发点的内容，让人们感觉更亲切，拉近和观众的距离，让观众更好地沉浸到你拍摄的题材中去，或者把一些体现人文气息的事物加到纪录片的主题中去。

例如在拍摄中可以设计不同的人物视角：

观众跟随导演看到的鲁迅故居；

参观者眼中的鲁迅故居；

周边居民、商家眼中的鲁迅故居；

同样，我们可以根据现场的实际情况抓拍一些包含人文元素的镜头。将人和景融为一体，剪辑到后期的视频中。

假设纪录片的表达有两个极端，一个是信息，另一个是诗意。那么，越靠近诗意，则信息越少，越靠近信息，则节奏韵律会打折扣。但纪录片之所以是纪录片，其现实作用、历史意义、隐喻目的是不可缺少的因素，所以内容空洞的风光展现，如果不能上升到哲理的高度，作品的艺术性也会打折扣。纪录片创作者一定要做好取舍，创作出自己满意、观众也满意的纪录片作品。

（4）设备选择

拍摄纪录片最重要的是记录真实，即记录下那个瞬间，而不是一味地追求高质量的设备。设备的选择一般包括摄像设备、收音设备和稳定器。

当选择摄像设备时，如果预算不足，建议直接使用智能手机进行拍摄，现在的智能手机影像功能都非常强大，基本可以满足拍摄需求。对于想提高画面质量的同学，可以准备一台微单相机，这类相机自带美颜功能，能拍出更佳的人像效果。也可以准备一个体积小巧的运动型相机，便于携带且自带防抖，因为防水也能拍摄水下画面，如 Gopro 相机、大疆 Osmo 系列相机。为了获得更好的成像质量，尽可能选择在天气晴朗的日子拍摄，或者在早上、傍晚自然光条件较好的时候进行拍摄。

虽然手机有自带的麦克风，但收音效果十分有限。如果想让视频有更好的音质，可以在手机上外接收音设备。如舒尔 MV88 就是一款专业的手机直插式麦克风，附带高级的收音控制 App。

手机稳定器，也叫作手持云台，即手机拍摄时用于稳定画面，让用户在站立、走动甚至跑动的时候都能够拍摄出稳定顺畅的画面。如大疆 OM5 有延长的自拍杆，可以手动调节俯仰角度，采用磁吸式的设计，拿取都非常方便。

（5）拍摄技巧

在掌握了基础的拍摄设备之后，我们进一步探讨一些具体的拍摄技巧。这些技巧包括运镜、画面与构图的设计、延时摄影以及升格摄影。每一种技巧都有其独特的应用场景和效果，能够极大地丰富我们的视觉表达。

①运镜

在纪录片拍摄中，运镜的作用不可忽视。通过灵活运用推、拉、摇、移、升、降、甩、跟、俯、仰等运镜方法，摄影师能够引导观众的视线，突出关键信息，同时创造出丰富多样的视觉体验。运镜不仅影响着画面的美感和节奏感，更是增强故事叙述感染力的关键手段。精湛的运镜技巧能够让观众更深入地沉浸在纪录片所展现的世界中，感受每一个细节的变化和情感的传递。因此，掌握并运用好各种运镜方法，对于提升纪录片的整体质量和观感至关重要。

在具体实施时，需要注意以下几点：

a. 多镜头覆盖，用剪辑的思维去拍摄；

b. 单独机位，从不同角度拍摄，让画面成组；

c. 静中有动，动中有静，动静结合；

d. 在拍摄时，切忌“敌不动我不动”的状态，可适当遵循“你静我动，你动我静”原则。甚至可以对静止的事物人为制造一些动态。如拍摄水面时制造波纹、拍摄花枝时用手让花摇曳起来；

e. 但“你动我静”原则并不绝对，拍摄一些特殊镜头时“你动我也动”同样适用。如拍摄运动物体时，镜头跟着物体移动也是很有必要的，可以增强视觉冲击力和速度感。

②画面和构图

在纪录片拍摄中，“画面和构图”从很大程度上决定了成片的品质。精心设计的画面和巧妙的构图能够突出主题，引导观众的注意力，并传达出深层的情感和意境。为了获得更好的画面，可以进行以下尝试。

寻找特殊的拍摄角度：不妨尝试蹲下去或趴下去拍摄，或是采用仰拍、俯拍等特殊角度拍摄。

运用构图基本原则把控画面：每个画面需明确突出展现的重点对象，否则画面中信息干扰要素太多，观众只感受到杂乱，无法感受到美。

以下有三类构图法供使用：

中心对称构图：可突出表现人物、对称的物体、建筑等。

三分法构图：最保险的构图方式，对人、物、建筑等都适用。

极简构图：大面积留白，具有艺术、电影感效果。

③延时摄影

作为一种独特的拍摄技术，在纪录片拍摄中发挥着重要作用。这种技术通过以固定的时间间隔拍摄静止的影像，并将这些影像连续播放，从而实现了时间的压缩与加速流逝的效果。在纪录片中，延时摄影对于时间表达的作用尤为突出。

延时摄影能够揭示出那些平时肉眼难以察觉的自然变化过程。无论是云层的移动、星空的流转，还是植物的生长、城市的变迁，延时摄影都能够将这些缓慢发生的变化以惊人的速度呈现在观众眼前。这种时间的压缩不仅让观众能够在短时间内领略到长时间的变化，还增强了影片的趣味性和吸引力。

延时摄影在纪录片中的运用，使得时间的流逝变得可视化。通过加速时间的进程，观众能够更加直观地感受到时间的推移和世界的变迁。这种视觉化的时间表达方式，不仅让观众对时间的流逝有了更深刻的体验，还进一步加深了影片所传达的主题和情感。

延时摄影还能够为纪录片创造出独特的视觉效果。通过将长时间的过程压缩成短暂的片段，延时摄影赋予画面动态感和节奏感。配合快节奏的音乐进行剪辑，更是能够从视觉和听觉上达到双重融合的效果，为观众带来震撼的视听体验。

④升格摄影

升格摄影，也叫慢动作拍摄，是指在拍摄时使用高于正常 24 帧的帧率进行拍摄，然后以每秒 24 帧的速率放映，获得实际运行过程缓慢，甚至超慢速的效果。

升格摄影擅长捕捉高速运动物体的细腻动作，诸如动物奔跑时的肌肉运动、姿态变换等这些细节在常规速度下往往难以被察觉。此外，升格摄影还能显著增强画面的视觉冲击力，使观众更加投入地感受那些紧张、刺激或美妙的瞬间。另外，升格摄影还是创造唯美画面与深化叙事表达的重要工具。在拍摄正常运动物体时，通过慢动作效果，可以赋予平常景象诗意和浪漫，如飘落的雪花、舞动的裙摆，都因升格摄影而显得更加动人。同时，在纪录片叙事中，升格摄影能够引导观众注意力，突出关键情节与细节，从而加深影片的情感表达与故事叙述。

创作实践

作品要求：请根据本节所介绍的内容，完成勘景、分镜脚本等前期设计工作，并实地完成《鲁迅故居》纪录片的拍摄。

作品形式：该作品为小组作品，小组人员分工可参考表 11-3。

表 11-3

内容	负责人
堪景	
分镜脚本编写	
实地拍摄	

最终需提交内容：每个小组进行成果提交，内容包含：

1. 堪景阶段所拍摄照片、视频、文字方案等素材 1 套。
2. 分镜脚本 1 份。
3. 实地拍摄原始素材 1 套。

任务评价

表 11-4　任务评价

评分项目			评分细则	配分	自我评价（20%）	小组互评（30%）	教师评价（50%）
素养评价（30 分）	课堂纪律（10 分）	不迟到，不早退	违反一次不得分	5			
		积极思考，回答问题	根据上课情况统计得分	5			
	职业道德（20 分）	具备发现问题和解决问题的能力	根据项目实践情况得分	10			
		具备爱国主义文化热情	根据课后讨论情况得分	10			
知识评价（30 分）	了解纪录片的结构设计		根据理论测试情况得分	30			
	了解拍摄纪录片的准备工作						
职业能力评价（40 分）	利用结构对选题纪录片进行设计		根据任务训练情况得分	20			
	编写分镜脚本，掌握拍摄技巧材		根据任务训练情况得分	20			
总分							
最终得分							

知识拓展

扫描右侧二维码，阅读“纪录片的拍摄知识文档”，拓展知识储备。

纪录片的拍摄知识文档

任务 3　剪辑包装

学习目标

1. 知识目标

（1）了解纪录片镜头组接技巧。

（2）了解纪录片后期制作的步骤。

2. 技能目标

(1) 能够对纪录片素材进行合理组接。

(2) 能够将字幕设计、音乐选择技巧应用于纪录片制作。

3. 素养目标

(1) 通过项目实践，养成踏实肯干、精益求精的职业精神。

(2) 通过了解爱国主义文化，激发文化认同和文化自信。

知识引导

请扫描右侧二维码，观看“剪辑包装知识讲解”视频，思考并回答下列问题。

剪辑包装
知识讲解

1. 你知道哪些关于镜头组接的技巧呢？

2. 请结合之前的学习内容，总结字幕的设计技巧。

知识储备

在之前的课程中，我们已经学习了很多视频剪辑技巧，本节课将从镜头的组接技巧、字幕设计、音乐选择三方面对内容进行补充和总结。

1. 镜头的组接技巧

通过之前的学习，大家已经掌握了各种技巧转场与无技巧转场的方法，但是在以记录真实为主要目标的纪录片剪辑中，我们最为常用的转场方法还是硬切，现在给大家介绍三种相关的镜头组接技巧。

(1) 统一焦点位置

“统一焦点位置”这一技巧强调的是在切换镜头时，尽量保持画面中的主体或关键元素在视觉上的连贯性和一致性。这通常意味着在切换前后两个镜头时，摄影师或编辑会努力确保主体在画面中的位置、大小和焦点相对一致，以便观众能够更流畅地观看和理解画面内容。

如图 11-14 和图 11-15 所示，画面 1 的焦点是人物，在画面的左侧；画面 2 的焦点是老鹰，在画面的右侧，由于焦点产生了变化，导致画面产生一种跳跃感。

图 11-14　画面 1

图 11-15　画面 2

怎样统一焦点位置，消除画面跳跃感呢？其步骤如表 11-5 所示：

表 11-5　操作步骤

序号	操作步骤	参考画面
1	把光标移动到第一段素材的最后一帧	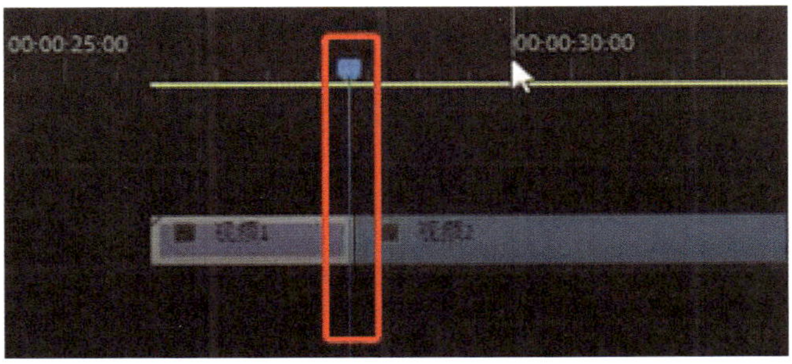
2	点击画面监视窗口右下角的加号，在按钮编辑器里找到“标尺”按钮	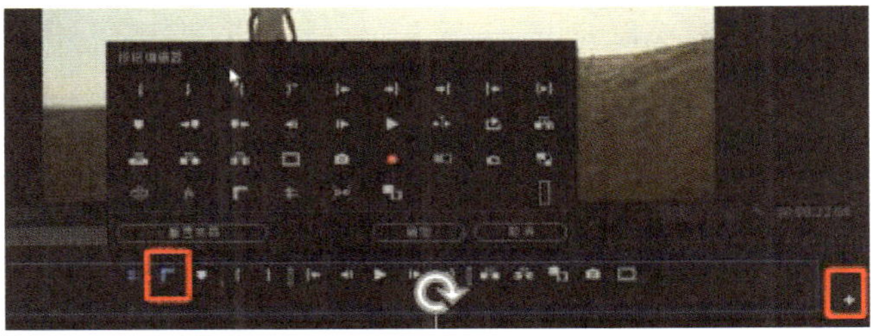
3	把光标放在监视器的左边。按住鼠标左键拖动就可以调出一条参考线，上方也是一样操作。两条线焦点十字的位置，就是我们第一个画面的焦点	

续表

序号	操作步骤	参考画面
4	切到第二个画面，将老鹰移动到参考线焦点的位置。注意拍摄的时候尽量拍摄 4K 素材，这样就算移动后有黑边，也可以放大素材来避免	 调整前 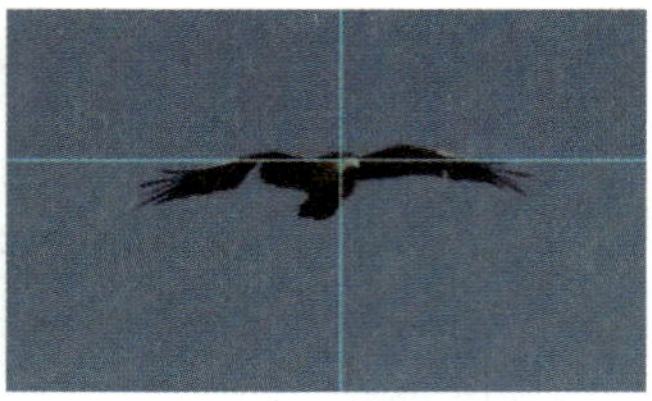 调整后

（2）统一视点方向

统一视点方向技巧是指在剪辑过程中，尽量保持相邻镜头之间的视点或观察角度的一致性。这种一致性有助于观众更清晰地理解场景和动作，并增强影片的连贯性和真实感。

如图 11-16 和图 11-17 所示，画面 1 的海浪方向是从左往右；画面 2 的海浪方向是从右往左，其视点方向产生了变化，造成视觉的不连贯。

图 11-16　画面 1

图 11-17　画面 2

怎样调整视点方向，增强视觉的连贯性呢？其步骤如表 11-6 所示：

表 11-6　操作步骤

序号	操作步骤	参考画面
1	调整视点方向： 在效果中搜索：水平翻转	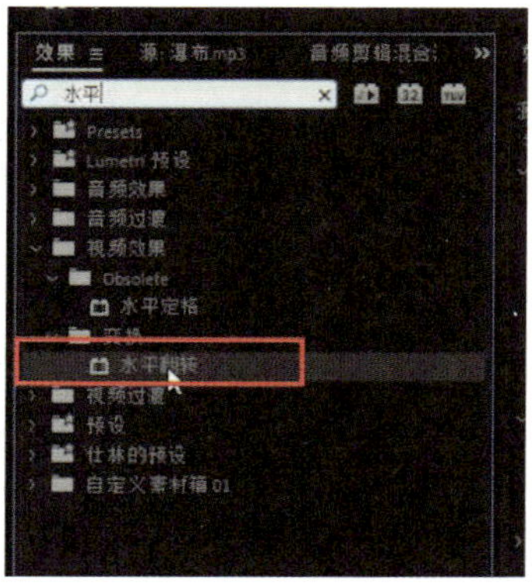

续表

序号	操作步骤	参考画面
2	调整视点方向：把水平翻转添加到第二段素材上。第二段视频就翻转过来了	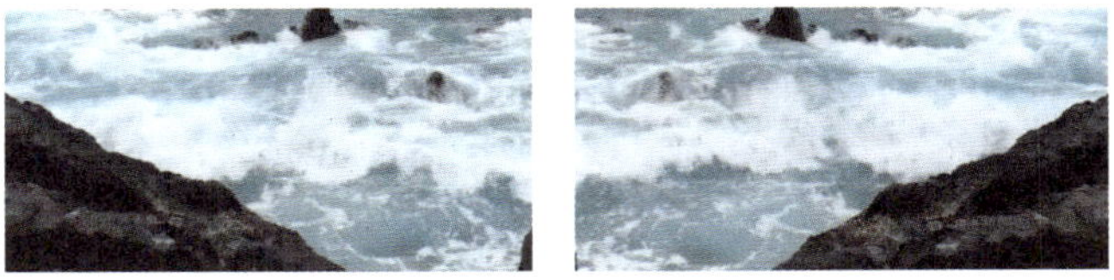 翻转前 翻转后
3	调整衔接点动作连贯性：找到上一个画面海浪刚刚要拍打到礁石的这一帧，从这里把视频拆开，后面多余的帧就不要了，从这里接下一个画面	
4	调整衔接点动作连贯性：找到刚刚撞击到礁石的这一刻，把它们组接在一起。这样视频衔接会连贯很多。一般我们在剪辑人物的动作时会经常用到这个技法。如从第一个人物转身接第二个人物转身过来的镜头	

如果素材的分辨率在 4K 或以上，还可以在此基础上添加一些其他的技法。比如找到后面海浪起来的镜头，放大这个镜头，把它当作特写镜头使用，将它接在第二个镜头后面。这样就有三个镜头，增加画面的丰富度。

（3）动接动

“动接动”指的是在一个动态镜头结束后，紧接着切入另一个动态镜头。这种技巧常用于视频拍摄和剪辑中，以营造一种流畅、连贯的视觉效果。这种剪辑方法有助于保持观众的注意力，并引导他们更自然地进入下一个场景或情节。

如图 11-18 和图 11-19 所示，画面 1 是一个固定镜头拍摄；画面 2 是一个由下往上的运动镜头拍摄，这样的镜头组接也可以，但是“动接动”的话，衔接的效果会更好一点。

图 11-18　画面 1

图 11-19　画面 2

怎样将静态固定镜头调整为动态镜头呢？其步骤如表 11-7 所示：

表 11-7　操作步骤

序号	操作步骤	参考画面
1	找到第一段素材的第一帧，在位置这里打上关键帧	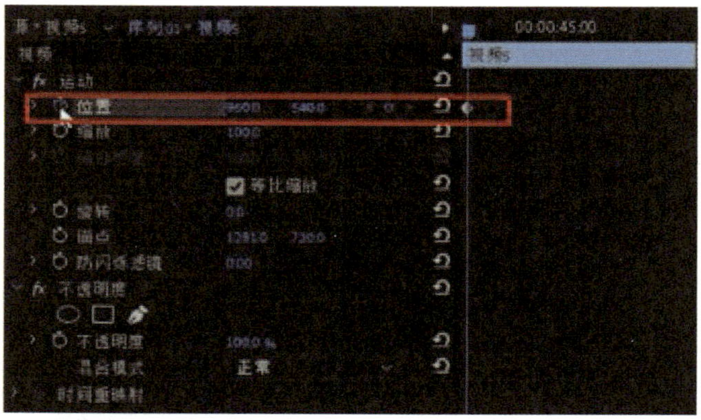
2	把视频位置往上方移，光标往后移动，再把位置往下方移动	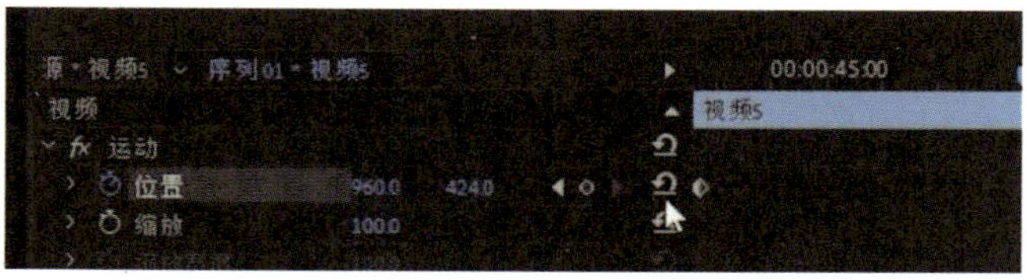 

续表

序号	操作步骤	参考画面
3	第一个镜头是模拟的运动镜头，它并没有那种摄像机往上摇的真实感。展开位置下方的这个小三角，调出这里的速度曲线	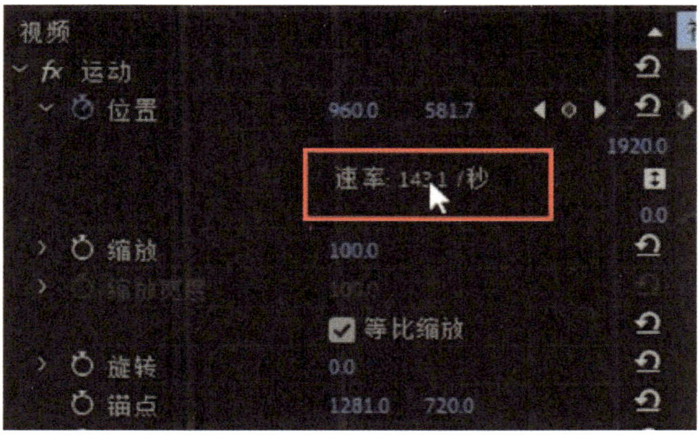
4	点击第一个关键帧，“右键一临时插值一缓入”	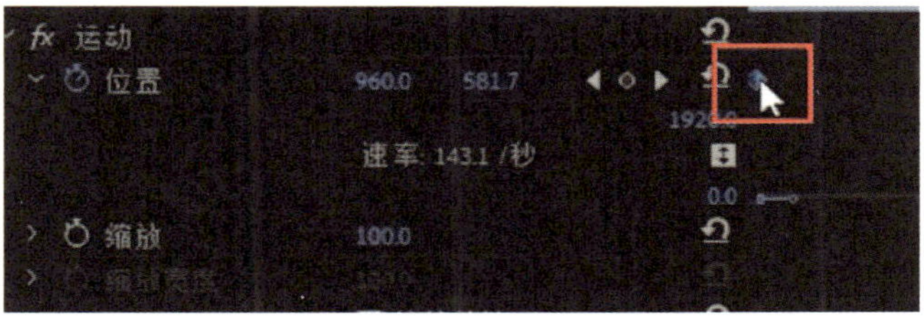 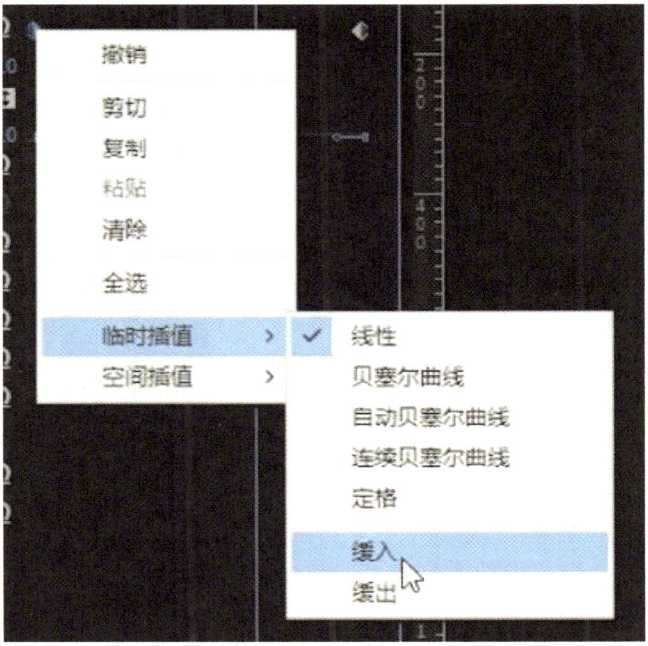

续表

序号	操作步骤	参考画面
5	调整这个小杠杆把它往前方移，让缓入的速度先慢后快	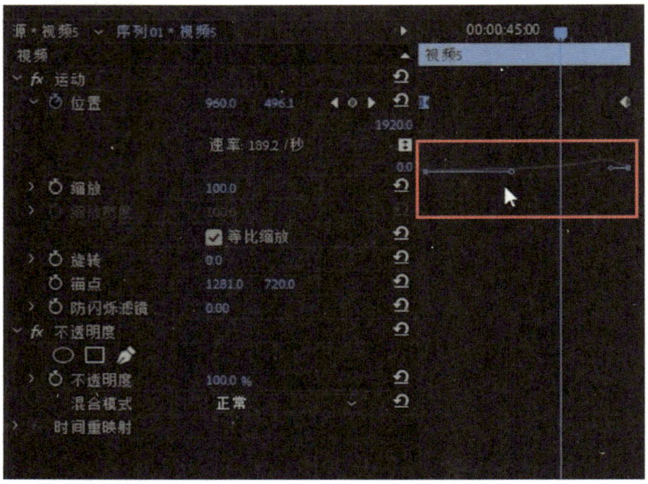
6	稍微调整一下第一段素材的剪切点	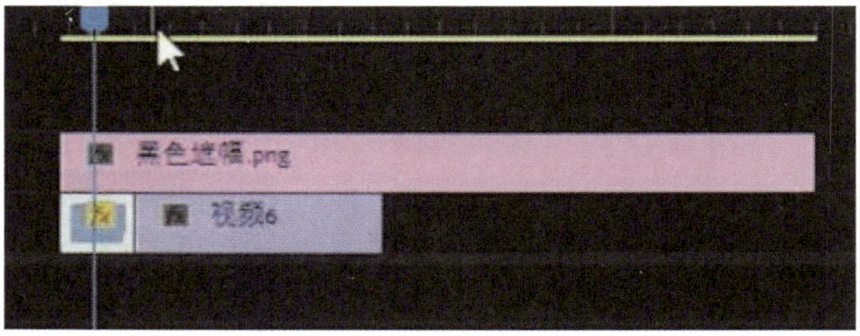
7	上下移动后画面可能会产生黑边，有两种解决方法： 方法一：如果视频是 4K 视频，可以将视频放大之后再移动。 方法二：给视频添加一个上下遮幅的黑边	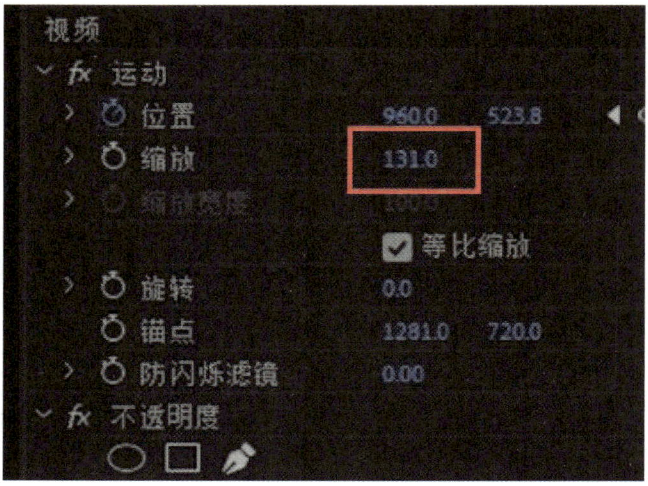 方法一

续表

序号	操作步骤	参考画面
7	上下移动后画面可能会产生黑边，有两种解决方法： 方法一：如果视频是 4K 视频，可以将视频放大之后再移动。 方法二：给视频添加一个上下遮幅的黑边	 方法二

2. 字幕设计

字幕一般包括片头字幕，片尾字幕，片中注解、说明、过渡性字幕。设计好片头、片尾的标题字幕，能在开头就让观众感觉到视频的氛围，突出视频的风格设计（见图 11-20、图 11-21、图 11-22）。

图 11-20　片头字幕

图 11-21 片尾字幕

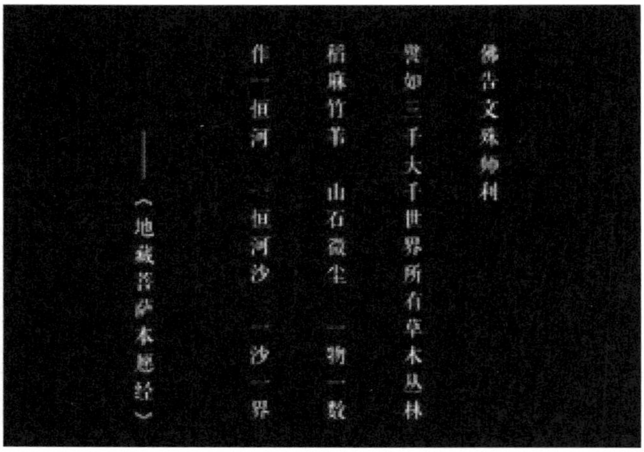

图 11-22 片中注释、说明字幕

字幕设计中的字体选择直接影响观众的阅读体验和视频的整体质量。合适的字体不仅能确保字幕的可读性和清晰度，还能与视频风格相得益彰，营造出特定的视觉氛围。字体选择也是品牌识别和文化敏感性的重要体现，有助于增强视频的辨识度和跨文化传播能力。精心挑选的字体将显著提升观众的观看体验，使视频内容更加引人入胜。

使用字体前看清版权范围。要注意系统里的部分微软字体也不能随便用于商业用途。方正字体也需要获得授权才可以免费商用。这里分享几款免费可商用字体：

思源黑体：思源黑体是 Adobe 与 Google 历时三年在 2014 年 7 月宣布推出的一款开源字体，有 7 种字体粗细，完全支持繁体中文、简体中文、日文和韩文，这些全部都包含在一种字体中。

思源柔黑体：思源柔黑体一共发布了 3 个版本，分别是标准版、L 版、X 版。它们的区别在于圆角的圆润程度不同。

思源宋体：思源宋体和思源黑体一样针对屏幕显示进行了优化，但前者具有截然不同的风格，适合用于文学性较强的文本或优雅、时尚的标题。它的打印效果也非常优美。

OPPO Sans 体：OPPO Sans 是 OPPO 的品牌定制字体，字体看起来更加简洁、干净，在屏幕显示上有着很好的阅读体验，曲度的处理更加圆润、柔和，看起来很有现代化科技美感。

3. 音乐选择

剪辑纪录片的时候我们经常会选用纯音乐进行配乐。每种乐器的音色不同，传递和表达的情感也不同。以下我们就针对不同乐器传递的不同情感进行介绍：

(1) 钢琴：普及率高、不易出错，但没有特点；

(2) 大提琴和小提琴：突出情绪的表达，适合制造矛盾的紧张感；

(3) 手风琴和口琴：有年代感的视频和场景；

（4）单簧管：不想用钢琴，但是想让视频音乐更有辨识度；

（5）民乐：武侠风用琵琶、古筝、古琴比较多。

创作实践

作品要求：请根据本节所介绍的内容，运用上节课所完成的素材，完成《鲁迅故居》纪录片的剪辑，要求镜头组接合理，有字幕和配乐。

作品形式：该作品为小组作品，小组人员分工可参考表 11-8。

表 11-8

内容	负责人

最终需提交内容：最终提交一个分辨率为 1920 像素×1080 像素的《鲁迅故居》纪录片成片视频。

任务评价

表 11-9　任务评价

评分项目			评分细则	配分	自我评价（20%）	小组互评（30%）	教师评价（50%）
素养评价（30 分）	课堂纪律（10 分）	不迟到，不早退	违反一次不得分	5			
		积极思考，回答问题	根据上课情况统计得分	5			
	职业道德（20 分）	具备踏实肯干、精益求精的职业精神	根据分组实践情况得分	10			
		具备文化认同和文化自信	根据课后讨论情况得分	10			
知识评价（30 分）	了解纪录片镜头组接技巧		根据理论测试情况得分	30			
	了解纪录片后期制作的步骤						
职业能力评价（40 分）	对纪录片素材进行合理组接		根据任务训练情况得分	20			
	将字幕设计、音乐选择技巧应用于纪录片制作		根据任务训练情况得分	20			
总分							
最终得分							

知识拓展

扫描右侧二维码，阅读“剪辑包装知识文档”，拓展知识储备。

剪辑包装
知识文档

项目验收单

表 11-10 项目验收单

<table>
<tr><th colspan="2">常出现问题</th><th>是否涉及</th><th>问题等级</th><th>扣分分值</th></tr>
<tr><td>输出参数</td><td>确保每个参数准确</td><td></td><td rowspan="14">A</td><td rowspan="14"></td></tr>
<tr><td>调色/位置/卡通人物</td><td>视频中的规定数值在不同位置要保持统一：
(同一个人设/卡通人物、同一个项目调色保持一致；位置保持一致；大小保持一致)
＊若不是同一个人物（因人物身高不同，拍摄环境可能也不同)，重新统一数值
＊位置需注意：不可太靠边/不可挡着内容（如 PPT 排版原因导致的，重新调整排版)</td><td></td></tr>
<tr><td>片头/片尾</td><td>不可放错课程的片头、片尾</td><td></td></tr>
<tr><td>出镜/非出镜</td><td>根据客户要求呈现</td><td></td></tr>
<tr><td>姓名条</td><td>姓名条的位置大小要统一/样式要统一</td><td></td></tr>
<tr><td>标题页</td><td>同一个项目的标题页，停留的时间必须统一</td><td></td></tr>
<tr><td>视频
背景音乐</td><td>背景音的降调一定要统一，一般在－10～20 之间（不可超过老师的声音)</td><td></td></tr>
<tr><td>动态背景</td><td>运动的速度要统一（不可快慢不一)</td><td></td></tr>
<tr><td rowspan="2">调色基本</td><td>肤色不可：过白/过黄/偏绿/偏蓝/偏红</td><td rowspan="5"></td></tr>
<tr><td>画面整体不可：过亮/过暗</td></tr>
<tr><td>嘴型</td><td>卡通形象，嘴型要和人物语音保持一致</td></tr>
<tr><td>不雅动作</td><td>不可出现：吐舌、吧唧嘴、眨眼</td></tr>
<tr><td>卡屏</td><td>视频中不可出现：黑屏、绿屏、闪现、错误视频</td></tr>
<tr><td rowspan="2">录制</td><td>不要出现多余的内容或画面（如录制时多出的 360 旋转图标/鼠标箭头/录屏区域框)</td><td></td></tr>
<tr><td>比例不可大小不一/位置不同</td><td></td><td>B</td><td></td></tr>
</table>

续表

常出现问题		是否涉及	问题等级	扣分分值
语音	片头、片尾背景音里的 Logo 要去掉		A	
	视频声音整体偏小，会影响消费者使用，需调整（调整时要适中，不可声音过大或过小）			
剪辑	不可出现：音画、字幕不同步			
	转场效果不美观、不协调（如加了过场，导致画面播放时出现人物严重重叠）		B	
	呈现的内容或者图片不可闪现一下就消失（如人物讲到看一下……或多图出现时……此处要多停留几秒）			
	视频中不能出现无关画面（如：拍摄前后的准备工作、讲电话、与摄影师交流等）		A	
	人物出镜时，如有指向性的动作，画面不可空白，要出现人物讲的对应内容			
	视频不能模糊不清			
	画面与画面的衔接处不要切换太快，间隔过短（在语音处理时就要注意）			
	人物出镜与不出镜切换时，内容和人物要一起消失			
	视频剪辑不能有掉帧情况（如视频画面静止不动亦无声音）		B	
	人物讲题重复或说话重复，都需把不需要的一遍剪掉			
后插入的视频/动画	根据脚本保证插入视频/动画的正确性（比较有针对性，如有不理解的请及时进行沟通并解决）		A	
实操	需重点凸显内容时可以套用 AE 模板，排版呈现要美观，样式统一（如目录/大标题/小标题）		A	
	过程中使用的器皿需呈现对应视频/图片和名称		A	
	重复操作需简化（注意不要把具体过程简化掉了）		A	
排版	视频中插入的模板或者前期遗留的情况		B	
图片				
总体合格情况及分值				
注意：以上验收标准为通用标准，若视频制作项目中未涉及，请在“是否涉及”一栏中标注清楚				

项目 12 【创作剪辑】微电影剪辑

项目情景描述

微电影是指专门运用在各种新媒体平台上播放的、适合在移动状态和短时休闲状态下观看的、具有完整策划和系统制作体系支持的、具有完整故事情节的“微（超短）时”放映、“微（超短）周期制作（7~15 天或数周）”和“微（超小）规模投资”的视频（“类”电影）短片，内容融合了幽默搞怪、时尚潮流、公益教育、商业定制等主题。它具备电影的所有要素：时间、地点、人物、主题。

微电影的制作流程包含构思视频主题、撰写故事剧本、制作分镜脚本、根据分镜脚本拍摄、拍摄素材整理和后期剪辑包装六个步骤。

本项目将以制作微电影《好一朵美丽的茉莉花》为例，带领大家学习微电影的创作与剪辑，运用镜头语言表达主题与思想。该项目整体需求如下：

项目名称	某医药学院“茉莉花文化微电影项目”
客户名称	某医药学院
项目概述	中西文化交流，要求留学生讲中国文化、中国故事。这体现出对中国文化的热爱。客户要求视频作品能充分体现出中国文化，留学生可流利讲中文，整个视频需要流畅优美
项目类别与形式	微电影

任务分配表

表12-1 任务分配

任务序号	任务名称
1	剧情类脚本设计
2	分镜头拍摄
3	剪辑包装

思政园地

让外国民众领略中国文化

——孔子学院的文化输出案例

随着“汉语热”持续升温和中国文化在全球的影响力不断增强，越来越多的外国人进入孔子学院学习中文。孔子学院自创办以来，为各国学员学习中文、了解中国文化提供帮助，为增进人文交流、促进世界和谐和多元化发展作出了重要贡献。

对于全球那些渴望学习中文的学生来说，孔子学院为他们提供了极佳的学习机会。毕业于乌兹别克斯坦塔什干国立东方学院中文专业的阿克巴尔·图尔松博伊夫上高中时曾在当地孔子学院学习过一段时间中文，并对中文产生了浓厚兴趣。如今，凭借一口流利的中文，图尔松博伊夫就职于塔什干一家知名翻译公司。他说，现在越来越多中国企业赴乌投资，这也使得到孔子学院学习中文的乌兹别克斯坦学生日益增多。

让外国民众领略中国文化思政视频

放眼全球，像图尔松博伊夫一样对学习中文兴趣浓厚的外国人越来越多，各国的孔子学院蓬勃发展，使更多的外国学生得以迈入中文的课堂，切身感受中国文化的魅力。

哈萨克斯坦国立欧亚大学孔子学院中方院长杨雷介绍说，自 2007 年成立至今，该院培训学员超万人，涵盖各年龄段和职业；马来西亚马来亚大学孔子学院中方院长王正海表示，该院建院之初，注册学生不足 300 人，到 2019 年，教学点已有 22 个，年注册学员数达到 12310 人；菲律宾雅典耀大学孔子学院中方院长梁广寒介绍，该院建立 14 年来，共培养学生 11.6 万多人，孔院规模迅速扩大，影响力与日俱增。

印度尼西亚雅加达华文教育协调机构执行主席蔡昌杰说，中文的学习离不开对中国文化的了解。在印尼，孔子学院除了教授学生中文，还介绍了许多有关中国的知识，这是很多印尼本地汉语课堂所没有的。

图 12-1　孔子学院师生合影

图 12-2　孔子学院的学生

蒙古国国立大学孔子学院院长朱军利告诉记者，该院每年面向蒙古国中小学生举办“汉语桥”比赛、书法比赛、中国民族舞蹈大赛、汉语征文比赛等丰富多彩的文化活动，不仅丰富了师生的课余生活，也开拓了学生的视野，增进了学生对中国语言文化的理解。

比利时西弗兰德大学孔子学院中方院长潘章仙表示，今后每年孔院的“春晚”都将围绕十二生肖和中国年的民俗特点寻找合适的举办地点，通过特色化“春晚”把中国文化介绍给当地民众。

马来亚大学孔子学院也通过开展多种多样的文化活动，深入校园、社区，帮助当地民众更好地了解中国以及中国文化，增进两国民众之间的相互了解，促进民心相通。其中，有些活动已成为品牌项目，比如由孔子学院主办的“马来西亚大学生中文歌唱比赛”，迄今已举办多届，社会反响非常好。

项目思维导图

- 微电影制作流程
  - 构思微电影主题
  - 撰写故事剧本
    - 开头——引起兴趣
    - 高潮——主体部分
    - 结尾——升华主题
  - 制作分镜脚本
    - 场景
    - 镜号
    - 景别
      - 被拍对象重要性
      - 画面紧凑程度
      - 画面主体动作幅度
      - 被拍主体位置
    - 画面
    - 声音
      - 台词
      - 旁白
    - 时长
    - 备注
    - 其他（运镜、转场、字幕、道具、音乐、音效等）
  - 根据分镜脚本拍摄
    - 拍摄设备
      - 摄像设备
      - 镜头
      - 室内补光
      - 收音设备
      - 稳定器
    - 场景
      - 斜对角线拍摄
      - 有纵深感的场景
    - 机位
      - 双机位拍摄
        - 中景机位
        - 近景/特写机位
    - 构图
      - 选长焦镜头
    - 灯光
      - 伦勃朗式用光
  - 拍摄素材整理
    - 挑选视频
    - 分类视频
    - 补充素材
  - 后期剪辑包装
    - 音频降噪
    - 多机位剪辑
    - 优化视频内容

任务1 剧情类脚本设计

学习目标

1. 知识目标

(1) 了解微电影的制作流程。

(2) 了解分镜脚本的设计要素。

2. 技能目标

能够用不同方式创作剧情类的分镜脚本。

3. 素养目标

(1) 通过小组分工，培养团结互助的团队精神。

(2) 通过项目汇报，培养良好的表达能力和综合素养。

知识引导

请扫描右侧二维码，观看“剧情类脚本设计知识讲解”视频，思考并回答下列问题。

剧情类脚本设计知识讲解

1. 常见的三段式结构包括________、________和________。

2. 请判断下面描述的对错。

镜号通常只按照拍摄顺序的镜头排列。(　　)

3. 请简述分镜脚本的作用。

____

____

____

____

4. 想一想，在选择景别时，你会考虑哪些因素呢?

____

____

____

____

知识储备

微电影创作是一个充满创意与挑战的过程，它涵盖了故事构思、脚本撰写、场景选择、拍摄计划等诸多环节。而在这个过程中，脚本的重要性不言而喻。它是整个创作的起点和基础，为后续的拍摄和制作提供了明确的指南。一个优秀的脚本不仅能够确保故事的连贯性和吸引力，还能帮助导演和演员更好地理解角色和情节，从而实现微电影的艺术效果。

在本任务中，我们要完成《好一朵美丽的茉莉花》微电影脚本编写，下面我们将对脚本的编写作详细介绍。

1. 前期故事构思

在编写脚本之前，需要先确定故事主题，撰写故事大纲及剧本。

（1）确定故事主题

在本项目中，我们将聚焦于中国传统歌曲《茉莉花》，通过这首歌，希望能向外国留学生展示中国深厚的艺术文化底蕴，并借此机会传播我们优秀的中华文化。

（2）撰写故事大纲及剧本

讲好一个故事我们可以用三段式结构进行设计。常见的三段式结构有：开头、高潮、结尾。以《好一朵美丽的茉莉花》为例，可设计如下的三段式结构：

①开场部分（引起兴趣）：女主角优美地弹唱《茉莉花》。以女主角优美的歌声引起观众的兴趣，去了解这首歌曲。

②介绍部分（主体）：在茶社中拍摄对女角色的采访镜头。采访女主角喜欢上《茉莉花》的缘由，同时引出《茉莉花》这首歌曲的创作背景和背后的中国文化。

③结尾部分（升华）：女主角表达了对歌曲的喜爱，并将优美的中国歌曲及其背后的中国文化带回自己的国家，分享给自己的朋友。视频画面交叉剪辑女主学习弹唱的过程，在歌曲的美妙旋律中结束视频。

通过这样的故事构思，我们希望能让观众在欣赏美妙歌曲的同时，也能感受到中国文化的魅力和深度。

2. 分镜脚本编写

分镜脚本是创作影片必不可少的前期准备。分镜头脚本的作用，就好比建筑大厦的蓝图，是摄影师进行拍摄，剪辑师进行后期制作的基础，也是演员和所有创作人员领会导演意图，理解剧本内容，进行再创作的依据。其具体作用可总结为以下几点：

①将纯文字的剧本进行影像化的表达，基本达到成片可视化的效果；

②能确定内容创作的基本大纲，不会出现拍摄时无从下手的情况；

③是前期拍摄的依据，提高现场拍摄效率；

④是片子长度和经费预算的依据，方便预估拍摄时间、拍摄成本、后期成本；

⑤是后期制作的依据，能使剪辑师、特效师、配音配乐人员把握创作方向，方便后期制作。

在制作分镜脚本时，可以采用画图或文字描述的方式。由于画图需要一定的绘画基础，因此我们一般采用文字描述的方式进行制作。如图 12-3 所示，为《好一朵美丽的茉莉花》部分脚本展示。

场景	镜号	景别	画面	声音	时长（秒）	备注
01室外环境	1	全景	人物弹唱全景	好一朵美丽的茉莉花	2	
	2	中景	人物弹唱中景	好一朵美丽	1	
	3	近景	人物表情	的茉莉花	1	
	4	近景	手弹吉他动作近景	芬芳美丽满枝桠	1	
	5	中景	人物-移镜头	又香又白人人夸	2	声音淡出，画面渐黑
02 茶社	6	中景-正	人物中景正面拍摄	大家好，我是来自印尼的留学生。我来到中国以后，听过不少中国的音乐，	9	
	7	近侧	人物近景侧面	其中就有这首歌，我觉得旋律非常动听，歌词也写得非常优美。	9	
	8	中景-正	人物中景正面拍摄	这是中国非常著名的一首民歌《茉莉花》	5	画面空白展示歌名

图 12-3　部分脚本展示

下面将对脚本中每列的内容进行详细讲解：

（1）场景与镜号

场景主要指计划拍摄场地，茶社就是室内的拍摄场景，可以细致到在沙发上还是在窗边作为场景。在室外拍摄时，提前规划场景尤为重要，可以事先安排踩点，确定室外拍摄场地。

镜号通常按照拍摄顺序的镜头排列，方便拍摄时根据序号顺序逐条拍摄，也可以作为镜头列表。

（2）景别

景别是影像画面构图的一个重要因素。在脚本设计中规划好每个画面的景别可以使拍摄的画面具有多样性。那么，我们该如何选择景别呢？比如我们要拍摄一个使用手机的画面，强调手机屏幕的内容。如图 12-4 和图 12-5 所示，画面 A 表达的意思到位了，但是存在过多的无效内容；而画面 B 则清晰地显示出了手机屏幕的内容，删除了无效内容。

图 12-4　画面 A

图 12-5　画面 B

在选择景别时，需要注意以下几个因素：

①被拍摄对象的重要性：越重要的内容在画面里面占比越大；

②画面的紧凑程度：给画面留出呼吸的空间，比如拍摄人物介绍的镜头，可以采用中景的景别，如果采用特写会让观众有压迫的感觉；

③画面内主体的动作幅度：确保人物做动作的时候一直在画面内；

④被拍摄主体在画面里的位置：上、下、左、右不同的位置可以传递不同的情绪和信息。

如果实在不知道选择哪种景别，可以尝试分镜三段式，即一个动作拍三遍，分别拍摄远、中、特三种景别。如图 12-6 所示，将女主的弹唱镜头拍三遍或者多遍，可以更清楚地交代谁（中景），在哪（远景），干什么（特写）。当然远、中、特也可以换成风景或者静物。这三个景别的顺序也可以根据需要进行替换。表达不同的视觉情绪，养成三段式的拍摄方法可以更好地在实际操作中多角度地展现拍摄物体的全貌，让你的短片更加丰富。

图 12-6　三段式拍摄

（3）画面内容

画面内容是脚本中的重点，即从拍摄的角度，用精练、生动的语言描述出想要表现的画面内容，使人一目了然。也可以称之为拆分剧本，即把一个完整的内容拆分到每一个镜头之中，简单来说就是规划“拍什么”。

（4）声音

声音指画面中出现的对白或旁白。

①台词：演员需要说的对白，台词需要提前设计，让演员熟悉台词可以提高现场拍摄效率。

②旁白：也可以叫画外音、解说词。它与台词不同，并不是演员说的，而是后期配音的部分。

（5）时长与备注

镜头时长指每个镜头在成片中的预计时长，而不是拍摄时长。拍摄时的镜头实际时长应该略长于剪辑后的时长，一般用秒来表示。

备注：可以多留一栏，以方便补充其他信息，如该镜头需要绿幕拍摄、该镜头必须在晴天中午大太阳下拍摄等，也可以补充转场、音乐、音效、字幕等信息，方便后期制作。

（6）其他元素

除了以上基本要素，也可以增加运镜、转场、字幕、道具、音乐、音效等要素。

①运镜：只指镜头的运动方式，主要是固定镜头、推、拉、摇、移、跟等。如个人拍摄可能以固定机位和手持跟拍为主。拍摄第一视角镜头就可以利用更加丰富的运镜。有设计感的运镜也可以使得转场画面的衔接更加炫酷或者流畅。

②转场：两个镜头的组接方式，如硬切、J-cut、白场、黑场、淡入淡出、叠化、遮罩转场等。

③字幕：指视频画面中出现的文案，起到辅助作用。脚本中标记需要强调的重点文字，如电影片头、关键时间、地点信息等。还有解说词中无法全面描述的细节，也可以通过字幕的形式展现在视频画面中。

④道具：拍摄该镜头需要什么道具，如镜子、行李箱。

⑤音乐：根据画面和场景的氛围选择合适的音乐，什么时候音乐响起、结束，选择什么类型和风格的音乐？前期可以设计一个参考的风格，如柔和的纯音乐、较欢快的爵士。

⑥音效：音效与音乐不同，音效指的是风声、雨声、雷声、打铁声、高跟鞋嗒嗒声、杯子破碎声、开关门声、搞笑的音效等。

创作实践

作品要求：仔细阅读项目情景描述中的“项目整体需求”，根据学习内容，完成《好一朵美丽的茉莉花》微电影分镜脚本撰写。

作品形式：该作品为小组作品，最终需提交一份完整的分镜脚本。

任务评价

表 12-2　任务评价

评分项目			评分细则	配分	自我评价（20%）	小组互评（30%）	教师评价（50%）
素养评价（30分）	课堂纪律（10分）	不迟到，不早退	违反一次不得分	5			
		积极思考，回答问题	根据上课情况统计得分	5			
	职业道德（20分）	具备团结互助的团队精神	根据分组实践情况得分	10			
		良好的表达能力和综合素养	根据小组汇报情况得分	10			
知识评价（30分）	了解微电影制作流程		根据理论测试情况得分	30			
	了解分镜脚本设计要素						

续表

评分项目		评分细则	配分	自我评价（20%）	小组互评（30%）	教师评价（50%）
职业能力评价（40分）	能够用不同方式创作剧情类分镜脚本	根据任务训练情况得分	40			
总分						
最终得分						

知识拓展

扫描右侧二维码，阅读“剧情类脚本设计知识文档”，拓展知识储备。

剧情类脚本设计知识文档

任务2 分镜头拍摄

学习目标

1. 知识目标

（1）了解分镜拍摄的要素。

（2）了解拍摄要素对成片的影响。

2. 技能目标

（1）能够正确运用器材、场景、灯光进行拍摄。

（2）能够将前期拍摄素材合理运用于后期制作。

3. 素养目标

（1）通过接触不同工种，培养剪辑全局观念。

（2）通过制作行业项目，培养影视制作操作规范意识。

知识引导

请扫描右侧二维码，观看“分镜头拍摄知识讲解”视频，思考并回答下列问题。

分镜头拍摄知识讲解

1. 请判断下列描述的对错。

(1) 摄影机的高度要和被拍摄人物的视线在同一水平线上。(　　)

(2) 可根据实际情况，任意调整两个机位的摄像机。(　　)

(3) 在构图时，人物的上方一定要留出空隙，禁止裁头。(　　)

2. 请思考，为了拍摄出纵深感，你会采取哪些方法呢？

3. 请简述伦勃朗光的打光方法。

知识储备

微电影的每一帧画面都蕴含着导演匠心独运的设计，电影感正是源于导演对演员的表演、光影变幻、场景布置、声音设计等元素的细致选择与完美融合。为了打造出具有电影感的微电影，并确保人物形象的质感，需要在拍摄过程中精心考虑诸多因素。拍摄设备的选择至关重要，它直接影响画面的质量和观感；场景的设置能够为故事营造恰当的氛围；机位的摆放和构图的设计能够凸显画面的层次感和视觉冲击力；而灯光的运用更是塑造人物、渲染气氛的关键。这些因素共同作用，才能够呈现出令人满意的电影效果。接下来，我们将深入探讨微电影拍摄中的设备选择，这是实现电影感的第一步，也是至关重要的一环。

1. 微电影的拍摄设备

拍摄设备的选用不仅关乎画面质量，更影响着整部影片的观感和情感表达。从摄像机到镜头，再到稳定器和灯光设备，每一个环节都需要精心挑选与搭配，以确保拍摄出的每一帧都能达到理想的电影感。在选择拍摄设备时，我们需要综合考虑设备的性能、适用场景以及预算等因素，力求在有限的资源下，创造出最具电影感的微电影画面。

在拍摄《好一朵美丽的茉莉花》样片的素材时，用到的专业设备如下：

摄像设备：Sony fs5×1；Sony fs100×1；单反 5D4×1（配合稳定器使用），如图 12-7、图 12-8、图 12-9 所示。

镜头：15～108mm/f4.0；50mm/f1.8。

室内补光：三基色灯×3；反光板×1。

收音设备：阿兹丹无线蜜蜂×1。

图 12-7　Sony fs5

图 12-8　Sony fs100

图 12-9　佳能 5D4

上述提及的设备均属于专业领域范畴，而在我们的日常学习实践中，完全可采用更为便捷的设备作为替代。接下来，我们将逐一深入解析这些替代选项：

（1）摄像设备

针对微电影及类似短片内容的摄制，微单相机足以胜任，并能产出令人满意的画质。相较于单反相机，微单不仅在价格上更为亲民，其轻巧的机身设计也极大减轻了携带负担，尤其是当需要搭配多样镜头进行长时间户外拍摄时，这一优势更显著。以索尼黑卡 7 为例，其快速对焦、人脸识别功能，以及对延时摄影、升格拍摄和 4K 视频的支持，均使其成为高性价比的选择。

（2）稳定器

稳定器的加入，不仅能有效消除拍摄过程中的抖动，确保画面平稳，还能极大地方便推、拉、摇、移、跟等多种摄影技巧的施展。云鹤 M2 便是一款性价比出众的选择，它体型小巧、操作简便、功能全面，特别是其 360°旋转功能，为创意拍摄提供了无限可能。

（3）音频采集工具

尽管相机内置麦克风，但其收音质量往往难以满足专业需求。为追求更卓越的音频效果，外接专业收音设备成为必然。例如，铁三角的小型麦克风，不仅便携，而且能显著提升音质，搭配延长线后，更适用于户外采访等多种场景。

（4）照明设备

在室外拍摄的时候，自然光就是最好的补光。我们优先选择天气晴朗的日子进行拍摄。拍摄时间可以选在上午 7 点至 9 点或下午 4 点至 6 点这两个时间段。至于室内拍摄，鉴于环境限制，则需配备专业的灯光设备，如圈灯等面光灯，以及柔光板、吸光板等辅助工具，以确保光线充足且均匀，满足拍摄需求。

2. 微电影中的场景选择

在微电影拍摄中，场景的选择在很大程度上决定了影片的整体氛围和视觉效果。观众往往更倾向于那些具有纵深感的场景，因为它们能够带来更为丰富和立体的视觉体验。

如图 12-10 和图 12-11 所示，对比两个示例场景，我们可以明显看到场景 A 与场景 B 的差异。在场景 A 中，背景呈现得相对平面，这样的设置使得人物在画面中显得较为单调和平面化，缺乏层次感和立体感，从而影响了影片的生动性和观众的观看体验。

图 12-10　场景 A

图 12-11　场景 B

相反，在场景 B 中，通过从斜对角线架设摄像机，我们成功地营造出了纵深感。这样的构图不仅使人物在画面中更加生动，还增强了画面的空间感和立体感。这种对角线构图技巧有效地利用了场景的深度和空间，为观众营造了一个更为丰富和引人入胜的视觉世界。

为了产生这种纵深感，我们可以采取一些具体的拍摄策略。首先选择把机位放在房间最长的对角线上，这样可以让摄像机尽可能远离背景，从而增强画面的透视效果；让被拍摄的人物坐在这根对角线靠近背景三分之一的位置。这样的布局不仅符合黄金分割的美学原则，还能让人物在画面中处于更加突出的位置，同时保持与背景的和谐关系，如图 12-12 和图 12-13 所示。

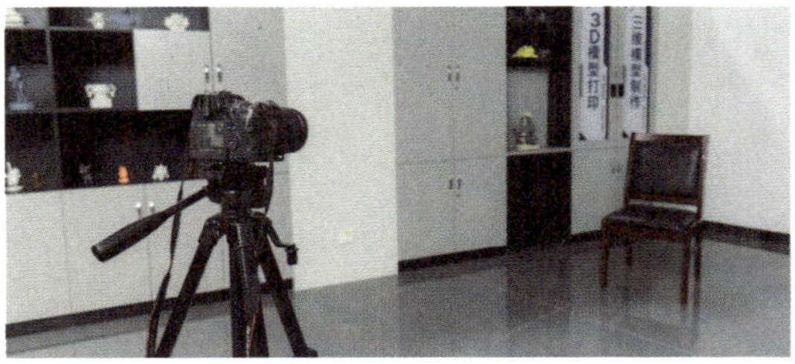

图 12-12　对角线选择

图 12-13　人物位置

3. 微电影拍摄中的机位选择

在微电影拍摄过程中，机位的选择也是考验导演和摄影师的一个重要方面。合理的机位设置不仅能够捕捉到更丰富的画面信息，还能够为影片带来更加生动的视觉效果。通过精心挑选机位，我们可以更好地展现人物的情感、动作以及故事的发展，从而引导观众的情感投入，提升整部影片的观赏体验。接下来，我们将深入探讨机位选择的具体策略：

（1）在拍摄微电影时，双机位拍摄是一个常用的策略，它能够提供更丰富的视角和更连贯的剪辑效果。可以选择一个中景的机位框到人物的腰部，如图 12-14 所示。

图 12-14　中景机位

（2）除了中景机位，我们再增设一个近景机位，专注于人物的肩部及以上区域，特别是面部表情的捕捉。这样的机位设置能够更深入地展现人物的情感变化和内心世界，增强影片的感染力，如图 12-15 所示。

图 12-15　近景机位，可特写面部表情

（3）当拍摄条件有限时，尽可能选择最高的分辨率，方便后期进行裁切，让整个画面产生变化。

（4）摄像机的高度设置也是一个需要注意的细节。为了保持画面的自然和平衡，摄像机的高度要和被拍摄人物的视线保持在同一水平线，避免造成仰视或者俯视的效果。

（5）在使用双机位拍摄时，还需要注意两个机位的相对位置。为了确保剪辑时的连贯性和观众的舒适度，两个机位的摄像机要放在同一侧，使每个镜头里面人物的视线方向保持一致，避免在双机位剪切时，产生人物视线反复变化的情况，造成观众的不适感。

4．微电影拍摄中的构图设计

构图是微电影拍摄中需要精心设计和灵活运用的重要环节。通过选择合适的镜头焦段和巧妙的构图技巧，我们可以创作出既美观又富有感染力的微电影作品。具体可以参考以下两个建议：

（1）建议使用的镜头焦段可以尽量长一些。因为长焦比广角更不容易产生画面畸变，能够更真实地还原场景。因此，我们建议使用的镜头焦段可以尽量长一些，如图 12-16 和图 12-17 所示。

图 12-16　28mm 焦段拍摄：明显畸变

图 12-17　100mm 焦段拍摄：畸变更小，景深更浅

一般情况下，拍摄的主机位焦段会选择 50mm，这是一个比较接近人眼视角的焦段，能够呈现比较自然的画面。而在拍摄近景机位时，焦段则可以选择 85mm 或者更高，这样可以获得尽量虚化的背景，突出主体，使画面更加简洁、干净。

（2）在构图时，一般采用九宫格构图法，这是一种经典且实用的构图技巧，即在画面上绘制九宫格，人物处在画面三分之一的位置，给人物的视线留出足够的空间，这样观众的观感会更加舒适；人物的上方也应该留出三到四指的空隙，防止裁头，如图 12-18 和图 12-19 所示。

图 12-18　九宫格构图法

图 12-19　上方留白

当然，这种构图规则并不是一成不变的。为了营造特定的氛围或表达特定的情感，我们也可以尝试打破这种构图规则，可以采用一些让人不那么舒适的构图，来营造人物紧张或者情绪化的状态，从而增强影片的视觉冲击力和感染力，如图 12-20 所示。

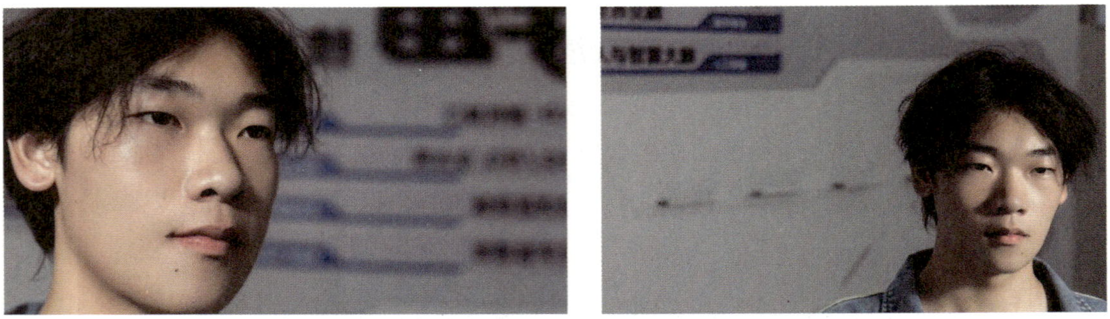

图 12-20　特殊构图

5. 微电影拍摄中的灯光设置

影像是一种光影艺术，灯光的选择与运用对于影片的氛围营造、人物塑造以及画面质感都起着至关重要的作用。其中，伦勃朗式用光是一种经典且富有艺术感的人像摄影布光方式。

伦勃朗式用光是一种专门用于拍摄人像的特殊用光技术。拍摄时，被摄者脸部阴影一侧对着相机，灯光照亮脸部的四分之三。这种用光方法拍摄的人像酷似伦勃朗的人物肖像绘画风格，因而得名，其打光方法如图 12-21 和图 12-22 所示。

图 12-21　把主光源从人脸上方 45° 的位置扣下来

图 12-22　辅光打在朝向镜头的这面脸

当预算不足时，价格便宜的钨丝灯和柔光板也会带来不错的效果。但是加上柔光板后，会增大灯光的扩散范围，使拍摄背景同时被打亮，造成人物不突出的情况。此时，可以将一卷锡纸背面涂黑后固定在钨丝灯上，有了黑色锡纸遮挡，既能耐高温又能控光，使拍摄的画面更有质感，如图 12-23、图 12-24 和图 12-25 所示。

图 12-23　钨丝灯与柔光板组合灯光布置

图 12-24　加黑色锡纸前效果

图 12-25　加黑色锡纸后效果

创作实践

作品要求：请根据本节所介绍的内容，完成《好一朵美丽的茉莉花》微电影分镜头的拍摄。

作品形式：该作品为小组作品。

最终需提交内容：小组提交“分镜头拍摄”文件夹，文件夹中的素材需根据实际情况分类整理，若在拍摄过程中，分镜头脚本有修改，需保留初版和修改后的版本。

任务评价

表 12-3　任务评价

<table>
<tr><th colspan="3">评分项目</th><th>评分细则</th><th>配分</th><th>自我评价（20%）</th><th>小组互评（30%）</th><th>教师评价（50%）</th></tr>
<tr><td rowspan="4">素养评价（30分）</td><td rowspan="2">课堂纪律（10分）</td><td>不迟到，不早退</td><td>违反一次不得分</td><td>5</td><td></td><td></td><td></td></tr>
<tr><td>积极思考，回答问题</td><td>根据上课情况统计得分</td><td>5</td><td></td><td></td><td></td></tr>
<tr><td rowspan="2">职业道德（20分）</td><td>具备剪辑全局观念</td><td rowspan="2">根据分组实践情况得分</td><td>10</td><td></td><td></td><td></td></tr>
<tr><td>具备影视制作操作规范意识</td><td>10</td><td></td><td></td><td></td></tr>
<tr><td rowspan="2">知识评价（30分）</td><td colspan="2">了解分镜拍摄要素</td><td rowspan="2">根据理论测试情况得分</td><td rowspan="2">30</td><td></td><td></td><td></td></tr>
<tr><td colspan="2">了解拍摄要素对成片的影响</td><td></td><td></td><td></td></tr>
<tr><td rowspan="2">职业能力评价（40分）</td><td colspan="2">正确运用器材、场景、灯光进行拍摄</td><td>根据任务训练情况得分</td><td>20</td><td></td><td></td><td></td></tr>
<tr><td colspan="2">将前期拍摄素材合理运用于后期制作</td><td>根据任务训练情况得分</td><td>20</td><td></td><td></td><td></td></tr>
<tr><td colspan="5">总分</td><td></td><td></td><td></td></tr>
<tr><td colspan="5">最终得分</td><td colspan="3"></td></tr>
</table>

知识拓展

扫描右侧二维码，阅读“分镜头拍摄知识文档”，拓展知识储备。

分镜头拍摄
知识文档

任务3 剪辑包装

学习目标

1. 知识目标

(1) 了解微电影剪辑包装步骤。

(2) 了解微电影后期剪辑的要素。

2. 技能目标

能够综合运用剪辑技巧进行后期制作。

3. 素养目标

(1) 通过演练项目，培养职业规范操作意识。

(2) 通过汇报项目，培养表达能力和管理能力。

知识引导

请扫描右侧二维码，观看“剪辑包装知识讲解”视频，思考并回答下列问题。

剪辑包装知识讲解

1. 分析脚本与素材收集。

(1) 请根据你们小组所撰写的脚本，分析微电影的内容结构。

____

____

____

____

(2) 通过对分镜脚本的分析，你认为优化视频内容需要搜集哪些补充素材？

____

____

____

____

2. 请简述多机位拍摄的概念。

____

____

____

知识储备

在前面两个任务中，已经完成了《好一朵美丽的茉莉花》分镜头脚本的编写与拍摄，现在将从研读脚本、素材处理、音频降噪和视频剪辑四个方面对其剪辑包装进行讲解分析。

1. 研读脚本

通过对分镜头脚本的阅读，可以帮助后期人员了解微电影的拍摄内容，组织微电影的内容结构及剪辑思路。需要注意的是，脚本中的“景别、画面、时长”等内容仅供参考，剪辑时需根据实际拍摄内容进行设计。表 12-4 为《好一朵美丽的茉莉花》分镜脚本示例。在该脚本中，微电影的内容结构可以描述如下：

(1) 开头（引起兴趣）：留学生在室外弹唱《茉莉花》；

(2) 介绍（主体）：留学生在室内讲解茉莉花文化（融入冲泡茉莉花茶的拍摄镜头、融入与茉莉花主题相关的视频画面）；

(3) 结尾（升华）：留学生在室内弹唱歌曲《茉莉花》。

表 12-4　文化交流《茉莉花》分镜

摄像设备：
Sony fs5×1；
Sony fs100×1；
单反 5D4×1（配合稳定器使用）；
镜头：15～108mm/f4.0、50mm/f1.8；
室内补光：三基色灯×3、反光板×1；
收音设备：阿兹丹无线蜜蜂×1

场景	镜号	景别	画面	声音	时长（秒）	备注
1 室外环境	1	全景	人物弹唱全景	好一朵美丽的茉莉花	2	
	2	中景	人物弹唱中景	好一朵美丽	1	
	3	近景	人物表情	的茉莉花	1	
	4	近景	手弹吉他动作近景	芬芳美丽满枝桠	1	
	5	中景	人物一移镜头	又香又白人人夸	2	声音淡出，画面渐黑
2 茶社	6	中景一正	人物中景正面拍摄	大家好，我是来自印尼的留学生。我来到中国以后，听过不少中国的音乐	9	
	7	近侧	人物近景侧面	其中就有这首歌，我觉得旋律非常动听，歌词也写得非常优美	9	
	8	中景一正	人物中景正面拍摄	这是中国非常著名的一首民歌《茉莉花》	5	画面空白展示歌名

续表

场景	镜号	景别	画面	声音	时长（秒）	备注
2 茶社	9	后期	展示香港、澳门回归的图片或者影像，雅典奥运会地标展示，北京奥运会地标颁奖展示，有影像用影像资料，没有影像的用图片展示	在众多重大场合中演奏，比如 1997 年香港回归、1999 年澳门回归时的政权交接仪式，2004 年雅典奥运会闭幕式上的中国 8 分钟，2008 年北京奥运会开幕式和颁奖典礼等	25	
	10	人物 正面一中	人物中景正面	这首歌有着非常悠久的历史，据说她起源于明代的民间戏曲《鲜花调》	8	
	11	人物 近一侧	人物近景侧面	随着 18 世纪中国民间戏曲的繁荣，逐渐流传到国外	6	
	12	人物 中一正	人物中景正面	并对西方音乐的发展也产生了影响	5	
	13	后期	视频资料	意大利著名作曲家普契尼借鉴此曲创作了歌剧《图兰朵》选段《东边升起月亮》	5	
	14		后期影像或图片展示	在中国，这首民歌还被创作出各种各样的形式	12	
	15	中正	人物中景正面	茉莉花已经成为中国文化的代表。她开放在每年的夏秋期间，花朵洁白高雅，香气沁人心脾	11	手持茉莉花
	16	近侧	人物近景侧面	炎炎夏日欣赏着玲珑的花朵，闻着淡淡的幽香，便会觉得心中凉爽许多	11	手持茉莉花
	17	中正	人物中景正面	中国古代很多诗人也在自己的作品中将她描绘出来	6	手持茉莉花
	18	特写	茶具，装有茉莉花及茶叶	中国人还将含苞待放的	3	
	19	特写	装有茉莉花及茶叶	茉莉鲜花和干燥烘青的绿茶一起制成茉莉花茶，有养目净心的功效	11	
	20	特写	水倒入玻璃杯，茶叶被冲起	茉莉花茶有养目净心的功效	5	
	21	特写	泡好的茶，与一支茉莉花，摆拍	深受人们喜爱	2	

续表

场景	镜号	景别	画面	声音	时长（秒）	备注
3 琴行	22	全景	依据现场情况进行现场拆分			
	23	中景				
	24	近景				
	25	近景				
	26	中景				

2. 素材处理

（1）整理拍摄素材

结合分镜脚本，浏览所有的视频素材，熟悉实际拍摄内容，并将内容有误、不能使用的素材删除。同时，根据之前“脚本研读”环节所分析的微电影内容结构，对拍摄素材进行分类，整理放入不同的文件夹，以便后期剪辑使用。

（2）补充素材

根据脚本，微电影中需要穿插与《茉莉花》主题相关的画面，需搜集相关视频或图片素材，同时可根据自己对微电影主题的理解，对画面剪辑的构思，补充收集其他可融入作品的素材，如《茉莉花》歌曲的词谱、茉莉花植物的视频等，素材收集完成后，也整理放入文件夹，以便后续剪辑使用。

3. 音频降噪

确定微电影中使用哪些视频素材中的声音。例如，微电影第一部分“留学生在室外弹唱《茉莉花》歌曲”，此时，应从多个素材中筛选出声音录制较好，环境噪声、机器底噪相对较小的素材进行降噪处理，降噪的具体操作步骤如表 12-5 所示。

表 12-5　降噪步骤

序号	操作步骤	参考画面
1	在 Premiere 中使用 Audition 对视频中的声音进行降噪，转动鼠标，将频谱放大一些，可以看到频谱中的底噪部分，将此部分选中，在菜单栏中选择“效果”→“降噪/恢复”→“降噪（处理）命令”	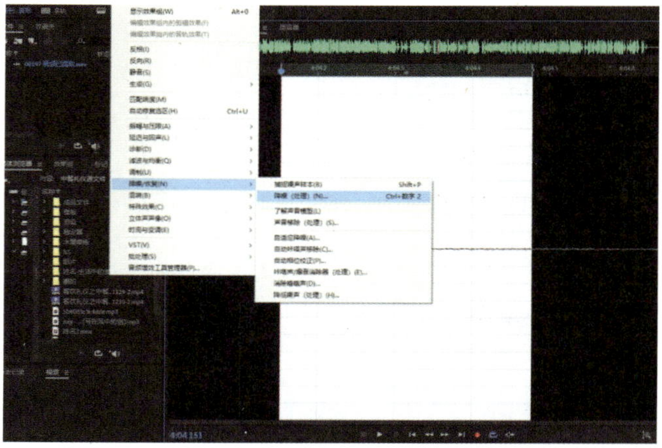

续表

<table>
<tr><th>序号</th><th>操作步骤</th><th>参考画面</th></tr>
<tr><td>2</td><td>执行命令后，系统跳出降噪面板，此时点击面板中的“捕捉噪声样本”</td><td>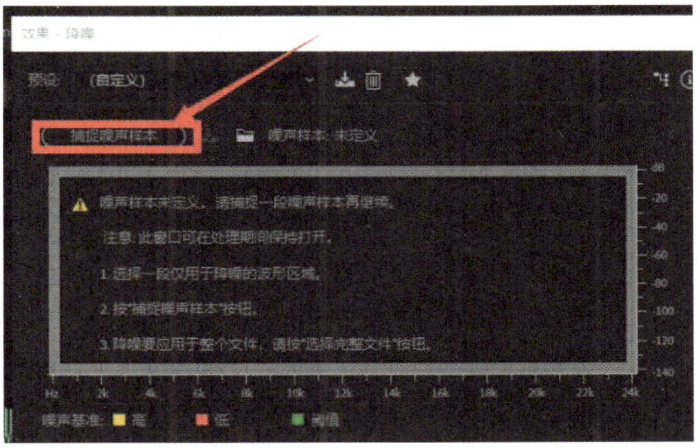</td></tr>
<tr><td>3</td><td>点击后软件会自动将噪声采样，此时适当调整降噪参数，可参考如下数值：
“降噪”90%；
“降噪幅度”10dB；
“频谱衰减率”65%；
“平滑”8；
“精度因素”7；
“过滤宽度”0dB；
“FFT 大小”2048；
“噪声样本快照”4000</td><td>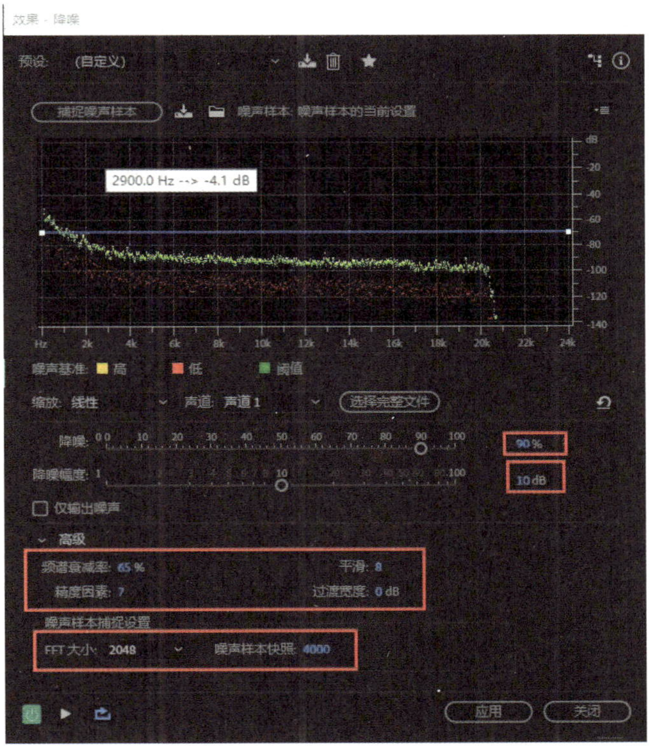</td></tr>
<tr><td>4</td><td>修改完参数后，鼠标点击面板中的“选择完整文件”</td><td>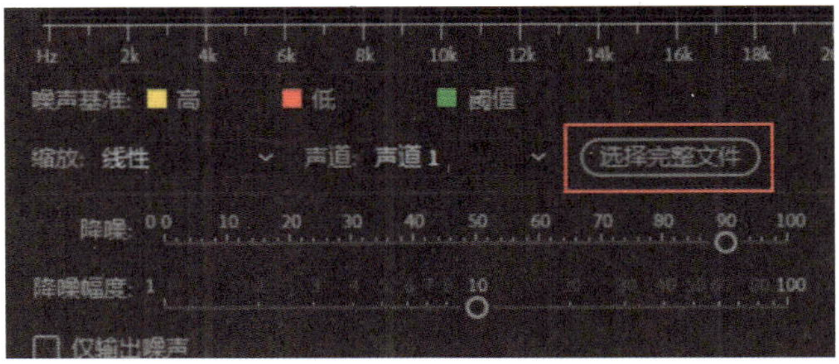</td></tr>
</table>

续表

序号	操作步骤	参考画面
5	步骤4后，软件会自动全选音频，然后点击应用命令，等待音频降噪结束	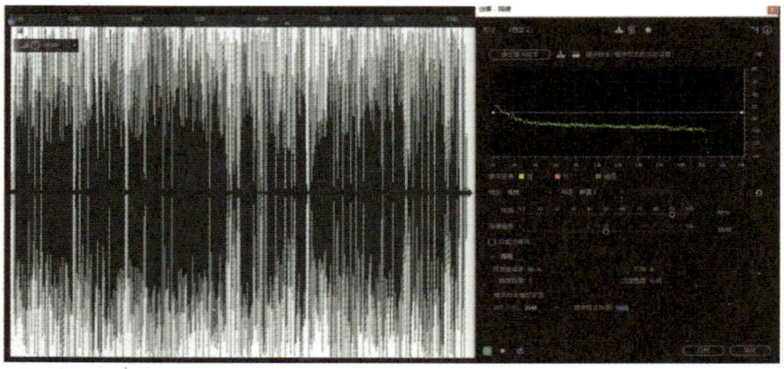
6	经过降噪处理后，底噪已经几乎被压成直线，全部处理完以后，在Audition中保存命名并返回Premiere中即可。(提示：Audition中处理完音频直接保存，软件会在后台直接将文件保存并替换到Premiere软件中。)	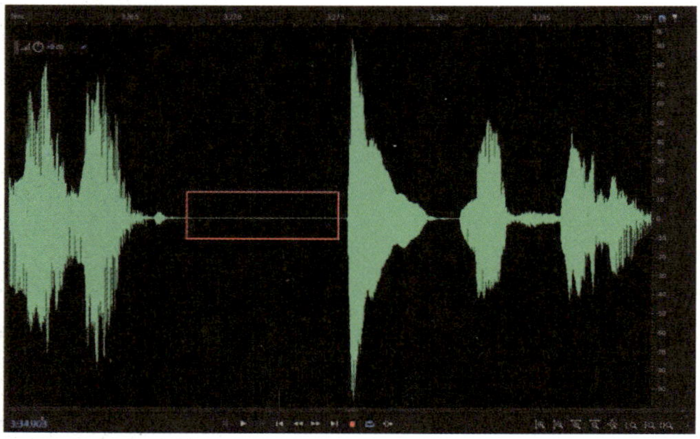

4. 视频剪辑

在微电影制作过程中，多机位剪辑是一项常用技巧。当我们在拍摄过程中使用多台摄像机从不同角度捕捉同一场景时，如何在后期将这些不同机位的素材巧妙融合，呈现出一个连贯且富有层次感的作品，是剪辑师需要考虑的问题。多机位剪辑不仅要求剪辑师具备敏锐的观察力和精准的剪辑技巧，更需要他们对故事节奏和角色情感有深刻理解。通过精心挑选每个机位的最佳画面，并巧妙地进行切换与融合，多机位剪辑能够为观众带来更加丰富而沉浸式的观影体验。

(1) 多机位的概念

多机位，顾名思义，即采用多台摄像机在同一时间段内对同一个物体或场景进行拍摄。这种拍摄方式的核心在于利用不同的景别和角度，全方位、多角度地捕捉被摄对象的各种细节和动态变化，如图12-26所示。

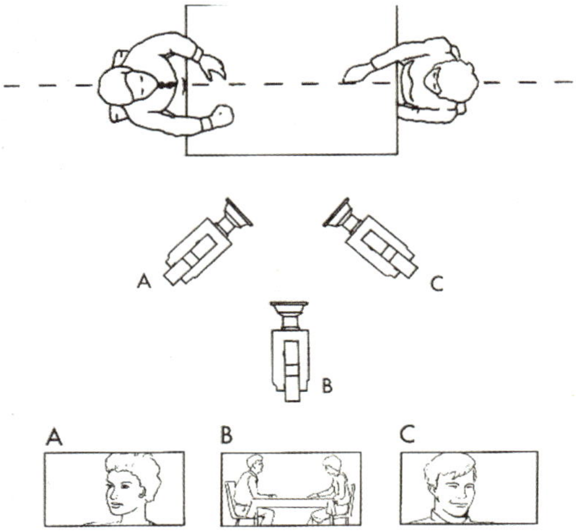

图12-26 多机位

通过这种方式，后期制作时剪辑师可以从丰富的素材中挑选出最佳的画面，从而编织出一个更加生动、立体且富有层次感的视觉故事。多机位拍摄不仅提升了拍摄的灵活性和创造性，还为后期剪辑提供了更多的选择和可能性，是微电影等影视作品中常用的重要拍摄手法。

（2）多机位剪辑

我们以微电影的第一部分“留学生在室外弹唱《茉莉花》歌曲”为例，在对这部分进行拍摄时，有不同景别、不同运镜方式的拍摄视频，如图 12-27 和图 12-28 所示，可运用 Premiere 中的多机位编辑进行剪辑。

图 12-27　正面机位

图 12-28　侧面机位

多机位的剪辑方法如表 12-6 所示：

表 12-6　多机位剪辑步骤

序号	操作步骤	参考画面
1	选中多机位的两段素材，单击右键，创建多机位源序列	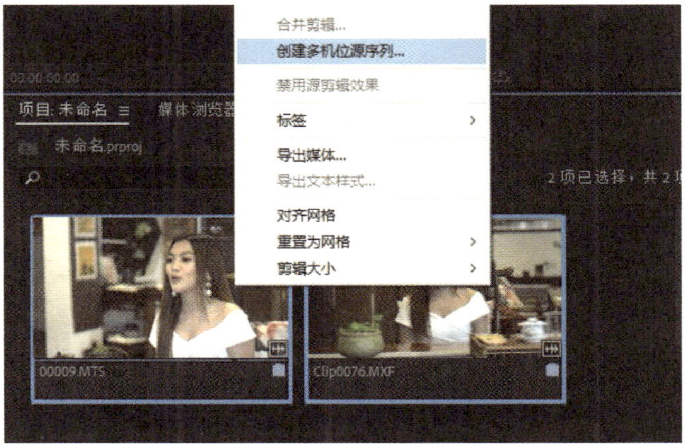

续表

<table>
<tr><th>序号</th><th>操作步骤</th><th>参考画面</th></tr>
<tr><td>2</td><td>“同步点”选择默认的“入点”；“音频”选择“轨道声道 1”，点击确定，确定后弹出“处理音频”提示框，等待完成即可</td><td>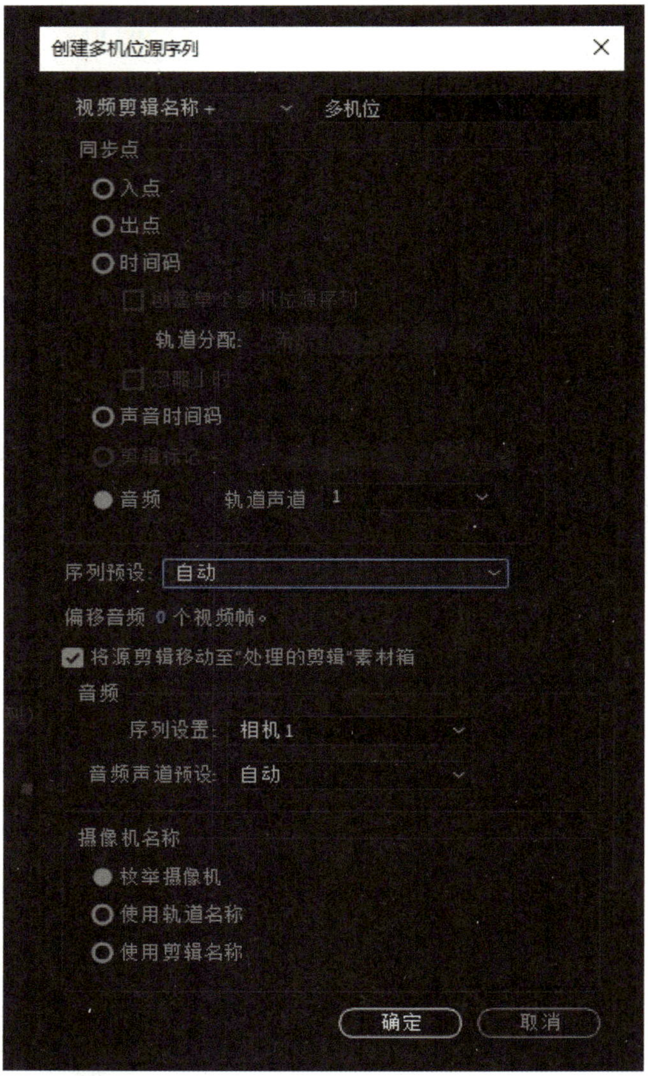

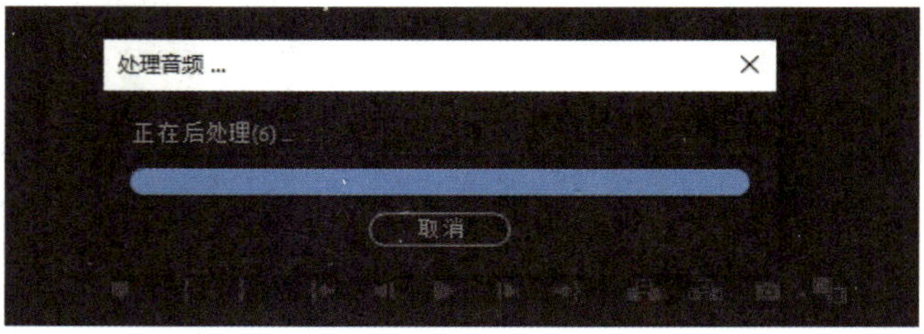
</td></tr>
</table>

续表

序号	操作步骤	参考画面
3	处理完成后，可以在项目栏看到创建的多机位源序列，但是这个源序列是不能直接剪辑的	
4	选中源序列，单击右键选择“从剪辑新建序列”，此时，在时间轴上就能够看到新建的剪辑序列	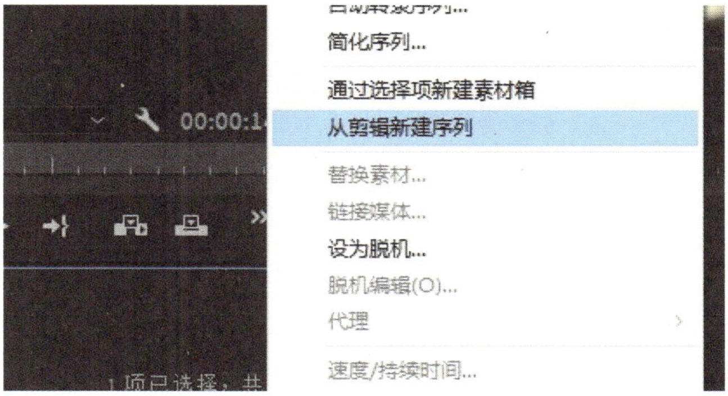 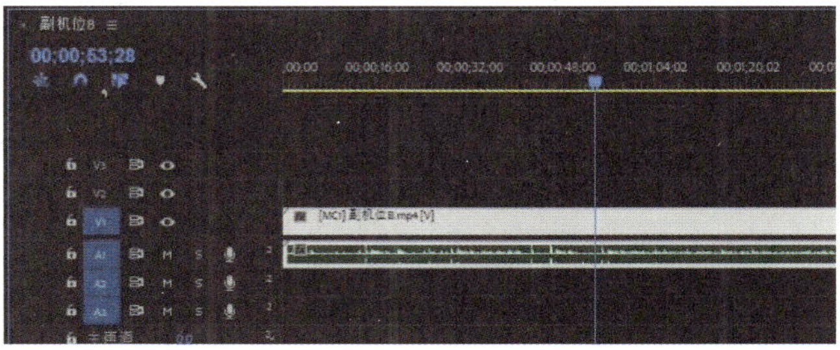
5	为了方便剪辑，我们需要开启多机位工具。多机位开启工具可以添加到常用工具栏，点击“加号”按钮，将多机位工具拖拽到下方工具栏即可	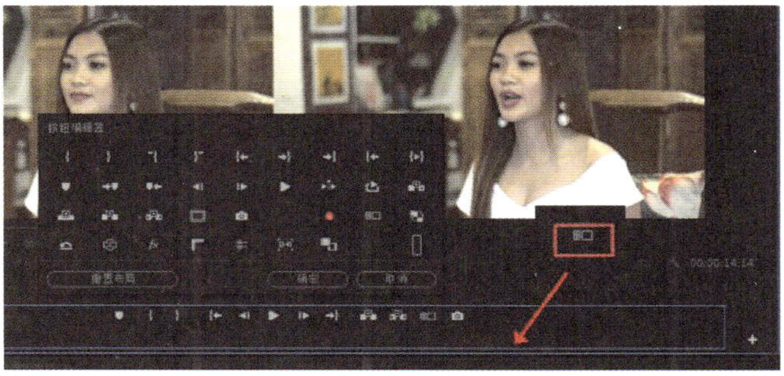

续表

序号	操作步骤	参考画面
6	此时，可以看到音频匹配的效果是非常不错的。为了更好地进行音频匹配，在拍摄时，可以借助场记打板工具或拍手获得一个比较清脆的声音，减少声音匹配的错误。如果自动匹配的音频不准确，我们可以双击多机位序列，在序列内部进行微调	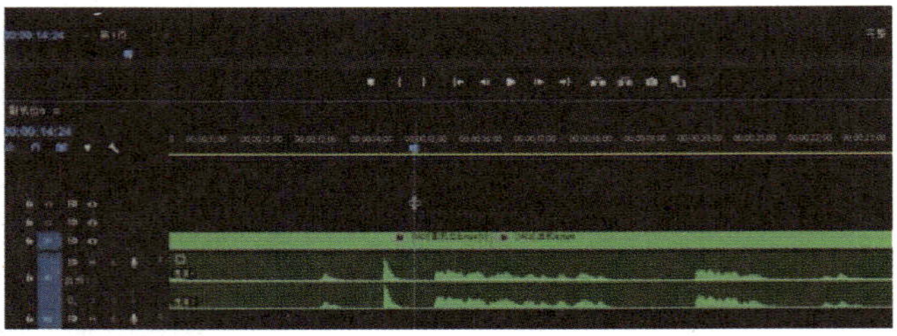
7	多机位剪辑启用后，“节目”面板将变成多机位剪辑框，其分为两个部分，左边是多机位窗口，右边是录制窗口	
8	(1) 点击“播放－停止切换”按钮，就可以开始录制了。录制的过程中可以点击键盘的“1”“2”切换机位。切换到的机位图像边框呈红色，说明正在录制此机位图像，录制窗口呈现此机位的图像。 (2) 也可以用鼠标直接点击想要的机位进行切换。在多机位窗口里不断地点击需要机位的图像，直到录制完毕；或点击“播放－停止切换”按钮，停止录制	

(3) 多机位素材调整

①不同机位素材替换

点击多机位剪辑窗口下的“播放－停止切换”按钮，播放录制窗口的图像，要替换此时录制窗口的图像，点击“播放－停止切换”按钮，录制窗口的图像处于暂停状态，点击多机位窗口需要替换机位的图像，这个机位的图像边框呈黄色，录制窗口呈现替换的图像，不同机位的素材替换成功。或者，右击“嵌套序列”里的需要替换的图像，在对话框里选

“多机位”，再根据需要选择“相机 1、2、3”，素材替换成功。

②相邻素材的时间长度调整

选择“工具栏”的“滚动编辑工具”，放在“嵌套序列”（或自命名名称）的两个素材间，左右移动鼠标，调整相邻素材的时间长度。

（4）优化视频内容

为使呈现的内容更加丰富，可加入其他画面素材。以微电影第一部分“留学生在室外弹唱《茉莉花》歌曲”为例，可加入关于茉莉花植物的视频画面（自行搜集，注意版权）。点击“文件→导入”将所需素材导入项目列表中，并将其拖入时间轴轨道进行初步剪辑，然后在时间轨道上插入或替换原有的视频内容。

创作实践

作品要求：请根据本节所介绍的内容，运用前两个任务的成果，完成《好一朵美丽的茉莉花》微电影剪辑。

作品形式：该作品为小组作品，小组人员分工可参考表 12-7。

表 12-7　小组人员分工

内容	负责人

最终需提交内容：最终提交一个分辨率为 1920 像素×1080 像素的微电影创作成片。

任务评价

表 12-8　任务评价

<table>
<tr><th colspan="3">评分项目</th><th>评分细则</th><th>配分</th><th>自我评价（20%）</th><th>小组互评（30%）</th><th>教师评价（50%）</th></tr>
<tr><td rowspan="4">素养评价（30 分）</td><td rowspan="2">课堂纪律（10 分）</td><td>不迟到，不早退</td><td>违反一次不得分</td><td>5</td><td></td><td></td><td></td></tr>
<tr><td>积极思考，回答问题</td><td>根据上课统计情况得分</td><td>5</td><td></td><td></td><td></td></tr>
<tr><td rowspan="2">职业道德（20 分）</td><td>培养职业规范操作意识</td><td>根据分组实践情况得分</td><td>10</td><td></td><td></td><td></td></tr>
<tr><td>培养职业规范操作意识</td><td>根据课后讨论情况得分</td><td>10</td><td></td><td></td><td></td></tr>
<tr><td rowspan="2">知识评价（30 分）</td><td colspan="2">了解微电影剪辑包装步骤</td><td rowspan="2">根据理论测试情况得分</td><td rowspan="2">30</td><td rowspan="2"></td><td rowspan="2"></td><td rowspan="2"></td></tr>
<tr><td colspan="2">了解微电影后期剪辑的要素</td></tr>
</table>

续表

评分项目		评分细则	配分	自我评价（20%）	小组互评（30%）	教师评价（50%）
职业能力评价（40 分）	综合运用剪辑技巧进行后期制作	根据任务训练情况得分	40			
总分						
最终得分						

知识拓展

扫描右侧二维码，阅读“剪辑包装知识文档”，拓展知识储备。

剪辑包装知识文档

项目验收单

表 12-9　项目验收单

<table>
<tr><th colspan="2">常出现问题</th><th>是否涉及</th><th>问题等级</th><th>扣分分值</th></tr>
<tr><td>输出参数</td><td>确保每个参数准确</td><td></td><td rowspan="9">A</td><td rowspan="9"></td></tr>
<tr><td>调色/位置/卡通人物</td><td>视频中的规定数值在不同位置要保持统一：
（同一个人设/卡通人物、同一个项目调色保持一致；位置保持一致；大小保持一致）
* 若不是同一个人物（因人物身高不同，拍摄环境可能也不同），重新统一数值
* 位置需注意：不可太靠边/不可挡着内容（如 PPT 排版原因导致的，重新调整排版）</td><td></td></tr>
<tr><td>片头/片尾</td><td>不可放错课程的片头、片尾</td><td></td></tr>
<tr><td>出镜/非出镜</td><td>根据客户要求呈现</td><td></td></tr>
<tr><td>姓名条</td><td>姓名条的位置大小要统一/样式要统一</td><td></td></tr>
<tr><td>标题页</td><td>同一个项目的标题页，停留的时间必须统一</td><td></td></tr>
<tr><td>视频背景音乐</td><td>背景音的降调一定要统一，一般在 −10～−20 之间（不可超过老师的声音）</td><td></td></tr>
<tr><td>动态背景</td><td>运动的速度要统一（不可快慢不一）</td><td></td></tr>
</table>

续表

常出现问题		是否涉及	问题等级	扣分分值
调色基本	肤色：不可过白/过黄/偏绿/偏蓝/偏红		A	
	画面整体不可：过亮/过暗			
嘴型	卡通形象，嘴型要和人物语音保持一致			
不雅动作	不可出现吐舌、吧唧嘴、眨眼			
卡屏	视频中不可出现黑屏、绿屏、闪现、错误视频			
录制	不要出现多余的内容或画面（如录制时多出的 360 旋转图标/鼠标箭头/录屏区域框）			
	比例不可大小不一/位置不同		B	
语音	片头、片尾背景音里的 Logo 要去掉		A	
	视频声音整体偏小，会影响消费者使用，需调整（调整时要适中，不可声音过大或过小）			
剪辑	不可出现：音画、字幕不同步			
	转场效果不美观、不协调（如加了过场，导致画面播放时出现人物严重重叠）		B	
	呈现的内容或者图片不可闪现一下就消失（如人物讲到看一下……或多图出现时……此处要多停留几秒）			
	视频中不能出现无关画面（如拍摄前后的准备工作、讲电话、与摄影师交流等）		A	
	人物出镜时，如有指向性的动作，画面不可空白，要出现人物讲的对应内容			
	视频不能模糊不清			
	画面与画面的衔接处不要切换太快，间隔过短（在语音处理时就要注意）			
	人物出镜与不出镜切换时，内容和人物要一起消失			
	视频剪辑不能有掉帧情况（如视频画面静止不动亦无声音）		B	
	人物讲题重复或说话重复，都需把不需要的一遍剪掉			
后插入的视频/动画	根据脚本保证插入视频/动画的正确性（比较有针对性，如有不理解的请及时进行沟通并解决）		A	
实操	需重点凸显内容时可以套用 AE 模板，排版呈现要美观，样式统一（如目录/大标题/小标题）		A	
	过程中使用的器皿需呈现对应视频/图片和名称		A	
	重复操作需简化（注意不要把具体过程简化掉了）		A	
排版 图片	视频中插入的模板或者前期遗留的情况		B	
总体合格情况及分值				
注意：以上验收标准为通用标准，若视频制作项目中未涉及，请在“是否涉及”一栏中标注清楚				